建筑工人职业技能培训系列教材

抹 灰 工

主　编　张　鹏
副主编　王　永　张　涛
主　审　柴金玲

中国建材工业出版社

图书在版编目（CIP）数据

抹灰工/张鹏主编 . -- 北京：中国建材工业出版
社，2020.5
建筑工人职业技能培训系列教材
ISBN 978-7-5160-2881-0

Ⅰ.①抹… Ⅱ.①张… Ⅲ.①抹灰—技术培训—教材
Ⅳ.①TU754.2

中国版本图书馆 CIP 数据核字（2020）第 055823 号

抹灰工
Mohuigong
主编　张　鹏

出版发行：中国建材工业出版社
地　　址：北京市海淀区三里河路 1 号
邮　　编：100044
经　　销：全国各地新华书店
印　　刷：北京雁林吉兆印刷有限公司
开　　本：889mm×1194mm　1/32
印　　张：13.375
字　　数：350 千字
版　　次：2020 年 5 月第 1 版
印　　次：2020 年 5 月第 1 次
定　　价：46.00 元

建筑工人职业技能培训系列教材
编审委员会

出版说明

当前建筑工人流动性大、老龄化严重、技能素质偏低等问题，严重制约了建筑业的持续健康发展，为加快培育新时期建筑工人队伍，构建终身职业技能培训体系，广泛开展技能培训，全面提升企业职工岗位技能，强化工匠精神和职业素质培育，建设一支知识型、技能型、创新型的建筑业产业工人大军，满足建筑企业发展和建筑工人就业，河南省建设教育协会、河南省建设行业劳动管理协会联合成立了"建筑工人职业技能培训教材编审委员会"，组织相关建设类专业院校的教师和建筑施工企业的专家编写了《建筑工人职业技能培训系列教材》。

本系列教材依据国家及行业颁布的职业技能标准，紧扣建设行业对各工种的技能要求，对新技术、新工艺、新要求做了全新解读。本系列教材图文并茂、通俗易懂，理论与实践相结合，注重对建筑工人基本技能的培养，有助于工人对工艺规范、质量标准的理解。

《建筑工人职业技能培训系列教材》全套共8册，分为钢筋工、砌筑工、混凝土工、管道工、木工、油漆工、防水工、抹灰工等8个工种。每册教材涵盖初级、中级、高级三个级别的专业基础知识和专业技能的培训内容。

本系列教材可作为建筑工人职业培训考核用书，也可作为相关从业人员自学辅导用书或建设类专业职业院校参考用书，培训单位可依据国家或行业颁布的职业技能标准因需施教。

1

在此对参与教材编写及审稿的相关建设类院校教师和建筑施工企业行业专家表示衷心的感谢。

由于编写时间仓促，虽经多次修改，书中内容难免有不妥之处，恳请各位读者批评指正，提出宝贵意见，我们将在再版时予以修订完善。

建筑工人职业技能培训教材编审委员会

2020 年 5 月

前　　言

随着建筑业的飞速发展和新材料、新工艺的不断出现，人们对抹灰工作提出了新的、更高的质量要求。为增强从业者的职业能力，培养高技能、高素质的专业技能员工，根据住房城乡建设部发布的行业标准《建筑工程施工职业技能标准》（JGJ/T 314—2016）、《建筑工程安装职业技能标准》（JGJ/T 306—2016）、《建筑装饰装修职业技能标准》（JGJ/T 315—2016）和现行国家标准、规范，以加快培养具有熟练操作技能的技术工人，保证建筑工程质量和安全，促进广大建筑工人就业为目标，按照国家职业资格等级划分为：职业资格五级（初级工）、职业资格四级（中级工）、职业资格三级（高级工）、职业资格二级（技师）、职业资格一级（高级技师）的要求，本书是专为建筑业工人和相关专业学生"量身订制"的一套培训教材。

本书根据"抹灰工"工种职业操作技能，结合在建筑工程中的实际应用，针对建筑工程施工机具、施工工艺、质量要求、安全操作技术等做了具体、详细的阐述。本书内容包括建筑识图与构造、抹灰材料、工料计算、抹灰工具、一般抹灰工程、装饰抹灰工程、古建筑修复、季节性施工等内容。本书对于正在进行大规模基础设施建设和房屋建筑工程施工的广大工人和技术人员在实际工作中有极大的帮助，不仅能提高其操作技能和安全生产水平，对建筑工程施工质量安全还有很好的保障作用。

本书由张鹏任主编，王永和张涛任副主编，具体编写情况如下：第一章由河南交通职业技术学院王永编写，第二章、第六章、第十章由河南交通职业技术学院康家涛编写，第三章、第四章、第五章由河南交通职业技术学院王智博编写，第七章由河南交通职业技术学院施钧编写，第八章由河南交通职业技术学院王永、颜朋辉共同编写，附录由河南交通职业技术学院颜朋辉编写，第九章、第十一章、第十三章由河南交通职业技术学院董征编写，第十二章由河南交通职业技术学院张涛编写。在编写过程中，本书参考了许多专家、学者的研究成果，同时注意吸收相关建筑领域的最新前沿动态，在此对这些专家和学者的指导与帮助致以衷心的感谢。

由于编者水平有限，书中难免有一些不足和疏漏之处，敬请广大读者批评指正。

编　者
2019 年 8 月

目　录

第一篇　抹灰工岗位基础知识

第一章　绪　　论 ……………………………………………… 1

第一节　抹灰工程概述 ……………………………………… 1

第二节　抹灰工 …………………………………………… 6

第二章　抹灰工基础知识 ……………………………………… 10

第一节　建筑学与素描 ……………………………………… 10

第二节　古建筑 …………………………………………… 12

第三节　建筑房屋构造 ……………………………………… 13

第四节　建筑识图与制图 …………………………………… 17

第三章　常用抹灰材料与建筑材料 …………………………… 23

第一节　抹灰材料 ………………………………………… 23

第二节　建筑材料 ………………………………………… 41

第四章　常用抹灰砂浆 ………………………………………… 61

第一节　砂浆 ……………………………………………… 61

第二节　抹灰砂浆配制及使用 ……………………………… 65

第三节　砂浆的配制稠度及检测方法 ……………………… 70

第五章 常用的工具、设备及使用与维护 ……… 73

第一节 常用操作工具 ……………… 73

第二节 常用检测工具 ……………… 75

第三节 常用机械设备 ……………… 82

第四节 工具设备的使用与维护 ……… 85

第二篇 抹灰工岗位操作技能

第六章 施工准备工作 ……………… 91

第一节 技术准备 ………………… 91

第二节 机具准备 ………………… 91

第三节 施工现场准备 ……………… 105

第四节 基层处理 ………………… 106

第七章 一般抹灰施工 ……………… 110

第一节 墙面抹灰施工 ……………… 110

第二节 顶棚抹灰施工 ……………… 119

第三节 地面抹灰施工 ……………… 125

第四节 细部抹灰施工 ……………… 129

第五节 机械喷涂抹灰 ……………… 146

第八章 装饰抹灰施工 ……………… 150

第一节 装饰抹灰概述 ……………… 150

第二节 水刷石抹灰施工 …………… 154

第三节 干粘石抹灰施工 …………… 161

第四节 斩假石抹灰 ………………… 168

第五节 假面砖抹灰 ………………… 173

第六节 饰面砖（板）施工要求 ……… 176

第七节　饰面砖（板）粘贴与安装 ⋯⋯⋯⋯⋯⋯⋯ 186

第八节　饰面板（砖）工程质量验收标准 ⋯⋯⋯⋯ 204

第九节　花饰制作安装 ⋯⋯⋯⋯⋯⋯⋯⋯⋯⋯⋯⋯ 210

第十节　灰线抹灰、石膏装饰件安装 ⋯⋯⋯⋯⋯⋯ 221

第九章　其他抹灰施工 ⋯⋯⋯⋯⋯⋯⋯⋯⋯⋯⋯⋯⋯ 238

第一节　常见的雕刻工艺与操作 ⋯⋯⋯⋯⋯⋯⋯⋯ 238

第二节　古建筑修复 ⋯⋯⋯⋯⋯⋯⋯⋯⋯⋯⋯⋯⋯ 262

第三节　抹灰工程的新工艺 ⋯⋯⋯⋯⋯⋯⋯⋯⋯⋯ 287

第十章　抹灰工程施工管理 ⋯⋯⋯⋯⋯⋯⋯⋯⋯⋯⋯ 314

第一节　施工管理的基本知识 ⋯⋯⋯⋯⋯⋯⋯⋯⋯ 314

第二节　安全技术管理 ⋯⋯⋯⋯⋯⋯⋯⋯⋯⋯⋯⋯ 316

第三节　工程量计算 ⋯⋯⋯⋯⋯⋯⋯⋯⋯⋯⋯⋯⋯ 321

第十一章　安全生产法规及安全生产操作 ⋯⋯⋯⋯⋯ 326

第一节　相关法律法规与安全常识 ⋯⋯⋯⋯⋯⋯⋯ 326

第二节　抹灰工防护用品的安全使用方法 ⋯⋯⋯⋯ 338

第三节　施工现场安全的规定 ⋯⋯⋯⋯⋯⋯⋯⋯⋯ 348

第四节　抹灰工程安全措施的制定与落实 ⋯⋯⋯⋯ 350

第五节　装饰装修镶贴安全事故预防措施 ⋯⋯⋯⋯ 352

第六节　工地施工现场急救知识 ⋯⋯⋯⋯⋯⋯⋯⋯ 354

第十二章　季节性施工与防护措施 ⋯⋯⋯⋯⋯⋯⋯⋯ 361

第一节　雨期施工 ⋯⋯⋯⋯⋯⋯⋯⋯⋯⋯⋯⋯⋯⋯ 361

第二节　夏期施工 ⋯⋯⋯⋯⋯⋯⋯⋯⋯⋯⋯⋯⋯⋯ 362

第三节　冬期施工 ⋯⋯⋯⋯⋯⋯⋯⋯⋯⋯⋯⋯⋯⋯ 362

第十三章　抹灰工程常见的问题与案例分析 ·················· 371

　　第一节　一般抹灰工程质量验收及通病防治 ·········· 371

　　第二节　装饰抹灰工程质量验收及通病防治 ·········· 377

附　表 ··· 386

　　附表一　职业技能抹灰工职业要求 ·············· 386

　　附表二　职业技能抹灰工技能要求 ·············· 392

　　附表三　职业技能抹灰工评价范围、课时、权重 ········ 408

参考文献 ······································· 413

第一篇 抹灰工岗位基础知识

第一章 绪 论

第一节 抹灰工程概述

抹灰又称粉刷，是用砂浆涂抹或用饰面块材贴铺在房屋建筑的墙、顶、地、柱等表面上的一种装饰工程。随着建筑业的飞速发展和新材料、新工艺的不断出现，人们对抹灰工作提出了新的、更高的质量要求。

一、抹灰工程的特点

抹灰工程最显著的施工特点是工程量大，施工工期长，劳动力耗用比较多，技术性要求强，且占建筑物总造价的比例高，一般占工程总造价的 $10\%\sim15\%$。

从工程量来看，一般民用建筑平均每平方米的建筑面积就有 $3\sim5m^2$ 的内抹灰和 $0.15\sim0.9m^2$ 的外抹灰，而高级装饰的外抹灰可达 $0.75\sim1.50m^2$。由于抹灰工程的工程量大，机械化程度不高，耗用的劳动力相对增多，在民用建筑中，抹灰工的劳动量占装修工程劳动量的 $50\%\sim60\%$，占整个建筑物劳动总量的 $25\%\sim30\%$。从工期上看，一般民用建筑抹灰工程占总工期的 $30\%\sim40\%$，在高级装修工程中，抹灰工程约占总工期的 50%，甚至更多。同时也应看到，抹灰工程的劳动强度大，操作条件差，施工技术相对落后，必须在保证工程质量的前提下，改进操作工艺，提高技术水平，大力开展技术革新。

二、抹灰工程的分类

1. 按所用材料分类

按抹灰工程所用材料，可以分为石灰砂浆抹灰、水泥砂浆抹灰、混合砂浆抹灰、聚合物灰浆抹灰、石膏灰浆抹灰、特种砂浆抹灰、麻刀灰浆抹灰、纸筋灰浆抹灰、玻璃丝灰浆抹灰、水泥石子浆抹灰等。

2. 按房屋建筑部位分类

（1）室内抹灰。

按室内抹灰部位的不同，可以分为墙面抹灰、顶棚抹灰、楼（地）面抹灰、门窗口抹灰、踢脚抹灰、墙裙抹灰、踏步抹灰、勾缝抹灰等。

（2）室外抹灰。

按室外抹灰部位的不同，可以分为檐口抹灰，檐裙抹灰，屋顶找平层抹灰，压顶板抹灰，窗台、窗楣抹灰，外墙面抹灰，柱、垛抹灰，外墙裙抹灰，花池抹灰，台阶抹灰，腰线、遮阳板、勒脚、散水、阳台、雨篷等处抹灰。

（3）饰面砖（板）粘贴。

其主要指瓷砖、面砖、陶瓷锦砖、缸砖、预制水磨石板、大理石板、花岗石板等的安装或粘贴。

3. 按使用要求分类

（1）一般抹灰。

按面层材料可分为石灰砂浆抹灰、水泥砂浆抹灰、混合砂浆抹灰、麻刀灰抹灰和石膏灰抹灰等；按其质量要求和操作工序又可分为高级抹灰、中级抹灰和普通抹灰3个等级。

①高级抹灰。要求做半层底层、数层中层和一层面层。施工时，可按要求设置标筋，阴阳角找方正，分层赶平压实，表面压光；抹灰面层要求光滑洁净，色泽一致，线角平直、清晰，接槎平整，无抹纹等，一般适用于大型公共建筑、纪念性建筑（如剧院、礼堂、展览馆和高级住宅）以及有特殊要求的高级建筑物等。

②中级抹灰。要求做一层底层、一层中层和一层面层（也可

做一层底层和两层面层)。施工时,要求阳角找方,设置标筋,分层赶平、修整和表面压光。抹灰表面应洁净,线角要顺直清晰,接槎平整,可适用于一般居住建筑、公共建筑(如住宅、宿舍、教学楼、办公楼)和工业建筑以及高级建筑物中的附属用房。

③普通抹灰。要求仅做一层底层和一层面层或不分层一遍成活。施工时,要求分层赶平、修整和表面压光,抹灰表面接槎平整,多用于一些简易住宅、大型设施和非居住房屋(如汽车库、仓库、锅炉房)以及建筑物的地下室、储藏室等。

(2)装饰抹灰。

在室内、室外施工的不同部位以及采用不同方法施工的具有装饰效果的抹灰,其面层可以为水刷石、水磨石、干粘石、斩假石、扒拉石等,或者采用拉毛、甩毛、打毛等对结构既有装饰效果又有保护作用的工艺。

4. 按抹灰基层分类

按抹灰基层的不同,可以分为普通黏土砖基层抹灰、混凝土基层抹灰、钢筋混凝土基层抹灰、泡沫混凝土板基层抹灰、钢板网基层抹灰、石膏板基层抹灰、保温板块材基层抹灰、陶粒板砖基层抹灰、石材基层抹灰等。

三、抹灰层的组成

1. 抹灰层的构造

多数砂浆在凝结硬化的过程中都会有不同程度的收缩,为了保证砂浆与基层粘结牢固,表面平整,不产生裂缝,抹灰施工时宜采用分层作业。一般可将抹灰层分为底层、中层和面层三部分,如图1-1所示。有的抹灰层也可将中层与底层合并为一层操作,仅分为底层和面层。由于基层不同和使用要求不同,所分层数及用料也有差别。

对于某些特种砂浆抹灰,抹灰层的组成有着不同的要求。如防水砂浆五层做法,其抹灰层是由三层素水泥浆及两层水泥砂浆交替抹压而成的;耐酸砂浆及重晶石抹灰层则以每层厚3～4mm进行操作。因此,抹灰层的组成复杂多变,应依据多种因素确定。

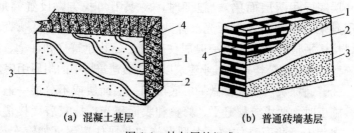

　　　(a) 混凝土基层　　　　　　(b) 普通砖墙基层

图 1-1　抹灰层的组成

1—底层；2—中层；3—面层；4—基层

2. 抹灰层用料要求

（1）底层。

底层主要起与基层粘结和初步找平的作用，其所用材料随基层的不同而异。对于普通砖墙基层，室内抹灰一般采用白灰砂浆，石灰滑秸泥、石灰炉渣浆打底；室外墙面、勒脚、屋檐以及室内有防水防潮要求时，宜采用水泥砂浆或混合砂浆打底。对于混凝土或加气混凝土基层，为了保证粘结牢固，应先刷一道素水泥浆，再采用水泥砂浆或混合砂浆打底；高级装修工程的预制混凝土板顶棚，宜采用乳胶水泥砂浆打底；对凹凸不平的基层表面应先剔平，或用1∶3水泥砂浆补平。

对于木条板、苇箔、钢丝网基层，由于这些材料与砂浆的粘结能力较差，木板条吸水膨胀，干燥后收缩，抹灰层容易脱落，所以底层砂浆宜采用麻刀灰、玻璃丝灰或混合砂浆打底，并将灰浆挤入基层缝隙内，以增加拉结力。

（2）中层。

中层主要起找平作用，可根据工程质量要求一次涂抹而成，也可分层操作，所用材料基本与底层相同。中层应隔夜进行，一般分两遍抹成，第一遍薄刮一层，待其稍吸水后，紧接着抹第二遍，并随之修整刮平、搓平、搓细，一般厚度为 12～15mm。如结构不平整、垂直误差比较大，一次抹不平时可分多层垫抹。

（3）面层。

面层也称罩面，主要起装饰作用，所用材料应根据设计要求的装饰效果而定。室内墙面及顶棚抹灰常采用麻刀灰、纸筋灰或玻璃丝灰；室外抹灰常采用水泥砂浆或做成水刷石、剁斧石等饰面层，镶贴的面层材料有大理石、预制水磨石、面砖等饰面块材。

3. 抹灰层的厚度

抹灰层的厚度是抹灰饰面的第二个结构要素。在建筑装饰装修工程中，如何控制抹灰层的厚度是一项非常重要的工作。如一次涂抹得太厚，不仅造成材料的浪费，而且由于内外层收水快慢不同，面层容易出现干裂、起鼓和脱落。

抹灰层采用分层分遍涂抹，每层的厚度要合理控制，可根据工程基层材料、砂浆品种、工程部位、质量标准及气候条件等因素参照表 1-1 中的规定执行。抹灰层的平均总厚度根据具体部位、基层材质及抹灰等级标准等要求而有所差异，但不能大于表 1-2 中规定的数值。

表 1-1 每层灰控制厚度

抹灰材料	每层灰厚度（mm）	抹灰材料	每层灰厚度（mm）
水泥砂浆	5～7	麻刀灰	＜3
石灰砂浆、混合砂浆	7～9	纸筋灰、石膏灰	＜2

表 1-2 抹灰层平均总厚度

种类	基层	抹灰层总厚度（mm）
内墙抹灰	普通抹灰	≤18
	中级抹灰	≤20
	高级抹灰	≤25
外墙抹灰	砖墙面	≤20
	勒脚及凸出墙面部分	≤25
	石材墙面	≤35
顶棚抹灰	板条、空心砖、现浇混凝土	≤15
	预制混凝土	≤18
	金属网	≤20

四、抹灰工程的作用

无论是民用建筑还是工业建筑，在建筑施工过程中，常将其分为基础施工（指首层地面以下结构）、主体结构施工（首层地面以上的墙、柱、楼板、屋顶等）和装饰装修 3 个阶段。而抹灰工程是装饰装修阶段中工程量最大，也是最重要的部分。

抹灰工程在建筑施工中的影响很大。因此，要求抹灰工在保证质量的前提下改进操作工艺和提高效率，在讲究艺术效果的同时降低成本，是实现工程建设既定目标的关键。

抹灰分为室内抹灰和室外抹灰。

1. 室外抹灰的作用

室外抹灰可以保护主体结构，阻挡自然界中风、雨、雪、霜等的侵蚀，提高建筑物墙面的防潮、防风化和保温、隔热、隔声等能力，改善建筑物艺术形象、美化城市，是建筑艺术的组成部分。

2. 室内抹灰的作用

室内抹灰可以保护墙体，使房屋内部平整明亮，改善室内采光条件，提高保温、隔热、抗渗、隔声等性能，保护主体结构免受侵蚀，创造良好的居住、工作条件，装饰性的室内抹灰，还是美化室内环境的重要组成部分。

第二节 抹灰工

一、职业技能等级

建筑工程施工职业技能等级由低到高分为：职业技能五级、职业技能四级、职业技能三级、职业技能二级和职业技能一级。

建筑工程施工职业技能各等级应符合下列要求：

1. 职业技能五级

能运用基本技能独立完成本职业的常规工作；能识别常见的建筑工程施工材料；能操作简单的机械设备并进行例行保养。

2. 职业技能四级

能熟练运用基本技能独立完成本职业的常规工作；能运用专门技能独立或与他人合作完成技术较为复杂的工作；能区分常见的建筑工程施工材料；能操作常用的机械设备及进行一般的维修。

3. 职业技能三级

能熟练运用基本技能和专门技能完成较为复杂的工作，包括完成部分非常规性工作；能独立处理工作中出现的问题；能指导和培训本等级以下技工；能按照设计要求，选用合适的建筑工程施工材料；能操作较为复杂的机械设备及进行一般的维修。

4. 职业技能二级

能熟练运用专门技能和特殊技能完成复杂的、非常规性的工作；掌握本职业的关键技术技能，能独立处理和解决技术或工艺难题；在技术技能方面有创新；能指导和培训本等级以下技工，具有一定的技术管理能力；能按照施工要求，选用合适的建筑工程施工材料；能操作复杂的机械设备及进行一般的维修。

5. 职业技能一级

能熟练运用专门技能和特殊技能在本职业的各个领域完成复杂的、非常规性工作；熟练掌握本职业的关键技术技能；能独立处理和解决高难度的技术问题或工艺难题；在技术攻关和工艺革新方面有创新；能组织开展技术改造、革新活动；能组织开展系统的专业技术培训；具有技术管理能力。

各工种的生产操作人员只能从事相应的技能等级规定的工作内容。低级别者不得从事高级别的工作。

二、职业技能构成

职业技能分为安全生产知识、理论知识、操作技能 3 个模块，分别包括下列内容：

1. 安全生产知识

安全生产知识包括安全基础知识、施工现场安全操作知识两部分内容。

2. 理论知识

理论知识包括基础知识、专业知识和相关知识三部分内容。

3. 操作技能

操作技能包括基本操作技能、工具设备的使用与维护、创新和指导三部分内容。

职业技能对安全生产知识、理论知识的目标要求由高到低分为掌握、熟悉、了解3个层次；对操作技能的目标要求由高到低分为"熟练""能够""能"或"会"3个层次。

三、职业技能评价

建筑工程施工生产操作人员申报各等级的职业技能评价，应符合下列规定之一：

1. **职业技能五级**

（1）具有初中文化程度，在《建筑装饰装修职业技能标准》（GJJ/T 315—2016）中（以下简称"本标准"）所列工种的岗位工作（见习）1年以上。

（2）具有初中文化程度，本标准所列工种学徒期满。

2. **职业技能四级**

（1）取得本职业技能五级证书，从事本标准所列工种范围内同一工种工作1年以上。

（2）具有本标准所列工种中等以上职业学校本专业毕业证书。

3. **职业技能三级**

（1）取得本职业技能四级证书后，从事本标准所列工种范围内同一工种工作2年以上。

（2）取得高等职业技术学院本标准所列工种本专业或相关专业毕业证书。

（3）取得本标准所列工种中等以上职业学校本专业毕业证书，从事本标准所列工种范围内同一工种工作1年以上。

4. **职业技能二级**

（1）取得本职业技能三级证书后，从事本标准所列工种范围内同一工种工作2年以上。

（2）取得本职业技能三级证书的高等职业学院本专业或相关专业毕业生，从事本标准所列工种范围内同一工种工作 1 年以上。

5. 职业技能一级

取得本职业技能二级证书后，从事本标准所列工种范围内同一工种工作 3 年以上。

职业技能评价前必须参加所列工种范围内同一工种培训。

职业技能评价形式分笔试、实际操作两种。

职业技能评价结果分为合格、不合格。

职业技能评价应按照本标准所述职业技能的 3 个模块顺序递进式进行，3 个模块评价均合格后，即能获得相应等级的职业培训合格证书。

第二章　抹灰工基础知识

第一节　建筑学与素描

建筑是人们为满足生活、生产或其他活动的需要而创造的物质的、有组织的空间环境。从广义上讲，建筑既表示建筑工程或土木工程的营建活动，又表示这种活动的成果；有时建筑也泛指某种抽象的概念，如隋唐建筑、现代建筑、哥特式建筑等。一般情况下，建筑仅指营建活动的成果，即建筑物和构筑物。建筑物是供人们进行生活、生产或其他活动的房屋或场所，如住宅、厂房、商场等。构筑物是为某种工程目的而建造的、人们一般不直接在其内部进行生活和生产活动的建筑，如桥梁、烟囱、水塔等。

建筑学，从广义上来说，是研究建筑物及其周围环境的学科。建筑设计往往在建筑地点、建筑类型及建筑造价三者决定之后进行。因此，建筑设计是对于环境、用途和经济上的条件和要求加以运筹调整和具体化的过程。这种过程不但有其实用价值，而且有其精神价值，因为任何一种社会活动所创造的空间布置将影响人们在其中活动的方式。建筑学是研究建筑物及其周围环境的学科，旨在总结人类建筑活动的经验，以指导建筑设计创作，构造某种体系环境等。建筑学的内容通常包括技术和艺术两个方面。传统的建筑学的研究对象包括建筑物、建筑群以及室内家具的设计，风景园林和城市村镇的规划设计。随着建筑业的发展，园林学和城市规划逐步从建筑学中分化出来，成为相对独立的学科。建筑学服务的对象不仅是自然的人，而且也是社会的人，不仅要满足人们物质上的要求，而且要满足人们精神上的要求。因此，社会生产力和生产关系的变化，政治、文化、宗教、生活习惯等的变化，都直接影响建筑技术和艺术。

建筑绘画是建筑设计人员用来表达设计意图的应用绘画，它带有一定的专业特点。建筑设计工作人员在进行方案的设计、比较、征询意见和送领导审批等过程中，通常用两种手段来表达设计意图：一种是图纸，其中包括建筑绘画；另一种是模型。模型虽然具有直观性强、可以从任意角度去看等优点，但对于材料质感的表现，特别是对于环境气氛的反映，却不如建筑绘画更为真实、生动。与一般绘画相比，建筑绘画有自身的特点，主要是它吸取了建筑工程制图的一些方法，并对画面形象的准确性和真实感要求较高。因为无论是设计人员自己用来推敲研究设计方案，还是向别人表达自己的设计意图，都必须使建筑绘画尽可能地忠实于原设计，尽可能地符合工程建成后的实际效果。所以，在作建筑绘画时，不能带有主观随意性，也不能离开设计意图用写意的方法来表现对象。但是，建筑绘画作为一种表现技法，也与其他画种——如素描、水彩一样，还是应当比现实的东西更集中、更典型、更概括。因而，它应当具备科学性和艺术性。由于建筑绘画要求准确、真实，因此在画法上也要求工整、细致。例如，轮廓线必须用制图工具来画，填色时靠线要整齐（用来表达初步设计意图的草图例外）。建筑绘画作为建筑设计阶段的表现图，与写生画不同，一般不可能对着实物写生或照着实物去画。它只能是以建筑设计图——平面图、立面图、剖面图为依据，来画建筑物的立面或室外、室内的透视图。虽然如此，但是决不应该把建筑绘画和写生两者对立起来。特别是当人们学习建筑绘画时，可以通过对已建成的建筑物的写生，培养观察、分析对象的能力，使人们对建筑形象的感受逐步地敏锐、深刻，还可以锻炼绘画技巧，提高人们对建筑形象的表现能力。认真地观察和分析对象，对着实物进行写生，是人们认识建筑形象的重要手段。但是，如果在掌握了一些建筑绘画的基本原理之后，再去观察对象，那么感觉将更敏锐、更准确、更深刻。因此，对于初学者来讲，学习一些建筑绘画的基本原理和分析对象的方法，是十分必要的。

素描是绘画的基础、绘画的骨骼，也是最节制、最需要理智来协助的艺术。初学绘画的人一定要先学素描，素描画得好的人，油画自然画得好。素描的起源，普遍认为是自文艺复兴开始，事实上希腊的瓶绘、雕塑都有良好的素描基础。初期的素描视为绘画的底稿，如作壁画先要有构想的草稿，然后有素描的底稿，同时也要有手、脸部分精密素描图。作壁画习惯上是不看模特儿写生的，完全要靠事先准备的习作素描和画家的记忆。近代素描已脱离了原来的底稿和习作的地位，可以当作艺术品来欣赏。画素描的态度不仅培养描写力，同时也培养造型的能力，最后仅仅是素描也可视为作品来欣赏。相反地，单看油画作品就可知道作者在素描上的造诣如何。因为素描是绘画的基础，也是绘画的骨骼，因此初学画的人无论如何都要先认真学素描。严格来讲，素描只有单色的黑与白，但如加上淡彩或颜色，仍可认作素描。

第二节　古建筑

中国是一个文明古国，有着悠久的建筑历史。在这块疆域辽阔的土地上，至今仍有丰富的古代建筑或遗址留存。秦砖汉瓦、隋唐寺塔、宋元祠观、明清皇宫都向人们展现了悠久的建筑文化；皇家苑囿、私家园林、牌坊陵墓、城池坛庙给人们展示了丰富的建筑形式；尤其是古建筑中数量最多、分布最广的建筑形式——民居，更是给人们展示了中国民众旧时的生活方式、喜好信仰、民俗文化和聪明才智。因此，古建筑是中国文化的重要组成部分。

从世界范围来看，古代建筑文化大约可以分为 7 个主要的独立体系。但如古代埃及、两河流域、古代印度、古代美洲等建筑体系，有的早已中断，有的流传不广，有的影响有限。只有中国建筑、欧洲建筑、伊斯兰建筑被认为是世界三大建筑体系。而其中流传最广、延续时间最长、成就最为辉煌的又要数中国古代建筑和欧洲古代建筑。因此，中国古代建筑历史是中国建筑学和美术学专业学生的必修课。建筑是文化、艺术与科学技术结合的产物，因此典型建筑形象可以作为一个国家或民族文化的代表。中华民族的建筑除了内容丰富以外，外观形式也极富特点。如天坛、故宫、长城、应县木塔等建筑形象，都早已成为中国文化的象征符号。这些象征符号是中华文化自立于世界文化之林的标志，也是中华民族有着令人骄傲的文化遗产的证明。

中国古建筑装饰是建筑艺术的表现形式，无论是官式建筑，还是民间建筑，都是利用建筑装饰来表现出建筑风格，在一定程度上，可以提高中国古建筑的建筑装饰设计质量。在中国古代建筑装饰中，相关设计人员可以利用良好的装饰手法铸造具有丰富特征的建筑外观，可以展现出中国古代建筑艺术的思想内涵与民族性。在中国古代建筑装饰设计过程中，技术与文化得到有效统一，不仅展现东方古国悠久的历史与人民群众的智慧，还积淀着中国建筑艺术特性，使得现代建筑设计人员可以在继承中国古建筑装饰的基础上，根据现代建筑设计特点进行创新，提高现代建筑装饰设计质量与美观性。

第三节　建筑房屋构造

一、民用建筑的分类

民用建筑是供人们居住、生活、工作以及从事文化、商业活动的房屋。

1. 按建筑物的使用功能

（1）居住建筑：是供人们居住、生活用的房屋，如住宅等。

（2）公共建筑：是供人们工作、学习、文化娱乐和生活服务用的房屋，如办公楼、学校、商场、宾馆、医院等。

2. 按主要承重结构材料分类

（1）砖木结构建筑：房屋的墙、柱用砖砌，楼板、屋架用木料制作。

（2）砖混结构建筑：房屋的墙、柱用砖砌，楼板、楼梯为钢筋混凝土结构，屋顶为钢筋混凝土或钢木结构。

（3）钢筋混凝土结构建筑：房屋的梁、柱、楼板、屋面板均采用钢筋混凝土制作，墙用砖或其他材料。

（4）钢结构建筑：房屋的梁、柱、屋架等承重构件均采用钢材制作，楼梯为钢筋混凝土材料，墙用砖或其他材料。

3. 按建筑结构承重方式分类

（1）墙承重结构：用墙体结构承受楼板及屋顶结构传来的全部荷载。

（2）框架结构：用梁、柱组成框架结构承受房屋的全部荷载。

（3）半框架结构：建筑物的外部用墙承重，内部采用梁、柱承重；或底层采用框架，上部用墙承重。

（4）空间结构：由空间构架承重，如网架、壳体、悬索等有跨度的大型公共建筑。

二、民用建筑的构造组成

民用建筑一般由基础、墙或柱、楼板、地面、楼梯、屋顶、门窗等主要部分组成，如图 2-1 所示。

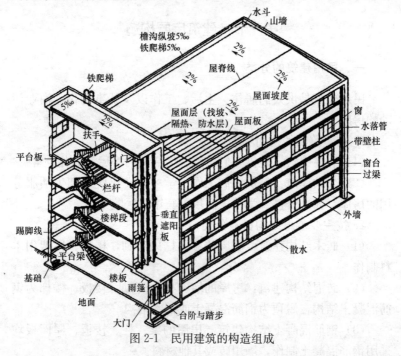

图 2-1 民用建筑的构造组成

1. 基础

基础是位于建筑物最下部的承重构件，它承受建筑物的全部荷载,并将这些荷载传给地基。基础是房屋的重要组成部分,要求必须坚固、稳定能经受冰冻和地下水及其所含化学物质的侵蚀。

2. 墙或柱

墙或柱是建筑物的承重和围护构件,它承受着由建筑物屋顶及各楼层传来的荷载,并将这些荷载传给基础。作为围护构件,外墙起着抵御自然界各种危害因素对室内侵袭的作用;内墙把室内空间分隔为不同的房间,避免相互干扰。当用柱作为房屋的承重构件时,填充在柱间的墙仅起围护作用。墙与柱应该坚固、稳定,墙还应能够保温、隔热、隔声和防水。

3. 楼地层

楼地层是房屋中水平方向的承重构件,包括楼板和地面两部分。楼板将建筑空间划分为若干层,楼板承受设备、家具、人的荷载,并将荷载传给墙或柱。楼板支承在墙上,对墙也有水平支撑作用。地面是首层房间使用部分,承受首层房间荷载,并将其传给它下面的地基。楼地层应具有一定的强度和刚度,并应有一定的隔声能力和耐磨性。

4. 楼梯

楼梯是楼房建筑中联系上下各层的垂直交通设施,是供人们上下楼层和紧急疏散用的。因此,要求楼梯坚固、安全和有足够的通行能力。

5. 屋顶

屋顶是建筑物顶部的承重和围护构件。由屋面、承重结构和保温(隔热)层三部分组成。屋面的作用是抵御自然界风、雨、雪及太阳辐射对顶层房间的影响,并将雨水排除。承重结构则承受屋顶全部荷载(包括自重、风荷载、雪荷载),并将这些荷载传给墙或柱。保温(隔热)层的作用是防止冬季室内热量散失(夏季太阳辐射热进入室内)。要求屋顶保温(隔热)、防水、排水,其承重结构应有足够的强度和刚度。

6. 门和窗

门的主要功能是交通和分隔房间,有的门兼有采光和通风作用,对建筑物也可起到装饰作用。要求门有足够的宽度和高度。窗的作用是采光、通风和眺望，同时也有分隔和围护作用。因门与窗所在位置不同，分别要求有防水、防风沙、保温和隔声等性能。

房屋除上述基本组成部分外，还有一些其他配件与设施，如雨篷、散水、坡道、勒脚、防潮层、通风道等。

三、工业建筑的构造组成

由于工业部门不同，生产工艺各异，所以工业建筑类型较多。从层数上分为单层工业建筑和多层工业建筑，其中骨架承重结构的单层工业厂房最为多见，其结构组成主要有屋盖结构、吊车梁、柱、基础、支撑、围护结构等单层厂房结构组成。如图2-2所示。

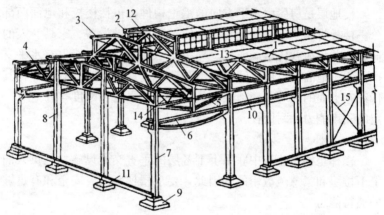

图 2-2　单层厂房结构组成

1—屋面板；2—天沟板；3—天窗架；4—屋架；5—托架；6—吊车梁；7—排架柱；
8—抗风柱；9—基础；10—连系梁；11—基础梁；12—天窗架垂直支撑；
13—屋架下纵向水平支撑；14—屋架端部垂直支撑；15—柱间支撑

1. 屋盖结构

（1）屋面板：它直接承受屋面荷载（如雪荷载、施工或检查、修理时屋面上人活动的荷载），并将其传给屋架。

（2）屋架：它承受屋盖结构的全部荷载（包括屋面板、风荷载），并将其传给柱。

（3）天窗架：它支承在屋架上，承受天窗架以上屋面板及屋面上的荷载，将其传给屋架。

（4）托架：当柱子间距比屋架间距大时，则用它支承屋架，并将其上面的荷载传给柱子。

2. 吊车梁

吊车梁支承在柱子的牛腿上，承受吊车荷载，并将其传给柱。

3. 柱

柱承受屋架（包括托架）、吊车梁、外墙和支撑传来的荷载，并将其传给基础。

4. 基础

基础承受柱和基础梁传来的荷载，并将其传给地基。

5. 支撑

支撑包括屋盖支撑和柱间支撑等。它的作用是加强厂房结构的空间刚度和稳定性，同时起传递风荷载和吊车水平荷载的作用。

6. 围护结构

（1）外墙和山墙：一般为砖砌自承重墙。砖墙下部支承在基础梁或带形基础上。墙承受风荷载并传给柱。有的大型厂房采用预制墙板代替砖墙。

（2）墙梁：凡支承在柱上的预制连系梁和浇筑混凝土形成连续的圈梁都称墙梁。其主要作用是加强厂房的纵向刚度。墙梁作为连系梁，可承受外墙重量，并把它传给柱和基础。墙梁作为圈梁，外墙重量则通过基础梁传给基础。

（3）基础梁：承受外墙重量并把它传给基础。

（4）抗风柱：承受山墙传来的风荷载，并把它传给屋盖和基础。

第四节　建筑识图与制图

一套完整的建筑工程施工图应包括总平面图、建筑施工图、结构施工图、给排水施工图、电气施工图和采暖通风施工图等。抹灰工程施工的主要依据是建筑施工图（有些建筑工程还要用到部分结构施工图），建筑施工图主要表示建筑物的总体布置、外部造型、内部布置、细部构造、装修和施工要求等。其中，基本图包括总平面图、建筑平面图、立面图、剖面图等；详图包括墙身、楼梯、门窗、厕所、屋檐及各种装修、构造的详细做法。为正确理解设计图纸，严格按图施工，必须掌握各种图示方法和建筑制图标准的有关规定，熟记建筑图中常用图例、符号，了解房屋组成和构造。只有会看图纸，才能把握自己的操作对象。

一、建筑识图基本知识

1. 总平面图的识读

（1）基本内容。

总平面图包括已有建筑物、新建建筑物、拟建建筑物以及道路、绿化等。

（2）识读方法。

①了解总平面图比例、图例、文字说明。总平面图尺寸均以 m 为单位。

②了解新建房屋的位置关系及外围尺寸，注意首层室内地面标高相当于绝对标高多少，通过图中指北针了解建筑物朝向。

以图 2-3 总平面图为例，该学校总平面图比例为 1：500，图中显示该教学楼的位置为粗实线范围，中实线是原有教学办公楼等。新建教学楼平面内的小黑点表明房屋为四层。其首层地面相对标高±0.000＝12.50m（绝对标高），室外地坪标高为 12.02m，室内、外地面高差为 0.48m。另外，通过新建教学楼平面图长、宽尺寸，可计算出房屋的占地面积。从房屋之间的定位尺寸，可知房屋之间的相对位置。

2. 建筑平面图的识读

（1）基本内容。

①建筑物形状、内部布置、房间安排、朝向、定位轴线和墙厚。

②建筑物的尺寸：总长度、总宽度及建筑面积，房间开间及进深、门窗洞口尺寸。另外，平面图还有台阶、散水、阳台、雨篷等尺寸。

③室内地面标高、门窗位置、尺寸及编号、过梁及其他构配件编号等。

④剖面图的剖切位置、索引符号等。

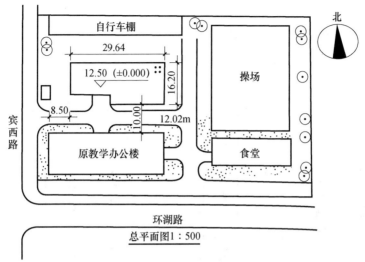

图 2-3 总平面图

（2）识读方法。

①识读平面图习惯方法是由外向内、由大到小、由粗到细，先看说明附注，再看图形。

②先看房屋朝向、平面图的总长和总宽尺寸、轴线间的尺寸距离。注意房间的开间、进深尺寸和墙、柱的布置，散水宽度、台阶尺寸、雨水管位置等。

③再看地面标高。楼地面标高表明各层楼地面与±0.000的相对高度，常标注有室内地面标高、室外地面标高、楼梯平台标高、室外台阶标高等。

④查看门窗位置、类型、数量、编号等。

以图 2-4 首层平面图为例。图中显示新建教学楼的南立面设有主要入口，内部有双跑式楼梯。外部尺寸为三道，分别表示房屋的总长和总宽尺寸、轴线间距、门窗和窗间墙大小。内部尺寸有墙厚等。首层地面标高为标高零点±0.000，厕所地面标高比首层地面低 20mm，标注为－0.020。该图中还标有剖视剖切符号，1-1 为全剖面图，2-2 为外墙剖面图。厕所、黑板还标有索引符号。另外，还可看到台阶、散水、雨水管尺寸与位置等。

19

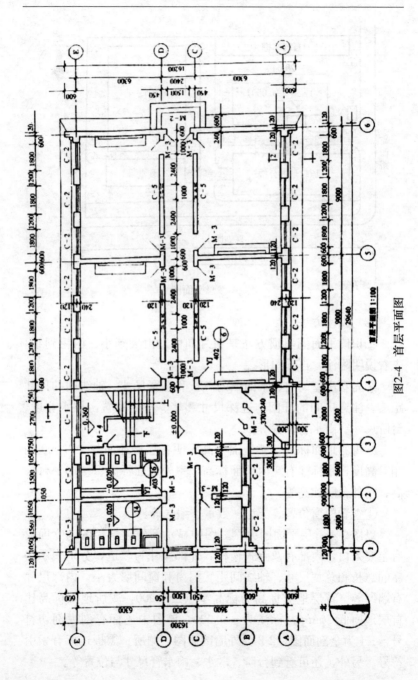

图2-4 首层平面图

3. 建筑立面图的识读

（1）基本内容。

①看图名与比例，了解是房屋的哪一个立面的投影。

②立面图反映建筑物的外貌，如门窗外形、屋檐、阳台、雨篷、附墙柱、勒脚、台阶的形状和位置。

③立面图一般只标注主要部位的相对标高，如室外地坪出入口地面、勒脚、窗口、檐口等处的标高。

④看外墙装修做法，常用引出线和文字说明材料、颜色等。

（2）识读方法。

①通过图标，了解是建筑物的哪个立面。

②与平面图对照，核对各部分标高、高度尺寸。

③外墙装修做法、排水及消防设施等。

以图 2-5 南立面图为例，根据建筑物朝向，可知该立面图为南立面图，从注写的标高尺寸可知檐口、门窗及室外地坪高度。从文字注写可知外墙的装修做法。

图 2-5 南立面图

4. 建筑剖面图的识读

（1）基本内容：

①各层楼面标高、窗台、窗上口、雨篷、挑檐等的高度。

②定位轴线、索引符号、施工说明等。

③房屋内部构造与结构形式，如梁、楼板、楼梯、屋面的结

构形式等。

（2）识读方法：

①看清剖切面的位置，将剖面图编号与平面图上的剖切编号对应来看。

②了解屋面、顶棚、楼面、地面的构造。

③看清标高及各种竖向尺寸。

以图 2-6 剖面图为例。从 1—1 剖面图和轴线编号，对照首层平面图可知，是一个通过主要入口和楼梯间的全剖面图。从图中可了解到层高为 3.6m，各层建筑标高等尺寸。

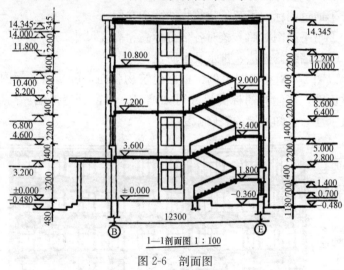

图 2-6　剖面图

5. 建筑详图的识读

（1）基本内容。

建筑详图是建筑平、立、剖面图的补充，是将平、立、剖面图中不能表示清楚的细部构造用较大比例绘制的详细图样，一般包括外墙详图、楼梯详图、阳台详图、卫生间详图等。

（2）识读方法。

①与平面图、立面图、剖面图对照，以确定图中所表示的建筑部位。

②了解各部位的详细做法、构造尺寸等。

22

第三章 常用抹灰材料与建筑材料

第一节 抹灰材料

一、水泥

水泥是典型的水硬性胶凝材料，广泛运用于抹灰工程施工中。在抹灰工程中，最常用的有通用硅酸盐水泥与装饰水泥两种。

1. 通用硅酸盐水泥

通用硅酸盐水泥是由硅酸盐水泥熟料和适量的石膏及规定的材料制成的水硬性胶凝材料。通用硅酸盐水泥按混合材料的品种和掺量可分为硅酸盐水泥、普通硅酸盐水泥、火山灰质硅酸盐水泥、矿渣硅酸盐水泥、粉煤灰硅酸盐水泥及复合硅酸盐水泥。各品种的组分与代号应符合表 3-1 中的规定。

表 3-1 通用硅酸盐水泥的组分与代号（%）

品种	代号	组分				
		熟料＋石膏	粒化高炉矿渣	火山灰质混合材料	粉煤灰	石灰石
硅酸盐水泥	P·Ⅰ	100	—	—	—	—
	P·Ⅱ	≥95	≤5	—	—	—
		≥95	—	—	—	≤5
普通硅酸盐水泥	P·O	≥80 且<95	>5 且≤20			—
矿渣硅酸盐水泥	P·S·A	≥50 且<80	>20 且≤50	—	—	—
	P·S·B	≥30 且<50	>50 且≤70	—	—	—

续表

品种	代号	组分				
		熟料＋石膏	粒化高炉矿渣	火山灰质混合材料	粉煤灰	石灰石
火山灰质硅酸盐水泥	P·P	≥60且<80	—	>20且≤40	—	—
粉煤灰硅酸盐水泥	P·F	≥60且<80	—	—	>20且≤40	—
复合硅酸盐水泥	P·C	≥50且<80	>20且≤50			

（1）材料。

①硅酸盐水泥熟料。由主要含 CaO、Al_2O_3、SiO_2 及 FeO_3 的原料，按照适当的比例磨成细粉烧至部分熔融所得的以硅酸钙为主要矿物成分的水硬性胶凝物质。其中硅酸钙矿物应不小于66%，氧化钙与氧化硅的质量比应不小于2.0。

②石膏。

a. 天然石膏应符合《天然石膏》（GB/T 5483—2008）中规定的 G 类或 M 类二级（含）以上的石膏或混合石膏。

b. 工业副产石膏是以硫酸钙为主要成分的工业副产物。在采用此种材料前应经过试验证明对水泥性能无害。

③活性混合材料。符合《用于水泥、砂浆和混凝土中的粒化高炉矿渣粉》（GB/T 18046—2017）、《用于水泥和混凝土中的粉煤灰》（GB/T 1596—2017）、《用于水泥中的火山灰质混合材料》（GB/T 2847—2005）标准要求的粒化高炉矿渣、粒化高炉矿渣粉、粉煤灰、火山灰质混合材料。

④非活性混合材料。其活性指标分别低于《用于水泥、砂浆和混凝土中的粒化高炉矿渣粉》（GB/T 18046—2017）、《用于水泥和混凝土中的粉煤灰》（GB/T 1596—2017）、《用于水泥中的火山灰质混合材料》（GB/T 2847—2005）标准要求的粒化高炉矿

渣、粒化高炉矿渣粉、粉煤灰、火山灰质混合材料；石灰石和砂岩，其中石灰石中的三氧化二铝含量应不大于 2.5%。

⑤窑灰。应符合《掺入水泥中的回转窑窑灰》（JC/T 742—2009）中的规定。

⑥助磨剂。水泥粉磨时允许加入助磨剂，其加入量应不大于水泥质量的 0.5%，助磨剂应符合《水泥助磨剂》（GB/T 26748—2011）中的规定。

（2）强度等级。

①硅酸盐水泥的强度等级分为 42.5、42.5R、52.5、52.5R、62.5、62.5R6 个等级。

②普通硅酸盐水泥的强度等级分为 42.5、42.5R、52.5、52.5R4 个等级。

③矿渣硅酸盐水泥、火山灰质硅酸盐水泥、粉煤灰硅酸盐水泥、复合硅酸盐水泥的强度等级分为 32.5、32.5R、42.5、42.5R、52.5、52.5R6 个等级。

（3）技术要求。

①化学指标。通用硅酸盐水泥的化学指标应符合表 3-2 的规定。

表 3-2 通用硅酸盐水泥的化学指标（%）

品种	代号	不溶物 （质量分数）	烧失量 （质量分数）	三氧化硫 （质量分数）	氧化镁 （质量分数）	氯离子 （质量分数）
硅酸盐 水泥	P·I	≤0.75	≤3.0	≤3.5	≤5.0	≤0.06
	P·II	≤1.50	≤3.5			
普通硅酸 盐水泥	P·O	—	≤5.0			
矿渣硅酸 盐水泥	P·S·A	—	—	≤4.0	≤6.0	
	P·S·B	—	—		—	

续表

品种	代号	不溶物（质量分数）	烧失量（质量分数）	三氧化硫（质量分数）	氧化镁（质量分数）	氯离子（质量分数）
火山灰质硅酸盐水泥	P·P	—	—	≤3.5	≤6.0	≤0.06
粉煤灰硅酸盐水泥	P·F	—	—			
复合硅酸盐水泥	P·C	—	—			

①若水泥压蒸试验合格，则水泥中氧化镁的含量（质量分数）允许放宽至6.0%。

②若水泥中氧化镁的含量（质量分数）大于6.0%时，需进行水泥压蒸安定性试验并合格。

③当有更低要求时，该指标由供需双方协商确定。

②碱含量（选择性指标）。

水泥中碱含量按 $Na_2O+0.658K_2O$ 的计算值来表示。如使用活性骨料，用户要求提供低碱水泥时，水泥中的碱含量应不大于0.60%或由供需双方协商确定。

a. 硅酸盐水泥。按我国现行国家标准《通用硅酸盐水泥》（GB 175—2007）中的规定，凡由硅酸盐水泥熟料0%～5%的石灰石或粒化高炉矿渣，适量石膏磨细制成的水硬性胶凝材料，称为硅酸盐水泥。

在硅酸盐水泥中不掺石灰石或粒化高炉矿渣混合材料的为Ⅰ型硅酸盐水泥，代号为P·Ⅰ。

在硅酸盐水泥熟料粉磨时，掺加不超过水泥质量5%的石灰或粒化高炉矿渣混合材料的为Ⅱ型硅酸盐水泥，代号为P·Ⅱ。

b. 普通硅酸盐水泥。按国家标准《通用硅酸盐水泥》（GB 175—2007）中的规定：凡由硅酸盐水泥熟料、6%～15%混合材料、适量石膏磨细制成的水硬性胶凝材料，称为普通硅酸盐水泥（简称普通水泥），代号为P·O。

普通水泥中掺混合材料量是按水泥质量的百分比计算的。当掺活性混合材料时，不得超过 15％其中允许用不超过 5％的窑灰或不超过 10％的非活性混合材料来代替。当掺非活性混合材料时，不得超过 10％。

普通水泥中掺入少量混合材料的主要目的是调节水泥的强度等级，增加强度等级较低的水泥品种，以利合理选用。

普通水泥中，由于混合材料掺量不多，与硅酸盐水泥相比，其性能变化不大，即普通水泥与硅酸盐水泥的主要特性相似，但普通水泥适用性更广一些。

c. 矿渣硅酸盐水泥、火山灰质硅酸盐水泥、粉煤灰硅酸盐水泥。矿渣硅酸盐水泥：凡由硅酸盐水泥熟料和粒化高炉矿渣、适量石膏磨细制成的水硬性胶凝材料称为矿渣硅酸盐水泥（简称矿渣水泥），代号 P·S。水泥中粒化高炉矿渣掺加量按质量百分比计为 20％～70％。允许用石灰石、窑灰、粉煤灰和火山灰质混合材料中的一种材料代替矿渣，代替数量不得超过水泥质量的 8％，替代后水泥中粒化高炉矿渣不得少于 20％。

火山灰质硅酸盐水泥：凡由硅酸盐水泥熟料和火山灰质混合材料、适量石膏磨细制成的水硬性胶凝材料称为火山灰质硅酸盐水泥（简称火山灰水泥），代号 P·P。水泥中火山灰质混合材料掺量按质量百分比计为 20％～50％。

粉煤灰硅酸盐水泥：凡由硅酸盐水泥熟料和粉煤灰、适量石膏磨细制成的水硬性胶凝材料称为粉煤灰硅酸盐水泥（简称粉煤灰水泥），代号 P·F。水泥中粉煤灰掺量按质量百分比计为 20％～40％。

三种水泥的共同特性：凝结硬化慢；早期强度低，后期强度增长快，甚至超过同强度等级的硅酸盐水泥；水化放热速度慢，放热量小；对温度敏感性较高，温度较低时，硬化速度慢，抗冻性差；温度较高时，硬化速度大大加快，往往超过硅酸盐水泥的强度增长速度，因此适宜蒸汽养护；由于三种水泥硬化后，水泥石中能引起腐蚀的氢氧化钙及水化铝酸三钙减少，抵抗软水及硫酸盐介质的侵蚀能力较硅酸盐水泥高，但抗碳化能力较差。

除了具有上述共性外，矿渣水泥和火山灰水泥的干缩性大，而粉煤灰水泥干缩性小；火山灰水泥的泌水性小，抗渗性较高，而矿渣水泥泌水性较大，但耐热性较好。

③物理指标。

a. 凝结时间。硅酸盐水泥初凝不小于 45min，终凝不大于390min；普通硅酸盐水泥、火山灰质硅酸盐水泥、矿渣硅酸盐水泥、粉煤灰硅酸盐水泥及复合硅酸盐水泥初凝应不小于 45min，终凝应不大于 600min。

b. 安定性。沸煮法合格。

c. 强度。不同品种不同强度等级的通用硅酸盐水泥，其不同龄期的强度见表 3-3。

表 3-3　通用硅酸盐水泥不同龄期的强度等级

品种	强度等级	抗压强度（3d，MPa）	抗压强度（28d，MPa）	抗折强度（3d，MPa）	抗折强度（28d，MPa）
硅酸盐水泥	42.5	≥17.0	≥42.5	≥3.5	≥6.5
	42.5R	≥22.0	≥42.5	≥4.0	≥6.5
	52.5	≥23.0	≥52.5	≥4.0	≥7.0
	52.5R	≥27.0	≥52.5	≥5.0	≥7.0
	62.5	≥28.0	≥62.5	≥5.0	≥8.0
	62.5R	≥32.0	≥62.5	≥5.5	≥8.0
普通硅酸盐水泥	42.5	≥17.0	≥42.5	≥3.5	≥6.5
	42.5R	≥22.0	≥42.5	≥4.0	≥6.5
	52.5	≥23.0	≥52.5	≥4.0	≥7.0
	52.5R	≥27.0	≥52.5	≥5.0	≥7.0
矿渣硅酸盐水泥、火山灰质硅酸盐水泥、粉煤灰硅酸盐水泥	32.5	≥10.0	≥32.5	≥2.5	≥5.5
	32.5R	≥15.0	≥32.5	≥3.5	≥5.5
	42.5	≥15.0	≥42.5	≥3.5	≥6.5
	42.5R	≥19.0	≥42.5	≥4.0	≥6.5
	52.5	≥21.0	≥52.5	≥4.0	≥7.0
	52.5R	≥23.0	≥52.5	≥4.5	≥7.0

d. 细度（选择性指标）。硅酸盐水泥和普通硅酸盐水泥用比表面积表示，不小于 $300m^2/kg$；矿渣硅酸盐水泥、火山灰质硅酸盐水泥、粉煤灰硅酸盐水泥和复合硅酸盐水泥以筛余表示，$80\mu m$ 方孔筛筛余不大于 10％或 $45\mu m$ 方孔筛筛余不大于 30％。

2. 装饰水泥

装饰水泥包括彩色硅酸盐水泥与白色硅酸盐水泥。

（1）彩色硅酸盐水泥。

用白色硅酸盐水泥熟料和优质白色石膏在粉磨过程中掺入颜料、外加剂（防水剂、保水剂、促硬剂等）共同研磨而成的一种水硬性彩色胶凝材料，即为彩色硅酸盐水泥，简称彩色水泥。

①生产方法：

第一种方法，在普通白水泥熟料中加入无机或有机颜料进行磨细。多用无机矿物颜料包括铅丹、铬绿、群青、普鲁士红等。在制造红色、黑色或棕色等深色水泥时，可在普通硅酸盐水泥中加入矿物颜料，而不一定非用白水泥。

第二种方法，在白水泥生料中加入少量金属氧化物作为着色剂，烧成熟料后再进行磨细。

第三种方法，将着色物质以干式混合的方法掺入白水泥或其他硅酸盐水泥中进行磨细。

上述三种方法，第一种方法生产的彩色水泥色彩较为均匀，颜色也浓。第二种方法生产的彩色水泥，着色剂用量较少，也可用工业副产品作着色剂，成本较低，但生产的彩色水泥色泽种类有限。第三种方法生产的彩色水泥较简单，色泽较多，但不易均匀，颜料用量较大。

②无论用上述哪一种方法生产彩色水泥，它们所用着色剂都必须满足以下各项要求：

a. 不溶于水，分散性好。

b. 耐候性好，要求耐光性达七级以上（耐光性共分八级）。

c. 抗碱性强，要求达到一级耐碱性（耐碱性共分七级）。

d. 着色力强，颜色浓。着色力是指颜料与水泥等胶凝材料混合后显现颜色深浅的能力，不含杂质。

e. 不能使水泥强度显著降低，也不能影响水泥的正常凝结硬化。

f. 价格便宜。

（2）白色硅酸盐水泥。

白水泥是白色硅酸盐水泥的简称。它与普通硅酸盐水泥在化学成分上的主要区别：白水泥中铁含量只有普通水泥的 1/10 左右。白水泥的原料制备方法与硅酸盐水泥基本相同，只是白水泥要求用较纯的石灰质原料，黏土质原料也选用氧化铁含量低的高岭土或含铁质较低的砂质黏土，尽量选用灰分小的燃料。在对白水泥的原料与熟料进行粉磨时，均需防止铁质或其他杂质进入，这样才能保证白水泥的白度。

白水泥的白度，通常用白水泥和纯净氧化镁的反射率比值来表示，以氧化镁的白度为 100，用白度计测定。我国白水泥的白度分为特级、一级、二级、三级 3 个等级，白水泥磨得越细，其白度越高。我国生产白水泥的强度等级有 32.5、42.5、52.5、62.5 四级。水泥白度值应不低于 87。

白水泥具有强度高、色泽洁白、可以配制各种彩色砂浆及彩色涂料的特点，主要应用于建筑装饰工程的粉刷，制造具有艺术性和装饰性的白色、彩色混凝土装饰结构，制造各种颜色的水刷石、仿大理石及水磨石等制品，配制彩色水泥。

使用白水泥时不能掺和其他物质，以免影响白度。白水泥的施工和养护方法与普通硅酸盐水泥相同，但施工时底层及搅拌工具必须清洗干净，否则影响白水泥的装饰效果。

装饰水泥的性能、施工及养护方法都与硅酸盐水泥相同，但极易被污染。使用时要注意防止被其他物质污染，搅拌工具必须干净。

3. 水泥的包装、运输和储存

（1）运输时，应注意防水与防潮，包装水泥要轻拿轻放。

（2）水泥仓库要保持干燥，外墙与屋顶不应有渗漏水现象。仓库内要按品种、批号、生产厂、出厂日期等分别堆放。

（3）水泥的储存期超过 3 个月，强度降低 10%～20%；时间越长其损失越大，所以水泥的储存期不宜过长，应尽量做到先来的先用。超过 3 个月的水泥要重新检验。

（4）不同品种的水泥所含的矿物成分不同，化学物理特性也不同，在施工中不得将不同品种的水泥混合使用。

（5）受潮水泥应按其受潮程度进行适当处理后使用。

（6）结块的水泥在使用时要先进行粉碎，重新检验其强度，并加长搅拌时间。结块如比较坚硬，应筛去硬块，将小颗粒粉碎，再检验其强度。

4. 水泥试验

（1）水泥试验要以同一水泥厂、同强度等级、同品种、同一生产时间、同一进场日期的水泥，每 200t 为一验收批。不足 200t 的，按一验收批计算。

（2）每验收批取样一组，数量为 12kg。

（3）取样应具代表性，通常可从 20 个以上的不同部位或 20 袋中取等量样品，总数至少为 12kg，拌和均匀后分成两等份，一份由试验室按标准进行试验，另一份密封保存，以备校验用。取样应用专用工具。

（4）对同一水泥厂生产的同期出厂的品种、强度等级相同的袋装水泥，一般以一次进场的同一出厂编号的水泥作为一批，总量不应超过 500t，从不少于 3 个车罐中各取等量水泥，经混拌均匀后，再从中称取不少于 12kg 水泥作检验试样。

（5）建筑施工企业要分别按单位工程取样。

（6）水泥试验报告单的各项目的填写要齐全。要求字迹清楚，真实、准确，无未了项，试验室的签字盖章齐全。

（7）常用水泥必须进行试验的项目有水泥胶砂强度（抗压强度、抗折强度）、水泥安定性以及初凝时间。

（8）在领取水泥试验报告单时，应验看试验项目是否齐全，试验室要有明确结论，试验编号、签字盖章要齐全。还应注意看试验单上各试验项目数据是否达到规范规定的标准值，如果是则验收存档，如果不是要及时取双倍试样做复试或报有关人员处理，并将复试合格单或处理结论附于此单后一并存档。

二、骨料

在抹灰工程施工中，常用的骨料是普通砂，还有配制特殊用途的石英砂。

1. 普通砂

普通砂是指自然山砂、河砂及海砂等，是由坚硬的天然岩石经自然风化逐渐形成的疏散颗粒的混合物。按细度模数（p）可分为四级：

（1）粗砂为 $3.7\sim3.1$。

（2）中砂为 $3.0\sim2.3$。

（3）细砂为 $2.2\sim1.6$。

（4）特细砂为 $1.5\sim0.7$。

抹灰砂浆宜选用中砂，也可以将粗砂和中砂混合使用，细砂也可使用，但特细砂不可使用。抹灰用砂要求颗粒坚硬、洁净，天然砂中含有一定数量的黏土、泥块、灰尘及杂质等有害物质，当含量过大时，会影响砂浆的质量。因此，抹灰砂浆中砂的含泥量不应超过 2%。

2. 石英砂

石英砂包括天然石英砂、人造石英砂及机制石英砂。石英砂按其二氧化硅的含量可分为四类，按其颗粒大小可以分为粗、中、细三种。人造石英砂和机制石英砂，是将石英岩焙烧，经人工或机械破碎、筛分而成，它们比天然石英砂质量好、纯净，且二氧化硅含量也较高。石英砂在抹灰工程中多用以配制耐腐蚀砂浆。

3. 石粒

石粒也称色石子、色石碴或石米等，是由天然大理石、方解石、白云石、花岗石等石材破碎加工而成，可用作水磨石、水刷石、干粘石、斩假石等，具有各种色泽。

4. 砾石

砾石又称豆石、特细卵石，是自然风化形成的石子。其常用的粒径为 $5\sim10mm$，一般用于水刷石面层及楼地面细石混凝土面层等。

5. 石屑

石屑是粒径比石粒更小的细骨料，主要用来配制外墙喷涂饰面用的聚合物砂浆。常用的有松香石屑和白云石屑等。

6. 膨胀珍珠岩

膨胀珍珠岩是由珍珠岩矿石经过破碎、筛分及预热，在126℃左右的高温中悬浮瞬间焙烧，体积骤然膨胀而形成的一种白色的中性无机砂状材料。颗粒结构呈蜂窝泡沫状，质量较轻，风吹可扬，具有保温、吸声、不燃、无毒、无臭等特性，用于保温、隔热及吸声墙面的抹灰。

7. 膨胀蛭石

蛭石是一种复杂的铁、镁含水硅酸铝酸盐类矿物，是水铝云母类矿物中的一种矿石。膨胀蛭石由蛭石经过晾干、破碎、筛选、煅烧以及膨胀而形成。蛭石在 850～1000℃温度下煅烧时，其颗粒单片体积可膨胀 20 倍以上，许多颗粒的总体积膨胀5～7倍。膨胀后的蛭石，形成许多薄片组成的层状碎片，在碎片内部具有无数细小的薄层空隙，其中充满空气，所以其重度极轻，导热系数很小，耐火、防腐，是一种极好的无机保温隔热吸声材料。膨胀蛭石用来配制膨胀蛭石砂浆，用作一般建筑的内墙及顶棚等部位的抹灰饰面。

8. 彩色瓷粒

由石英、长石和瓷土为主要原料烧制而成，粒径为 1.2～3mm，颜色多样。以彩色瓷粒代替彩色石粒用于室外装饰抹灰，具有大气稳定性好、颗粒小、表面瓷粒均匀、露出粘结砂浆较少、整个饰面质量减轻等优点。以彩色瓷粒代替石粒，具有大气稳定性好、颗粒小且表面均匀等优点，但烧制瓷粒价格较贵，用于少数如北京饭店东楼外墙那样的饰面工程。

9. 砂的技术要求

（1）砂的公称粒径及砂筛尺寸。

砂筛应采用方孔筛，其尺寸要求应符合表 3-4 中的规定。

表 3-4 砂的公称粒径、砂筛筛孔的公称直径和孔边长尺寸

砂的公称粒径	砂筛筛孔的公称直径	方孔筛筛孔边长
5.00mm	5.00mm	4.75mm
2.50mm	2.50mm	2.35mm
1.25mm	1.25mm	1.18mm
630μm	630μm	600μm
315μm	315μm	300μm
160μm	160μm	150μm
80μm	80μm	75μm

（2）颗粒级配。

按公称直径 630μm 筛孔的累计筛余量，砂（除特细砂外）的颗粒级配可分成 3 个级配区，见表 3-5。砂的颗粒级配应处于表 3-5 中的任何一个区以内，实际颗粒级配与表 3-5 中所列的累计筛余相比，除 5.00mm 和 630μm 外，其余公称粒径的累计筛余可稍超出分界线，但总超出量不得大于 5%。

表 3-5 砂颗粒级配区

累计筛余（%）　公称直径　级配区	Ⅰ区	Ⅲ区	Ⅲ区
5.00mm	10～0	10～0	10～0
2.50mm	35～5	25～0	15～0
1.25mm	65～35	50～10	25～0
630μm	85～71	70～41	40～16
315μm	95～80	92～70	85～55
160μm	100～90	100～90	100～90

配制混凝土应优先选用区砂。当采用Ⅰ区砂时，应提高砂率，并保持足够的水泥用量，以保证混凝土的和易性；当采用Ⅱ区砂时，应适当降低砂率；当采用特细砂时，要符合相应的规定。配制泵送混凝土，应选用中砂。

当天然砂的实际颗粒级配不符合要求时，应采取相应措施并经试验证明能确保工程质量，才可使用。

（3）天然砂的含泥量。

天然砂中的含泥量应符合表 3-6 中的规定。有抗冻、抗渗或其他特殊要求的不大于 C25 的混凝土用砂，其含泥量应不大于 3%。

表 3-6　天然砂中的含泥量

混凝土强度等级	≥C60	C55～C30	≤C25
含泥量（按质量计,%）	≤2.0	≤3.0	≤5.0

（4）砂中泥块含量。

砂中泥块含量应符合表 3-7 中的规定。有抗冻、抗渗或其他特殊要求的不大于 C25 的混凝土用砂，其泥块含量应不大于 1.0%。

表 3-7　砂中泥块含量

混凝土强度等级	≥C60	C55～C30	≤C25
含泥量（按质量计,%）	≤0.5	≤1.0	≤2.0

（5）人工砂或混合砂中石粉含量。

人工砂或混合砂中石粉含量应符合表 3-8 中的规定。

表 3-8　人工砂或混合砂中石粉含量

混凝土强度等级		≥C60	C55～C30	≤C25
石粉含量	MB<1.4（合格）	≤5.0	≤7.0	≤10.0
	MB≥1.4（不合格）	≤2.0	≤3.0	≤5.0

（6）砂中有害物质的含量。

砂中有害物质的含量应符合表 3-9 中的规定。有抗冻、抗渗要求的混凝土用砂，云母含量应不大于 1.0%。当砂中含有颗粒状的硫酸盐或硫化物杂质时，应进行专门检验确定其能满足混凝土耐久性要求后，才可采用。

表3-9 砂中有害物质的含量

项目	质量指标（%）
云母含量（按质量计）	≤2.0
轻物质含量（按质量计）	≤1.0
硫化物及硫酸盐含量 （折算成 SO_3 按质量计）	≤1.0
有机物含量（用比色法实验）	颜色应不深于标准色，当颜色深于标准色时，应按水泥胶砂强度试验方法进行强度对比试验，抗压强度比应不低于0.95

（7）砂中氯离子的含量。

砂中氯离子的含量应符合表3-10中的规定。

表3-10 砂中氯离子的含量

用途	氯离子含量（%）
钢筋混凝土用砂	≤0.06
预应力混凝土用砂	≤0.02

（8）砂的坚固性。

砂的坚固性应采用硫酸钠溶液检验，试样经5次循环后，质量损失应符合表3-11中的规定。

表3-11 砂的坚固性指标

混凝土所处的环境条件及其性能要求	5次循环后的质量损失（%）
在严寒及寒冷地区室外使用并经常处于潮湿或干湿交替状态下的混凝土 有抗疲劳、耐磨、抗冲击要求的混凝土。有腐蚀介质作用或经常处于水位变化区的地下结构混凝土	≤8
其他条件下使用的混凝土	≤10

三、石灰

石灰是以碳酸钙为主要成分，用石灰岩烧制而成的，是一种传统而又古老的建筑材料。石灰的原料来源广泛，生产工艺简单，使用方便，成本低廉，并具有良好的建筑性能，所以目前仍然是一种使用十分广泛的建筑材料。

块状生石灰根据氧化镁含量多少可分为钙质石灰和镁质石灰。当氧化镁含量≤5％时称为钙质石灰，氧化镁含量＞5％时称为镁质石灰。

镁质石灰熟化速度较慢，但硬化以后强度较高。

在煅烧石灰时，由于窑内温度不均匀，石灰石块大小差异、碳酸镁分解温度较低等原因，在烧成的块状生石灰中，会出现少量欠火石灰和过火石灰，欠火石灰是未充分分解的石灰岩，是不能消解也无胶凝性的废品。而过火石灰是因窑温过高致使部分杂质熔融与石灰溶结而成，这种过火石灰组织十分紧密，消解速度十分缓慢。

1. 生石灰的熟化

通常将生石灰加水消解成熟石灰——氢氧化钙，这个过程称为生石灰的"熟化"或"消化"。

生石灰的熟化为放热反应，熟化时体积增大 1.5～2.5 倍。煅烧良好、氧化钙含量高的生石灰不但熟化快、放热量多，体积增大也较多，因此产浆量较高。

在建筑工地将生石灰加水消化成熟石灰后才能使用。块状生石灰中常含有欠火石灰和过火石灰。欠火石灰降低了石灰的利用率。过火石灰熟化十分缓慢，如果加水后不经过一定时间的消化而直接使用，在石灰硬化后，其中过火石灰颗粒仍会吸收空气中的水分继续消解，出现体积膨胀，而使已经硬化的石灰体出现隆起和开裂，造成工程质量事故。为了消除过火石灰的危害，一般在工地上需将块状生石灰经两周以上的熟化处理，也称"陈伏"。在两周以上的陈伏期内，石灰浆表面应保持有一层水覆盖，使其与空气隔绝，避免碳化。同时要防止冻结与污染。

用人工熟化石灰，劳动强度大，劳动条件差，所需时间长，质量也不均一，现在大多用机械方法在工厂中将生石灰经过磨细成生石灰粉，或将石灰熟化成消石灰粉，在工地直接调水使用。

用于调制抹灰砂浆时，应将生石灰熟化成石灰浆，即将生石灰在化灰池中加水熟化，通过网孔流入储灰池内。石灰浆在储灰池中沉淀并除去上层水分后即为石灰膏，石灰膏的密度为 $1300 \sim 1400 kg/m^3$，1kg 生石灰可熟化成 $1.5 \sim 3L$ 的石灰膏。

2. 石灰的硬化

石灰的硬化是指其灰浆与砂、石屑或水泥等拌和而成的砂浆，在空气中氢氧化钙慢慢从饱和溶液中结晶，并与空气中的氧化碳化合而生成碳酸钙结晶，释出水分并被蒸发。因空气中二氧化碳的含量稀薄，所以上述反应进行得极为缓慢。同时，在碳化过程中，碳酸钙要首先在表面形成坚硬的外壳，又阻碍了二氧化碳的进一步渗入，使砂浆内部水分不易析出，硬化过程就变得很慢。因此，石灰砂浆在较长时期内，应经常处于湿润状态，不能达到一定的强度与硬度。针对石灰的这个缺陷，可适当加入水硬性材料，如加入水泥即可大大加快砂浆的硬化过程。

石灰浆在空气中逐渐硬化包括以下两个同时进行的过程：

(1) 石灰膏或浆体在干燥过程中，由于水分蒸发或被砌体吸收，氢氧化钙从过饱和溶液中析出，形成氢氧化钙结晶。这个过程称为结晶过程。

(2) 从过饱和溶液中析出的氢氧化钙晶体并不稳定，它要吸收空气中的二氧化碳，生成不溶解于水的碳酸钙结晶，并释放出水分。这个过程也称为结晶过程。

空气中二氧化碳的含量很低，石灰的碳化作用只发生在与空气接触的表面，当石灰表面碳化生成碳酸钙薄层后，阻止二氧化碳继续透入，也影响内部水分蒸发，所以石灰的碳化过程是十分缓慢的。

熟石灰在硬化过程中，由于大量水分蒸发，产生较大收缩，会出现干裂，所以纯石灰膏不能单独使用。一般需掺加或填充增强材料，如砂、纸筋、麻刀等，以减小收缩并减少石灰用量，同时也能加速内部水分的蒸发和二氧化碳的透入，有利于石灰的硬化。

3. 石灰的技术指标

建筑生石灰、建筑生石灰粉的有效氧化钙和氧化镁含量、产浆量、细度应符合《建筑生石灰》（JC/T 479—2013）的规定；建筑消石灰有效氧化钙和氧化镁含量、细度、安定性应符合《建筑消石灰》（JC/T 481—2013）的规定。

4. 石灰的应用

生石灰在运输和储存时，应避免受潮，以防止生石灰吸收空气中的水分而自行熟化，然后又在空气中碳化失去胶结能力。

石灰在建筑工程中的应用范围很广，常作以下几种用途：

（1）配制砂浆。

石灰具有良好的可塑性和粘结性，常用来配制石灰砂浆、水泥石灰混合砂浆等，用于砌筑和抹灰工程。

（2）制成灰土和三合土。

由石灰、黏土、砂、石渣，按一定比例可配制成灰土或三合土。灰土或三合土应用历史悠久，造价低廉，操作简单，可就地取材，其耐水性和强度较好，被广泛用于建筑物的地基基础和各种垫层。

（3）硅酸盐建筑制品的原料。

石灰是生产灰砂砖、蒸养粉煤灰砖、粉煤灰砌块或板材等硅酸盐建筑制品的主要原料。

（4）制碳化石灰板。

碳化石灰板是在磨细生石灰中掺加玻璃纤维、植物纤维或轻质骨料（矿渣等）并加水，强制搅拌成型后，用二氧化碳进行人工碳化（12～24h）而成的一种轻质板材。为了减轻质量和提高碳化效果，多制成空心板或多孔板。

碳化石灰空心板或多孔板表观密度为 $700～800kg/m^3$（当孔洞率为 $34\%～39\%$ 时），抗弯强度为 3～5MPa，抗压强度为 5～15MPa，导热系数小于 0.2W/（m·k），能锯、能钉，所以用作建筑物的非承重内隔墙、天花板、吸声板等。

因为用生石灰熟化后的石灰膏拌制的砂浆具有较好的和易性，所以广泛应用于抹灰工程中，可配制成石灰砂浆、麻刀石灰、混合砂浆及纸筋石灰等。

通常石灰不应在潮湿的环境下使用，因为石灰受潮强度就会降低，遇水则溶解溃散。生石灰极易吸收空气中的水分，自行水化，并与空气中的二氧化碳作用还原为白色粉末状的碳酸钙，失去粘结能力，所以必须将其堆放在地势较高、防潮防水较好的地面。生石灰遇水发生消化反应时，释放出大量的热，所以不得与易燃、易爆及液体物品混存混运。生石灰不宜长期存放，其保管期不宜超过 1 个月。

四、色石渣

色石渣又称石末、米粒石、色石子，是由天然大理石、白云石、花岗石以及其他天然石材经破碎加工而成，有各种色泽，主要用于装饰抹灰的面层骨料。用于水磨石的有汉白玉、东北绿、东北红、湖北黄、墨玉等；用于斩假石、水磨石的有松香石、白石子、煤矸石、羊肝石。

麻刀、纸筋、稻草、玻璃纤维等在抹灰中起骨架和拉结作用，可提高抹灰层的抗拉强度，增强抹灰层的弹性和耐久性，保证抹灰罩面层不易发生裂缝与脱落。

麻刀：麻刀为白麻丝，以均匀、坚韧、干燥、不含杂质、洁净为好，细碎麻刀，要求坚韧、干燥且不含杂质，长度不大于 20mm。

一般要求长度为 2～3cm，随用随打松散。每 100kg 石灰膏中掺入 1kg 麻刀，经搅拌均匀即为麻刀灰。

纸筋：纸筋即粗草纸，包括干纸筋和湿纸筋两种。纸筋（草纸）在淋灰时，先将纸撕碎，除去尘土后泡在清水桶内浸透，然后按每 100kg 石灰膏内掺 2.75kg 的比例倒入淋灰池内。使用时用小钢磨搅拌打细，再用 3mm 孔径筛过滤成纸筋灰。

稻草：草秸（草筋）一般是将稻草或麦秸断成长度不大于 30mm 的碎段，并经石灰水浸泡 15d 后使用，也可用石灰（或火碱）浸泡软化后软磨成纤维质，当纸筋使用。

麻刀、纸筋及草秸在抹灰工程中起拉结和骨架作用，能提高抹灰层的抗拉强度，增强抹灰层的弹性与耐久性，使抹灰层不易裂缝和脱落。

五、干粉砂浆

干粉砂浆，是指经干燥筛分处理的骨料（如石英砂）、无机胶凝材料（如水泥）和添加剂（如聚合物）等按一定比例进行物理混合而成的一种颗粒状或粉状，以袋装或散装的形式运至工地，加水拌和后即可直接使用的物料。又称作砂浆干粉料、干混砂浆、干拌粉，有些建筑黏合剂也属于此类。干粉砂浆在建筑业中以薄层发挥粘结、衬垫、防护和装饰作用，建筑和装修工程应用极为广泛。

1. 饰面类

内外墙壁腻子，彩色装饰干粉，粉末涂料。

2. 粘结类

瓷板粘结剂、填缝剂，保温板粘结剂等。

优点：

相对于在施工现场配制的砂浆，干粉砂浆有以下优势：

（1）品质稳定可靠，可以满足不同的功能和性能需求，提高工程质量。

（2）功效提高，有利于自动化施工机具的应用，改变传统建筑施工的落后方式。

（3）对新型墙体材料有较强的适应性，有利于推广应用新型墙体材料。

（4）使用方便，便于管理。

第二节　建筑材料

一、石膏

石膏的主要成分是半水石膏，是由生石膏在高温下煅烧而成的，即所谓的高温煅烧，其温度应控制在 $100 \sim 190℃$。若煅烧温度升高至 $190℃$ 以上，可失去全部水分而变成无水石膏，无水石膏又称熟石膏。建筑石膏色白，相对密度为 $2.60 \sim 2.75 kg/m^3$，

堆积密度为 $800\sim1000kg/m^3$。建筑工程中常用的有建筑石膏、模型石膏、地板石膏及高强石膏。

建筑石膏比石灰具有更多的优良建筑性能，并且资源丰富、生产工艺简单，所以石膏在我国建筑材料中占有重要地位，也是一种有发展前途的新型建筑材料。我国目前生产的石膏板，主要有纸面石膏板、石膏空心条板、石膏装饰板、纤维石膏板等。

生产建筑石膏的原料主要是天然二水石膏，又称软石膏或生石膏，经过低温煅烧、脱水、磨细而成。

1. 建筑石膏的凝结硬化

建筑石膏使用时需加水拌和，石膏加水后首先进行的是溶解，之后，石膏不断从过饱和溶液中沉淀而析出胶体颗粒使石膏胶体浓度增加；随着胶体凝聚，石膏失去塑性，开始凝结；以后水分蒸发，晶体继续增多，彼此紧密结合，使硬化后的石膏变成具有强度的人造石。

溶解、水化、生成胶体、析出晶体，这些过程是相互交错、同时进行的，形成了石膏的凝结和硬化。

2. 建筑石膏的主要技术性质和特性

建筑石膏为白色粉末，真密度为 $25\sim28g/cm^3$，堆积密度为 $800\sim1000kg/m^3$。根据国家标准《建筑石膏》（GB/T 9776—2008）中的规定，建筑石膏按其凝结时间、细度及强度指标分为三级。

建筑石膏与适当的水混合，先形成可塑的浆体，但很快就失去塑性，并发展成为坚硬的固体，这个过程即为硬化过程。这个凝结固化过程时间比较短，在掺水几分钟后便开始凝结，终凝时间不得超过 30min。石膏的凝固时间可根据施工需要进行调整。若需要加速凝固，可掺入少量磨细的未经煅烧的石膏；若需要延缓凝固时间，则可掺入水重 $0.1\%\sim0.2\%$ 的胶或亚硫酸盐酒精废渣、硼砂及柠檬酸等。

建筑石膏还具有如下特性：

（1）建筑石膏在常温下凝结硬化快，一般在掺水后 $3\sim5min$ 即可凝结，终凝不超过 30min。但在气温较高的夏季，建筑石膏会因凝结硬化过快而影响正常作业，在气温较低的冬季则会出现凝结硬化过慢的现象而影响正常使用。所以在实际应用时，为了便于施工操作，常常需要调节石膏的凝结硬化速度，如掺入水重0.1%～0.2%的动物胶或其他缓凝剂能达到缓凝效果，掺入少量生石膏粉可达到加快凝结硬化速度的目的。

（2）建筑石膏硬化后具有多孔结构，因而在实际使用时，为了使石膏浆具有良好的塑性以便于操作，通常建筑石膏的需水量要达到60%～80%，远远高于石膏18.6%的理论需水量。多余的水分在石膏硬化过程中逐渐蒸发，使硬化后的石膏体内留下很多孔隙，形成多孔结构。

（3）建筑石膏在硬化过程中体积微量膨胀，膨胀率<1%，这一特性使石膏具有良好的充模性。

（4）因建筑石膏硬化后具有很强的吸湿性，在潮湿环境中会削弱晶体间结合力，使强度显著下降，遇水时晶体溶解而引起破坏，吸水后再受冻，使孔隙内结冰而崩裂。因此，建筑石膏不耐水、不抗冻。

（5）建筑石膏硬化后生成二水石膏，遇火时，由于石膏中结晶水蒸发，吸收热量，表面生成的无水物成为良好的热绝缘体，所以建筑石膏耐火性好。

（6）建筑石膏硬化后呈多孔结构，质量较轻，因此保温隔热和隔声性能好。

3. 建筑石膏的应用

建筑石膏一般适用于室内装饰以及隔热、保温、吸声及防火等饰面，但不宜靠近60℃以上高温，因二水石膏在这个温度下将开始脱水分解。建筑石膏硬化后具有很强的吸湿性，在潮湿环境中，晶体间的粘结力会削弱，强度显著降低；遇水则晶体溶解而引起破坏；吸水后受冻，会因孔隙中水分结冰而崩裂。因此，建筑石膏的耐水性与耐寒性都比较差，不适于在室外装饰工程中使用。各种熟石膏都易受潮变质，其中建筑石膏变质速度比较快。所以，特别需要防止受潮和避免长期存放，通常储存3个月后，其强度会降低30%左右。

（1）建筑石膏是洁白细腻的粉末，适用于室内装修、抹灰、粉刷。它与石灰相比，更加洁白、美观，且由于其吸湿性，还能调节室内湿度。

（2）利用石膏在硬化时体积略有膨胀的特性，可制成各种雕塑、饰面板及各种装饰件。

（3）制成各种石膏板。石膏板是以建筑石膏为主要原料制成的一种板材，具有质轻、绝热、不燃、加工方便等性能。用石膏板制作的墙面平整，可以粘贴各种壁纸。石膏板安装方便，施工速度快。在石膏中掺加轻质填充料，如锯末、膨胀珍珠岩、膨胀蛭石、陶粒等，能减轻石膏板的质量，提高其保温隔热性。在石膏中掺加纤维增强材料，如纸筋、麻刀、石棉、玻璃纤维等，能提高石膏板的抗弯强度，减小其脆性。在石膏中掺入适量水泥、粉煤灰、粒化高炉渣粉，或在石膏板表面粘贴纸板、塑料壁纸、铝箔等，能提高石膏板的耐水性。调节石膏板的板厚、孔眼大小、孔距等，能制成吸声性良好的石膏吸声板。

二、颜料

为增强建筑抹灰装饰的艺术效果，通常在抹灰砂浆中掺入适量的颜料。掺颜料的砂浆一般用在室外抹灰工程中，如假面砖、喷涂、滚涂、弹涂及彩色砂浆等。这些装饰面，长期受阳光照射，以及风、雨、霜、雪及大气中有害气体的腐蚀和污染。为保证饰面的质量，延长其使用年限，在施工时要选择好颜料，以免其褪色变色，影响装饰效果。

1. 颜料的选择

颜料的选择应根据颜料的价格、砂浆品种、建筑物使用部位及设计要求来定。建筑物处于酸侵蚀环境中时，应使用耐酸性好的颜料；受日光曝晒的部位，应选择耐光性好的颜料；碱性强的砂浆，应使用耐碱性好的颜料；设计要求鲜艳颜色，应选用颜色鲜艳的有机颜料。

2. 颜料的种类

颜料包括有机颜料和无机颜料两种。无机颜料为天然或合成的无机物，多数为矿物质颜料。无机颜料遮盖力强，密度大，耐热、耐光性好，但颜色不够鲜艳。有机颜料为天然或合成的有机物，大多为化工颜料。有机颜料的优点是颜色鲜明，有较好的着色力，比无机颜料耐化学腐蚀性好，其缺点是耐热性、耐光性及耐溶性较差，强度不高。

三、饰面板（砖）

建筑饰面陶瓷材料的种类很多，最常用的有釉面砖、外墙面砖、地面砖、陶瓷锦砖等。

1. 釉面砖

釉面砖又称瓷砖、瓷片或釉面陶土砖，主要用于建筑物内墙，如厕所、浴室、卫生间等的饰面。

（1）种类。

釉面砖属精陶制品。釉面砖的正面有釉，背面有凹凸纹，其形状有正方形、矩形、异型配件等。由于所用釉料和生产工艺的不同，有白色釉面砖、彩色釉面砖、装饰釉面砖及图案釉面砖等多种。釉面砖表面所施釉料品种很多，有白色釉、彩色釉、光亮釉、珠光釉、结晶釉等。釉面砖常见主要种类及特点见表3-12。

表3-12 釉面砖常见主要种类及特点

种类		特点	代号
白色釉面砖		色纯白，釉面光亮，镶于墙面清洁大方	FJ
彩色釉面砖	有光彩色釉面砖	釉面光亮晶莹，色彩丰富雅致	
	无光彩色釉面砖	釉面半无光，不晃眼，色泽一致，色调柔和	SHG
装饰釉面砖	花釉砖	是在同一砖上施以多种彩釉，经高温烧成，色釉互相渗透，花纹千姿百态，有良好的装饰效果	HY
	结晶釉砖	晶花辉映，纹理多姿	JJ
	斑纹釉砖	斑纹釉面，丰富多彩	BW
	理石釉砖	具有天然大理石花纹，颜色丰富，美观大方	LSH

续表

种类		特点	代号
图案釉面砖	白地图案砖	是在白色釉面砖上装饰各种彩色图案，经高温烧成，纹样清晰、色彩明朗，清亮优美	BT
	色地图案砖	是在有光（YG）、无光（SHG）彩色釉面砖上装饰各种图案，经高温烧成，产生浮雕、缎光、绒毛、彩漆等效果，做内墙饰面，别具风格	YGT D-YGT SHGT
瓷砖画及色釉陶瓷字画	瓷砖画	以各种釉面砖拼成各种瓷砖画，或根据现有画稿烧成釉面砖拼成各种瓷砖画，清洁优美，永不褪色	—
瓷砖画及色釉陶瓷字	色釉陶瓷字	以各种色釉、瓷土烧制而成，色彩丰富，光亮美观，永不褪色	—

（2）质量指标。

①性能要求：

a. 吸水率应不大于 21%。

b. 耐急冷急热性：经急冷急热性试验，釉面不允许出现裂纹。

c. 弯曲强度平均值不小于 16MPa，当厚度大于或等于 7.5mm 时，弯曲强度平均值不小于 13MPa。

d. 抗龟裂性：经抗龟裂性试验，釉面无裂纹。

②外观质量：釉面砖依据外形质量状况划分为优等品、一级品、合格品 3 个等级。

（3）应用范围：

釉面砖一般不宜用于室外，因为它是多孔的精陶制品，吸水率较大，吸水后会产生湿胀现象，其釉层湿胀性很小。如果用于室外，长期与空气接触，特别是在潮湿的环境中使用，会因吸收水分产生湿胀，其湿胀应力大于釉层的抗张应力时，釉层就会发生裂纹，若经过多次冻融则会出现脱落现象。所以，釉面砖只能用于室内，不应用于室外，以免影响建筑装饰效果。

釉面砖主要用于厨房、浴室、卫生间、实验室、精密仪器车间及医院等室内墙面、台面部位，具有易清洁、美观耐用、耐酸等特点。

2. 饰面砖

（1）外墙面砖。

外墙面砖是用作建筑物外墙装饰的块状陶瓷建筑材料，一般属于陶质，也有坏质的。用它做外墙饰面，装饰效果好，美化建筑，改善城市面貌，而且能保护墙体，延长建筑物的使用年限。

①特点与用途。用外墙面砖饰面与用其他材料饰面相比，优点很多，如金属材料易锈蚀、耗能高，塑料饰面材料易老化、不耐火、易损坏。而贴面砖则坚固耐用、色彩鲜艳、易清洗、防火、防水、耐磨、耐腐蚀且维修费用低，因而得到了广泛的应用。但其缺点是造价偏高，工效低且自重大。

②种类与规格。外墙面砖一般以陶土为原料，压制成型后经110℃左右的高温煅烧，分为有釉与无釉两种。无釉面砖是将破碎成一定粒度的陶瓷原料经筛分、半干压成型，放入窑内焙烧而成；有釉的面砖，是在已烧成的素坯上施釉，再经过焙烧而成。外墙面砖的种类规格见表3-13。

表3-13 外墙面砖的种类规格

名称	一般规格（mm）	说明
表面无釉外墙面砖（又称墙面砖）	200×100×12 150×75×12	有白、浅黄、深黄、红、绿等颜色
表面有釉外墙面砖（又称彩釉砖）	75×75×8 108×108×8	有粉红、蓝、绿、金砂釉、黄白等颜色
线砖	100×100×150 100×100×10	表面有凸起线纹，有釉并有黄绿等颜色
外墙立体面砖（又称立体彩釉砖）	100×100×10	表面有釉，做成各种立体图案

（2）陶瓷马赛克。

陶瓷马赛克的分类、规格、等级见表3-14。每联陶瓷马赛克的线路、联长的尺寸允许偏差应符合表 3-15 中的规定。

表 3-14 陶瓷马赛克的分类、规格、等级

项目	内容
分类	马赛克按表面性质分为有釉和无釉锦砖，按砖联分为单色和拼花两种
规格	单块砖边长不大于 50mm，砖联分正方形、长方形。当有特殊要求时，可由供需双方商定
等级	马赛克按尺寸允许偏差和外观质量分为优等品和合格品两个等级

表 3-15 每联陶瓷马赛克线路、联长的尺寸允许偏差（mm）

项目	允许偏差	
	优等品	合格品
线路	±0.6	±1.0
联长	±1.5	±2.0

3. 饰面板材

（1）天然花岗石板。

从天然岩体中开采出来的花岗石荒料经过锯片、磨抛及切割等工艺加工而成的建筑板材，即为天然花岗石建筑板材。

①天然花岗石板材的分类

按形状分类有普形板材（PX）、异型板材（YX）及圆弧板（HM）。

按表面加工分类有以下几种：

亚光板（YG）：表面平整、细腻，能使光线产生漫反射现象的板材。

粗面板（CM）：表面平整、粗糙、有序，端面锯切整齐的板材。

镜面板（JM）：表面平整，具有镜面光泽的板材。

②天然花岗石板材的命名与标记

天然花岗石板材的命名顺序为荒料产地名称、花纹色调特征名称、花岗石（G）。天然花岗石板材标记顺序为命名、分类、规格尺寸、等级、标准号。如用山东济南黑色花岗石荒料生产的

400mm×400mm×20mm、普形、镜面、优等品板材，示例如下：

命名：济南青花岗石。

标记：济南青（G）N-PL-400×400×20-A-JC205。

③天然花岗石板材的等级

普形板按板材规格尺寸偏差、平面度公差、角度公差及外观质量，可分为优等品（A）、一等品（B）、合格品（C）3个等级。

弧面板按规格尺寸偏差、直线度公差、线轮廓度公差及外观质量，可分为优等品（A）、一等品（B）、合格品（C）3个等级。

④天然花岗石板材的技术要求

a. 规格尺寸允许偏差：

普形板材规格尺寸允许偏差应符合表3-16中的规定。

表3-16 普形板材规格尺寸允许偏差

分类		亚光面和镜面板材			粗面板材		
等级		优等品	一等品	合格品	优等品	一等品	合格品
长度、宽度（mm）		0～−1.0	0～−1.5		0～−1.0		0～−1.5
厚度（mm）	≤12	±0.5	±1.0	+1.0～−1.5	—		
	>12	±1.0	±1.5	±2.0	+1.0～−2.0	±2.0	+2.0～−3.0

圆弧板壁厚最小值应不小于18mm，规格尺寸允许偏差应符合表3-17中的规定。

表3-17 圆弧板规格尺寸允许偏差

分类	亚光面和镜面板材			粗面板材		
等级	优等品	一等品	合格品	优等品	一等品	合格品
弦长（mm）	0～−1.0			0～−1.5	0～−2.0	0～−2.0
高度（mm）			0～−1.5	0～−1.0	0～−1.0	0～−1.5

用于干挂的普形板材厚度允许偏差为−1.0～+3.0mm。

b. 平面度允许偏差：

普形板平面度允许极限公差应符合表 3-18 中的规定。

表 3-18 普形板平面度允许极限公差

板材长度范围（mm）	亚光面和镜面板材			粗面板材		
等级	优等品	一等品	合格品	优等品	一等品	合格品
≤400	0.20	0.35	0.50	0.60	0.80	1.00
>400 且≤800	0.50	0.65	0.80	1.20	1.50	1.80
≥800	0.70	0.85	1.00	1.50	1.80	2.00

圆弧板直线度与线轮廓度允许公差应符合表 3-19 中的规定。

表 3-19 圆弧板直线度与线轮廓度允许公差

分类	亚光面和镜面板材			粗面板材		
等级	优等品	一等品	合格品	优等品	一等品	合格品
直线度（按板材高度，mm） ≤800	0.80	1.00	1.20	1.00	1.20	1.50
>800	1.00	1.20	1.50	1.50	1.50	2.00
线轮廓度（mm）	0.80	1.00	1.20	1.00	1.50	2.00

c. 角度允许极限公差：

普形板的角度允许极限公差应符合表 3-20 中的规定。

表 3-20 普形板的角度允许极限公差（mm）

板材长度（mm）	优等品	一等品	合格品
≤400	0.30	0.50	0.80
>400	0.40	0.60	1.00

圆弧板的角度允许公差：优等品为 0.40mm，一等品为 0.60mm，合格品为 0.80mm。

圆弧板的侧面角应不小于 90°。

普形板拼缝板材正面与侧面的夹角不得大于 90°。

d. 外观质量：

同一批板材的色调花纹应基本协调。

板材正面的外观缺陷应符合表 3-21 中的规定。

物理性能：

天然花岗石镜面板材的正面应具有镜面光泽，能清晰地反映出景物。镜面板材的镜向光泽度值应不低于 80 光泽单位，或按供需双方协议执行。

体积密度不小于 $2.56g/cm^3$。

干燥压缩强度不小于 100MPa。

吸水率不大于 0.60%。

弯曲强度不小于 8.0MPa。

表 3-21　板材正面外观缺陷质量的规定

名称	项目	优等品	一等品	合格品
缺棱	长度不超过 10mm，宽度不超过 1.2mm（长度小于 5mm，宽度小于 1.0mm 不计），周边每米长允许个数（个）		1	2
缺角	沿板材边长，长度≤3mm，宽度≤3mm（长度≤2mm，宽度≤2mm 不计），每块板允许个数（个）	不允许	1	2
裂纹	长度不超过两端顺延至板边总长度的 1/10（长度小于 2mm 不计），每块板允许条数（条）		2	3
色斑	面积不超过 15mm×30mm（面积小于 10mm×10mm 不计），每块板允许个数（个）		2	3
色线	长度不超过两端顺延至板边总长度的 1/10（长度小于 40mm 的不计），每块板允许条数（条）		2	3

⑤花岗石板材的应用范围

花岗岩的板材主要用作建筑室内、外饰面板料及重要的大型建筑物基础踏步、栏杆、桥梁、路面、堤坝、街边石、城市雕塑及纪念碑、铭牌、旱冰场地面等。

（2）人造石饰面板。

①分类。按照人造大理石生产所用材料，一般可以分为以下四类。

a. 水泥型人造大理石。这种大理石是以各种水泥或石灰磨细砂为粘结剂，砂为细骨料，碎大理石、花岗岩、工业废渣等为粗骨料，经配料、搅拌、成型、加压蒸养、磨光、抛光而制成。

所用水泥除硅酸盐水泥外，也有用铝酸盐水泥作粘结剂的。采用铝酸盐水泥作粘结剂的人造大理石表面光泽度高，花纹耐久，抗风化能力、耐火性、防潮性都优于一般人造大理石。这是因为铝酸盐水泥的主要矿物成分铝酸钙水化产生了氢氧化铝凝胶，不断填塞人造大理石的毛细孔隙，形成致密结构。因此这种人造大理石表面光滑，具有光泽，呈半透明状。若用硅酸盐水泥，包括白水泥作为粘结剂，由于不能形成氢氧化铝凝胶层，所以形不成光滑的表面层。

b. 树脂型人造大理石。这种人造大理石多是以不饱和聚酯树脂为粘结剂，与石英砂、大理石、方解石粉等搅拌混合，浇筑成型。在固化剂作用下产生固化作用，经脱模、烘干、抛光等工序而制成。这种方法在国际上比较流行。目前，我国也多用此法生产人造大理石。使用不饱和聚酯的产品光泽好，颜色浅，可调成不同的鲜明颜色。这种树脂黏度低，易成型，固化快，可在常温下固化。其工艺过程大致是天然碎石粉或其他无机填料与不饱和聚酯、催化剂、固化剂、染料或颜料等，按一定比例在搅拌机中混合，之后将混合料浇筑入模具中成型（成型方法有振动成型、压缩成型、挤压成型等），然后固化并进行表面处理和抛光。

c. 复合型人造大理石。这种人造大理石的粘结剂中既有无机材料，又有有机高分子材料。用无机材料将填料粘结成型后，再将坯体浸渍于有机单体中，使其在一定条件下聚合。对板材而言，底层用价格低廉而性能稳定的无机材料，面层用聚酯和大理石粉制作。无机粘结材料可用快硬水泥、白水泥、普通硅酸盐水泥、铝酸盐水泥、粉煤灰水泥、矿渣水泥等。有机单体可用苯乙烯、甲基丙烯酸甲酯、醋酸乙烯、丙烯腈、二氯乙烯、丁二烯、异戊二烯等，这些单体可以单独使用、组合使用，也可与聚合物混合使用。

d. 烧结人造大理石。烧结方法与陶瓷工艺相似，将斜长石、石英、辉石、方解石粉和赤铁矿粉及部分高岭土等混合，一般配比为黏土40、石粉60，用泥浆法制备坯料，用半干压法成型，在窑炉中以1000℃左右的高温焙烧。

上述四种制造人造大理石的方法中，最常用的是聚酯型，其产品物理和化学性能最好，花纹容易设计，有重现性，适应多种用途，但价格相对较高；水泥型价格最低廉，但耐腐蚀性能较差，容易出现微龟裂，适用于做板材，而不适用于做卫生洁具；复合型则综合了前两种的优点，既有良好的物理和化学性能，成本也较低；烧结型虽然只用黏土做粘结剂，但需要高温焙烧，因而能耗大，造价高，产品破损率高。

②无机人造石饰面板。按胶粘剂的不同可分为铝酸盐水泥类与氯氧镁水泥类两种。铝酸盐水泥类以铝酸盐水泥为胶粘剂，加入硅粉和方解石粉、颜料及减水剂、早强剂等制成浆料，以平板玻璃为底模制作成人造大理石饰面板。氯氧镁水泥类是以轻烧氧化镁和氯化镁为主要胶粘剂，以玻璃纤维为增强材料，采用轧压工艺制作而成的薄型人造石饰面板。两种板材相比以后者为优，具有质轻、强度高、不燃、易二次加工等特点，为防火隔热多功能装饰板材，其主要性能及规格见表3-22。

表3-22　氯氧镁人造石装饰板的主要性能及规格

项　目	性能指标	主要规格（mm×mm×mm）
表观密度（g/cm³）	<1.5	2000×1000×3 2000×1000×4 2000×1000×5
抗弯强度（MPa）	>15	
抗压强度（MPa）	>10	
抗冲击强度（kJ/m²）	>5	

③有机人造石饰面板。有机人造石饰面板（又称聚酯型人造大理石）是以不饱和聚酯树脂为胶粘剂，大理石与白云石粉为填充料，加入颜料，配上适量硅砂、陶瓷和玻璃粉等细骨料以及硬化剂等成型助剂制作而成的石质装饰板材。其具有质轻、强度高及耐化学侵蚀等优点，适用于室内饰面，其产品规格及主要性能见表3-23。

表 3-23   聚酯型人造大理石装饰板的主要性能及规格

项 目	性能指标	主要规格（mm×mm×mm）
表观密度（g/cm³）	2.0～2.4	300×300×（5～9）
抗弯强度（MPa）	70～150	300×400×（8～15）
抗压强度（MPa）	18～35	300×500×（10～15） 300×600×（10～15）
弹性模量（MPa）	（1.5～3.5）×10000	500×1000×（10～15）
表面光泽度	70～80	1200×1500×20

④复合人造石饰面板。复合人造石饰面板（又称浮印大理石饰面板）是采用浮印工艺以水泥无机人造石板或玻璃陶瓷及石膏制品等为基材复合制成的仿大理石装饰板材，其主要性能及规格见表 3-24。

表 3-24   浮印大理石饰面板的主要性能及规格

项 目	性能指标	主要规格（mm×mm×mm）
抗弯强度（MPa）	20.5	
抗冲击强度（kJ/m²）	5.7	按基材规格而定，
磨损度（g/cm²）	0.027	最大可达 1200×800
吸水率（%）	2.07	
热稳定性	良好	

（3）预制水磨石饰面板。

预制水磨石饰面板是用水泥和彩色石屑拌和，经成型、研磨、养护、抛光等工艺制成，具有强度高、坚固耐用、美观及施工简便等的特点。由于水磨石板已实现机械化、工厂化及系列化生产，因此产品质量与产量都有保证。水磨石板比天然大理石有更多的选择性，并且物美价廉，广泛应用于建筑业。它可制成各种形状的饰面板及其制品，如墙面板、窗台板、隔断板、踢脚板、踏步板、桌面、水池、案板、花盆等。预制水磨石饰面板产品有定型与不定型两种，定型水磨石板品种及规格见表 3-25。

表 3-25 定型水磨石饰面板品种及规格

平板			踢脚板		
长	宽	厚	长	宽	厚
500	500	25.50	500	120	19.25
400	400	25	400	120	19.25
300	300	19.25	300	120	19.25

（4）天然大理石饰面板。

从天然岩体中开采出来的大理石荒料，经过切锯、磨抛等工艺加工后便可作为大理石装饰板材，也就是天然大理石建筑。

①大理石板材的分类。天然大理石板材分为普型板材（N）和异型板材（S）两大类。普型板材（N）有正方形和长方形两种。异型板材（S）为其他形状的板材。

大理石板材按形状可分为以下几种：

普形板材（PX）；

圆弧板（tM）：装饰面轮廓线的曲率半径处处相同的饰面板材。

②大理石板材的质量等级。

根据《天然大理石建筑板材》（GB/T 19766—2016），普形板材依据尺寸偏差、平面度公差、角度公差及外观质量分为优等品（A）、一等品（B）和合格品（C）。

根据《天然大理石建筑板材》（GB/T 19766—2016），圆弧板按规格尺寸偏差、直线度公差、线轮廓度公差及外观质量分为尤等品（A）、一等品（B）和合格品（C）。

命名与标记：

天然大理石板材的命名顺序为荒料产地地名、花纹色调特征名称、大理石（M）。

天然大理石板材标记顺序为命名、分类、规格尺寸、等级、标准号。

例如，用北京房山白色大理石荒料生产的普通型板，若规格尺寸是 600mm×400mm×20mm 的一等品板材的命名为房山汉白玉大理石。

③大理石板材的技术要求。

规格尺寸允许偏差：

普形板规格尺寸允许偏差见表 3-26。

表 3-26 普形板规格尺寸允许偏差

项目		允许偏差（mm）		
		优等品	一等品	合格品
长度、宽度		0～−1		0～−1.5
厚度	≤12	±0.5	±0.8	±1.0
	>12	±1.0	±1.5	±2.0
干挂板材厚度		2.0		3.0

圆弧板壁厚最小值应不小于 20mm，规格尺寸允许偏差见表3-27。

表 3-27 圆弧板规格尺寸允许偏差

项目	允许偏差（mm）		
	优等品	一等品	合格品
弦长	0～−1.0		0～−1.5
高度	0～−1.0		0～−1.5

平面度允许偏差：

普形板平面度允许偏差应符合表 3-28 中的规定。

表 3-28 普形板平面度允许偏差

钢板长度（mm）	允许偏差（mm）		
	优等品	一等品	合格品
≤400	0.20	0.30	0.50
>400 且≤800	0.50	0.60	0.80
>800	0.70	0.80	1.00

圆弧板直线度与线轮廓度允许偏差见表 3-29。

表 3-29　圆弧板直线度与线轮廓度允许偏差

项目		允许公差（mm）		
		优等品	一等品	合格品
直线度（按板材高度）	＜800	0.60	0.80	1.00
	＞800	0.80	1.00	1.20
线轮廓度		0.80	1.00	1.20

角度允许偏差：

普形板角度允许偏差见表 3-30。

表 3-30　普形板角度允许偏差

板材长度（mm）	允许公差（mm）		
	优等品	一等品	合格品
≤400	0.30	0.40	0.50
＞400	0.40	0.50	0.70

圆弧板端面角度允许偏差：优等品为 0.40mm，一等品为 0.60mm，合格品为 0.80mm。

普形板拼缝板材正面与侧面的夹角不得大于 90。

圆弧板侧面角 a 应不小于 90°。

④外观质量。

板材厚度小于或等于 15mm 时，同一块板材上的厚度允许极差为 1.0mm；板材厚度大于 15mm 时，同一块板材上的厚度允许极差为 2.0mm。

同一批板材的色调应基本调和，花纹应基本一致。

板材正面外观缺陷的质量要求应符合表 3-31 中的规定。

板材允许粘结和修补。粘结和修补后应不影响板材的装饰效果和物理性能。

板材的抛光面应具有镜面光泽，能清晰地映出景物。

板材的体积密度不小于 2.6g/cm³；板材的吸水率不大于 0.75。

板材的干燥压缩强度不小于 20MPa；板材的弯曲强度不小于 7MPa。

表 3-31 板材正面外观缺陷质量规定

项目	规定	优等品	一等品	合格品
缺棱	长度不超过 8mm，宽度不超过 1.5mm（长度≤4mm，宽度≤1.0mm 不计），每米长允许个数（个）	0	1	2
缺角	沿板材边长顺延方向，长度≤3mm，宽度≤3mm（长度≤2mm，宽度≤2mm 不计），每块板允许个数（个）	0	1	2
裂纹	长度超过 10mm 的不允许条数（条）	0		
色斑	面积不超过 6cm² （面积小于 2cm² 不计），每块板允许个数（个）	0	1	2
砂眼	直径在 2mm 以下	0	不明显	有，不影响装饰效果

（5）彩色水磨石板。

彩色水磨石板是以水泥和彩色大理石作为主要原料，经成型、养护、研磨、抛光等工序制成的一种建筑装饰用人造石板材。

①特点。彩色水磨石板具有美观、适用、强度高、施工方便等特点，颜色根据需要可以任意配制，花色品种多，并可在使用施工时拼铺成各种不同图案。

彩色水磨石板选用的水泥除硅酸盐水泥外，也有用铝酸盐水泥的。这种水磨石光泽度高、花纹耐久、抗风化、耐火性和防潮性都很好，因为铝酸盐水泥的主要矿物成分为铝酸钙，在水化过程中产生的氢氧化铝凝胶体在凝结硬化过程中与光滑的模板表面接触，形成氢氧化铝的凝胶层，与此同时，氢氧化铝凝胶体在硬化过程中不断填塞石粒的毛细孔隙，形成致密结构。因此，它表面光滑，具有光泽，呈半透明状。如以硅酸盐水泥或硅酸盐白色水泥为粘结剂，由于不能形成氢氧化铝的凝胶层，所以形成不了光滑的表面。

②用途。由于水磨石板已实现了工厂化、机械化、系列化生产，产品的产量、质量都有保证。由于水磨石板材的颜色可以根

据需要任意配制，花色品种较多，较天然大理石有更多的选择性，因而为装饰化施工提供了有利条件。水磨石板物美价廉，是建筑上广泛使用的一种装饰材料；可以制成各种形状的饰面板及其制品，主要用于建筑物的地面、墙面、柱面、窗台、踢脚、台面、楼梯踏步等处。

四、界面剂

1. 分散剂

传统用的分散剂六偏磷酸钠是一种有机聚合物，常用于室外喷涂、刷涂等调制色浆，对于稳定砂浆稠度、使颜料分散均匀及抑制水泥中游离成分的析出，都有一定效果。其为白色结晶颗粒，易潮解结块，需用塑料袋包装储存。使用时，一般掺入量为水泥质量的1%。但工程实践与研究试验均证实，掺入六偏磷酸钠后吸水率提高，耐污染性能显著下降，所以已用木质素磺酸钙替代。

2. 甲基硅醇钠

甲基硅醇钠为无色透明水溶液，固体含量为30%～33%，密度约为1.25，pH值为14，甲基硅醚含量为20%左右，氯化钠含量应小于3%。它是一种分散剂，具有防水、防风化及防污染的能力，能提高饰面的耐久性。一般用于聚合物砂浆喷涂或弹涂饰面。应密封存放，防止阳光直射，使用时不得触及皮肤与衣物。

3. 聚醋酸乙烯乳液

聚醋酸乙烯乳液简称乳液，是用44%的醋酸乙烯和4%左右的分散聚乙烯醇，及增韧剂、乳化剂、消泡剂、引发剂等聚合而成，为白色水溶性胶状体。比108胶的性能和耐久性都要好。乳液的有效期为3～6个月。

4. 木质素磺酸钙

木质素磺酸钙是造纸工业的副产品，为棕色粉末。它是混凝土常用的减水剂之一，将其掺入抹灰用的聚合物砂浆中，可减少用水量10%左右，并可起到分散剂的作用。木质素磺酸钙可使水泥水化时产生的氢氧化钙均匀分散，并有减轻析出于表面的趋势，常温下施工可有效克服面层颜色不均匀现象。

5. 羧甲基纤维素

羧甲基纤维素吸湿性强，易溶于水，为白色絮状物。用于墙面刮大白腻子中，起到提高腻子黏度的作用。

6. 工业硫酸铝

工业硫酸铝为白色结晶，用于聚合物砂浆喷涂或弹涂饰面。其主要起到中和甲基硅醇钠的作用，易潮解，所以应密封存放。

第四章 常用抹灰砂浆

第一节 砂 浆

砂浆是由胶结材料、水和砂拌和而成，按所用胶结材料的不同分为水泥砂浆、石灰砂浆及混合砂浆等几种。砂浆中掺入纸浆、麻刀（或玻璃丝）后，又称纸筋灰浆和麻刀灰浆。目前在建筑工地上抹灰用的砂浆，配合比是用体积比来表示的，如1：3石灰砂浆，即由1份石灰膏、3份砂子配制而成。

由于抹灰工作比较复杂，灰浆种类繁多，所以要用到许多其他辅助材料，如乳液、108胶、903胶、925胶、界面剂胶、水玻璃、防水剂（粉）、防冻剂等。准备材料时，要按照设计要求，有计划地适时进场，并按产品说明要求妥善保管。

根据组成材料，普通砂浆还可分为以下几种：①石灰砂浆。由石灰膏、砂和水按一定配比制成，一般用于强度要求不高、非潮湿环境的砌体和抹灰层；②水泥砂浆。由水泥、砂和水按一定配比制成，一般用于潮湿环境或水中的砌体、墙面或地面等；③混合砂浆。在水泥或石灰砂浆中掺加适当掺合料如粉煤灰、硅藻土等制成，以节约水泥或石灰用量，并改善砂浆的和易性。常用的混合砂浆有水泥石灰砂浆、水泥黏土砂浆和石灰黏土砂浆等。

一、石灰砂浆

石灰砂浆是石灰＋砂＋水组成的拌合物，完全靠石灰的气硬而获得强度。其特点是凝结慢、强度低、保水性好、密实度高、和易性好，仅用于强度要求低、干燥环境，成本比较低。

石灰砂浆常用于室内砖墙基层墙面、板条、钢丝网墙面和顶棚等部位。用配合比为1：2.5～3（石灰：砂子）的石灰砂浆打底或分层抹平，面层用麻刀灰或纸筋灰、石膏浆罩面压光。

二、混合砂浆

混合砂浆一般是由水泥、石灰膏、砂子搅拌而成，一般用于地上以上的砌体。混合砂浆是由于掺入了石灰膏，从而改进砂浆的和易性，操作起来则比较的便利，有利于砌体密实度与工效的进步。水泥砂浆则是由水泥、中砂再加上水拌合组成，价格和材料份额有关。

混合砂浆一般由水泥、石灰膏、砂子拌和而成，一般用于地面以上的砌体。混合砂浆由于加入了石灰膏，改善了砂浆的和易性，操作起来比较方便，有利于砌体密实度和工效的提高。水泥砂浆的用途，在建筑工程中，一是基础和墙体砌筑，用作块状砌体材料的黏合剂，如砌毛石、红砖要用水泥砂浆；二是用于室内外抹灰。水泥砂浆在使用时，还要经常掺入一些添加剂如微沫剂、防水粉等，以改善它的和易性与黏稠度。水泥砂浆是由水泥、细骨料和水，即水泥＋砂＋水，根据需要配成的砂浆，水泥混合砂浆则是由水泥、细骨料、石灰和水配制而成。两者是不同的概念，叫法不同，用处也有所不同。

干混砂浆掺有砂浆稠化增强剂的砂浆应采用机械拌制，搅拌时间自投料完算起 5min。常用于混凝土墙面、钢板网吊顶和表面油漆、贴墙纸等装饰抹灰部位。常用砂浆配合比为 1：0.3：3、1：1：6、1：3：9（水泥：石灰：砂子）等。

砂浆的搅拌方式采用开机＋部分砂＋砂浆稠化增强剂＋1/3水＋部分砂＋水泥＋全部水和砂。干混砂浆应随拌随用，通常应在拌成后 4h 内使用完毕，当施工期间气温超过 30℃时必须在拌成后 3h 内使用完毕。

砂浆稠化增强剂掺入砂浆后，可以减少拌合物用水量，在搅拌时应控制用水量，其减水率为 20％。为便于配料和减少施工中的现场切锯工作量，在建筑施工中应进行排块设计。干混砂浆要严格控制好加气混凝土砌块上墙砌筑时的含水率。

三、水泥砂浆

水泥砂浆易开裂，这也是内墙抹灰用混合砂浆而不用水泥砂浆的原因之一。此外，从外观来看，在运输过程中水泥砂浆的保水性没有混合砂浆好。在运输的波动过程中，面上有层水的是水泥砂浆（强度等级不高的还能够看见没拌匀的砂子），而混合砂浆和易性和保水性都优于水泥砂浆。

水泥砂浆常用于室内墙裙、踢脚板、油漆墙面、室外檐口、腰线、垛子、阳台、勒脚、混水墙面等部位。抹墙面时，先用1：3（水泥：砂子）水泥砂浆打底或分层找平，再用1：2.5水泥砂浆罩面压光或搓成毛面。

通常所说的1：3水泥砂浆是用1份水泥和3份砂配合，实际上忽视了水的成分，一般在0.6左右比例，即应成为1：3：0.6，水泥砂浆的密度为2000kg/m³。

四、干硬性水泥砂浆

干硬性水泥砂浆是坍落度比较低的水泥砂浆，即拌和时加的水比较少，一般按"水泥：砂子＝1：2或1：3"配制干硬性水泥砂浆，加水量以砂浆"手捏成团、落地开花"为宜。干硬性砂浆坍落度指标用维勃稠度表示，坍落度小于10mm。

干硬性水泥砂浆主要在平面铺装石材及瓷砖时采用。

五、特种砂浆

1. 防水砂浆

防水砂浆是一种抗渗性高的砂浆。防水砂浆层又称刚性防水层，适用于不受振动和具有一定刚度的混凝土或砖石砌体的表面，对于变形较大或可能发生不均匀沉降的建筑物，不宜采用刚性防水层。

防水砂浆按其组成可分为多层抹面水泥砂浆、掺防水剂防水砂浆、膨胀水泥防水砂浆和掺聚合物防水砂浆四类。常用的防水剂有氯化物金属盐类防水剂、水玻璃类防水剂和金属皂类防水剂等。

防水砂浆的防渗效果很大程度上取决于施工质量，因此施工时要严格控制原材料质量和配合比。防水砂浆层一般分四层或五层施工，每层厚约 5mm，每层在初凝前压实一遍，最后一层要进行压光。抹完后要加强养护，防止脱水过快造成干裂。刚性防水必须保证砂浆的密实性，对施工操作要求高，否则难以获得理想的防水效果。

2. 保温砂浆

保温砂浆又称绝热砂浆，是采用水泥、石灰和石膏等胶凝材料与膨胀珍珠岩或膨胀蛭石、陶砂等轻质多孔骨料按一定比例配合制成的砂浆。保温砂浆具有轻质、保温隔热、吸声等性能，其导热系数为 $0.07 \sim 0.10 W/(m \cdot K)$，可用于屋面、墙以及供热管道等处的保温层。

常用的保温砂浆有水泥膨胀珍珠岩砂浆、水泥膨胀蛭石砂浆和水泥石灰膨胀蛭石砂浆等。随着我国节能减排工作的推进，涌现出了众多新型墙体保温材料。

3. 吸声砂浆

一般绝热砂浆是由轻质多孔骨料制成的，都具有吸声性能。另外，也可以用水泥、石膏、砂、锯末按体积比为 1：1：3：5 配制成吸声砂浆，或在石灰、石膏砂浆中掺入玻璃纤维和矿棉等松软纤维材料制成。吸声砂浆主要用于室内墙壁和平顶棚。

4. 耐酸砂浆

用水玻璃（硅酸钠）与氟硅酸钠拌和制成耐酸砂浆，有时也可掺入石英岩、花岗岩、铸石等粉状细骨料。水玻璃硬化后具有很好的耐酸性能。耐酸砂浆多用作衬砌材料、耐酸地面和耐酸容器的内壁防护层。

5. 装饰砂浆

装饰砂浆是直接用于建筑物内外表面，以提高建筑物装饰艺术性为主要目的的抹面砂浆。它是常用的装饰手段之一。装饰砂浆的底层和中层抹灰与普通抹面砂浆基本相同，主要是装饰砂浆的面层要选用具有一定颜色的胶凝材料和骨料以及采用某种特殊的操作工艺，使表面呈现出各种不同的色彩、线条与花纹等装饰效果。

装饰砂浆所采用的胶凝材料有普通水泥、矿渣水泥、火山灰水泥和白水泥、彩色水泥，骨料常采用大理石、花岗岩等带颜色的细石渣或玻璃、陶瓷碎粒。

第二节　抹灰砂浆配制及使用

一、抹灰砂浆的性能

抹灰砂浆以薄层抹于建筑表面，其作用是保护墙体不受风、雨、潮气等侵蚀，提高墙体防潮、防风化、防腐蚀的能力，增加墙体的耐火性和整体性，同时使墙面平整、光滑、清洁、美观。

为了便于施工，保证抹灰的质量，要求抹灰砂浆比砌筑砂浆有更好的和易性，同时还要求能与底面很好地粘结。

抹灰砂浆一般用于粗糙和多孔的底面，其水分易被底面吸收，因此抹面时除将底面基层湿润外，还要求抹面砂浆必须具有良好的保水性，组成材料中的胶凝材料和掺合料要比砌筑砂浆的多。

对砌筑砂浆的要求主要是强度，而对抹灰砂浆的要求主要是与底面材料的粘结力。所以，对砌筑砂浆就如混凝土一样，用质量配合比控制，而抹灰砂浆则既可用质量比也可用体积比来控制，为提高其粘结力，需多用些胶凝材料。

为保证抹灰表面平整，避免出现裂缝、脱落，抹灰砂浆常分底、中、面三层。各层抹灰要求不同，所用砂浆的成分和稠度也不相同。底层砂浆主要起与基层粘结的作用。砖墙底层抹灰多用石灰砂浆，有防水、防潮要求时用水泥砂浆；条板或条板顶棚的底层抹灰，多用混合砂浆或石灰砂浆；混凝土墙、梁、柱、顶板等底层抹灰，多用混合砂浆。

中层砂浆主要起找平作用，多用混合砂浆或石灰砂浆。

面层砂浆主要起装饰作用，多采用细砂配制的混合砂浆、麻刀石灰浆或纸筋石灰浆。

在容易碰撞或受潮的地方应采用水泥砂浆，可用 1∶2.5 水泥砂浆。

二、抹灰砂浆的制备、稠度及配合比

1. 抹灰砂浆制备

抹灰砂浆宜用机械搅拌，当砂浆用量很少且缺少机械时，才允许人工拌和。

采用砂浆搅拌机搅拌抹灰砂浆时，每次搅拌时间为 1.5～2min。搅拌水泥砂浆（或水泥石子浆），应先将水泥与砂（或石子）干拌均匀后，再加水搅拌至均匀。

采用麻刀灰拌和机搅拌纸筋石灰浆和麻刀石灰浆时，将石灰膏加入搅拌筒内，边加水边搅拌，同时将纸筋或麻刀分散均匀地投入搅拌筒，直到拌匀。

人工拌和抹灰砂浆，应在平整的水泥地面上或铺地钢板上进行，使用工具有铁锨、拉耙等。拌和水泥混合砂浆时，应将水泥和砂干拌均匀，堆成中间凹四周凸的砂堆，再在中间凹处放入石灰膏，边加水边拌和直至均匀。

2. 抹灰砂浆的稠度

拌成后的抹灰砂浆，颜色应均匀、干湿应一致，砂浆的稠度应达到规定的稠度值。

砂浆稠度测定方法：将砂浆盛入桶内，用一个标准圆锥体（重 300g），先使其锥尖接触砂浆面，垂直提好，再突然放手，使圆锥体沉入砂浆中，10s 后，圆锥体沉入砂浆中的深度即为砂浆稠度。

砂浆应具有良好的和易性。和易性良好的砂浆能涂抹成均匀的薄层，而且与底面粘结牢固，这样的砂浆既便于操作，又能保证工程质量。砂浆和易性的好坏取决于砂浆的流动性和保水性。

（1）流动性。流动性即稠度。砂浆的流动性是指砂浆在自重或外力的作用下流动的性能。流动性的大小以标准圆锥体在砂浆中沉入深度的厘米数表示，沉入度（稠度）越大，表示砂浆的流动性越大。砂浆的流动性与胶结材料的种类、用水量、砂子的级配（级配即大小颗粒按一定比例配合起来，使砂的空隙率及表面积达到设计要求，这种配合称级配）、颗粒的粗细及

圆滑程度等因素有关。当胶结材料和砂子一定时，砂浆的流动性主要取决于用水量。选择砂浆的流动性，主要根据抹灰种类和气候条件等实际情况确定，抹灰砂浆的稠度一般选择 5～8 度，即 5～8cm。

（2）保水性。砂浆的保水性是指在搅拌、运输及使用过程中，砂浆中的水与胶结材料及骨料分离快慢的性能。保水性不好的砂浆很容易离析，如果涂抹在多孔基层表面上，将会发生强烈的失水现象，变得比较干稠，不好操作，影响砂浆的正常硬化，而且会减弱砂浆与底层的粘结力，降低砂浆的强度，因此保水性是砂浆的重要性质之一。砂浆的保水性可用分层度表示。砂浆在放置时，由于砂子慢慢沉降，水分离析到上层，则上层与下层的稠度就不相同，这种差别称为砂浆的分层度。测定分层度时，将新拌砂浆放置于一定尺寸的容器中，先测沉入度，静置 30min 后，取容器下部 1/3 的砂浆，再测其沉入度，前后两次所测沉入度之差即为分层度，以 cm 表示。砂浆中胶结材料越多，则保水性越大。水泥砂浆的保水性较差，掺入石灰膏、加气剂或塑化剂，能提高砂浆的保水性。砂浆的分层度应根据施工条件选定，抹灰用砂浆的分层度在 1～2cm。分层度接近于零的砂浆，因易产生干缩裂缝，不宜作抹灰用。分层度大于 2cm 的砂浆，水分容易离析，施工不便。

3. 常用抹灰砂浆的配合比

不同品种砂浆（灰浆）的材料配合比，通常是根据工程部位、基体及基层材质、不同的抹灰层等因素由设计做出规定，必要时需根据当地气候条件、建筑物及其空间界面的使用要求掺入外加剂，其配合比应经过试验确定。

抹灰砂浆配合比是指组成抹灰砂浆的各种原材料的质量比。抹灰砂浆配合比在设计图样上均有注明，根据砂浆品种及配合比就可以计算出原材料的用量。计算步骤：先计算出抹灰工程量（面积），再查取《全国统一建筑工程基础定额》中相应项目的砂浆用量定额，工程量乘以砂浆用量定额得出砂浆用量，将砂浆用量乘以相应砂浆配合比，即可得出组成原材料用量。

（1）常用水泥砂浆的配合比。

水泥砂浆的配合比是根据工程部位而定的。当采用 42.5 级水泥时，其与砂浆的常用配合比为 1∶1、1∶1.5、1∶2、1∶2.5 及 1∶3。

（2）常用水泥混合砂浆的配合比。

镶贴施工中常用体积配合比，应注意砂浆配合比中的体积配合比与质量配合比之间的关系。当采用强度等级为 42.5 级水泥配制水泥混合砂浆时，水泥∶石灰膏∶粗砂的常用配合比为 1∶1∶6。

（3）常用水泥石灰砂浆的配合比。

当采用强度等级为 42.5 级水泥配制石灰砂浆时，其常用配合比为 1∶0.5∶1、1∶0.5∶3、1∶1∶4、1∶0.5∶2 及 1∶0.2∶2。机械搅拌石灰砂浆的方法是先开动机械后放料。

（4）聚合物水泥砂浆的配合比。

聚合物水泥砂浆中有聚合物材料，属于防水砂浆。聚合物水泥砂浆的配合比是根据组成材料的质量比确定。

4. 抹灰砂浆的配制顺序

按施工要求配制抹灰砂浆，其步骤是配合比、计算、称料、混合与搅拌。

（1）配合比。

就是两种或两种以上材料进行混合时的比例，砂浆配合比是液固混合，用无机胶凝材料（如水泥、石灰、石膏等）与细骨料（砂、石子）和水按照施工需要计算各种材料的配合比例。

（2）计算。

砂浆配制时所需要的各种材料的数量计算。

（3）称料。

拌和砂浆须严把计量关，严禁采用体积比。材料计量允许误差：水泥、有机塑化剂和冬期施工中掺用的氯盐等控制在±2%以内，砂、水、石灰、石膏、电石膏、粉土膏、粉煤灰和磨细生石灰粉等控制在±5%以内。砂应计入其含水率对配料的影响。施工现场拌和砂浆时，应该采用精确度高的称重设备准确称料，将重量误差控制在允许范围之内。

（4）混合与搅拌。

拌和砂浆时，先加砂和水泥（或其他胶凝材料）搅拌均匀，再加水搅拌均匀。砂浆应采用机械搅拌，自投料完毕起，水泥砂浆和水泥混合砂浆搅拌时间不得少于120s，预拌砂浆、水泥粉煤灰砂浆和掺用外加剂的砂浆不得少于180s，掺用有机塑化剂的砂浆应为3~5min。

5. 抹灰砂浆的拌制及使用

（1）搅拌时间。

抹灰砂浆宜采用机械拌制。搅拌时间直接影响砂浆均匀性和流动性。如果搅拌时间短，混合不均匀，砂浆强度难以保证；搅拌时间过长，材料会离析，对流动性产生影响。一般情况下，搅拌时间应符合下列规定：水泥砂浆和水泥混合砂浆，搅拌时间不得少于120s；水泥粉煤灰砂浆和掺有外加剂的砂浆，搅拌时间不得少于180s；掺有有机塑化剂的砂浆，搅拌时间为180~300s。

（2）拌制方法及使用。

①现场拌制砂浆时，各组分材料应采用质量计量。

②拌制水泥砂浆，应先将砂与水泥干拌均匀，再加水拌和均匀。

③拌制水泥混合砂浆，应先将砂与水泥干拌均匀，再加掺加料（石灰膏、黏土膏）和水拌和均匀。

④拌制水泥粉煤灰砂浆，应先将水泥、粉煤灰、砂干拌均匀，再加水拌和均匀。

⑤掺用外加剂时，应先将外加剂按规定浓度溶于水中，在投入拌合水时加入外加剂溶液，外加剂不得直接投入拌制的砂浆中。

⑥砂浆拌成后和使用时，均应盛入储灰器中，如砂浆出现泌水现象，应在砌筑前再次拌和。

⑦砂浆应随拌随用，水泥砂浆和水泥混合砂浆应分别在3h和4h内使用完毕；当施工期间最高气温超过30℃时，应分别在拌成后2h和3h内使用完毕。对掺用缓凝剂的砂浆，其使用时间可根据具体情况延长。

第三节　砂浆的配制稠度及检测方法

砂浆稠度的选择与砌体材料的种类、施工条件及气候条件等有关。对于吸水性强的砌体材料和高温干燥的天气，要求砂浆稠度要大些；反之，对于密实不吸水的砌体材料和湿冷天气，砂浆稠度可小些。

影响砂浆稠度的因素：所用胶凝材料的种类及数量，用水量，掺合料的种类与数量，砂的形状、粗细与级配，外加剂的种类与掺量，搅拌时间。

砂浆稠度检测使用的仪器是砂浆稠度测定仪，分为数显式和指针式两种。砂浆稠度测定仪用来测定砂浆的流动性。砂浆的稠度是用一定几何形状和质量的标准圆锥体，以其自身的重量自由地沉入砂浆混合物中沉度的厘米数来表示。

一、砂浆稠度检测方法

1. 仪器结构

仪器主要由底盘、支架、示值系统、标准试锥和盛料容器等组成。底盘和立柱滑配连接，并用顶丝紧固，表盘升降和试锥架分别用螺母和手柄固定在立柱上，松齿条滑杆和齿轮、指针及读盘，将标准试锥体的垂直沉入深度（直线距离）变成原运动反映到圆形表盘上，即为刻度值，表盘最小刻度值（沉入度）为1mm，螺钉可用来调整仪器的水平。

2. 技术性能

（1）测量范围：沉入深度为 $0 \sim 14.5$ cm，沉入体积为 $0 \sim 229.3$ cm^3。

（2）最小刻度值（沉入深度）为 1mm。

（3）锥体几何参数：圆锥角为 $30°$，高度为 145mm，锥体直径为 75mm。

（4）锥体与滑杆合重：(300 ± 2) g。

（5）外形尺寸：350mm × 300mm × 800mm。

（6）质量：约 20kg。

3. 使用方法

（1）将拌制好的试验用砂浆放入锥形盛料器中，砂浆表面低于筒口 10mm 左右。

（2）用捣棒自筒边向中心插捣 25 次（前 12 次插到筒底），然后轻轻地将筒摇动或敲击 5～6 下，使砂浆表面平整，随后将筒移至砂浆稠度测定仪底座上。调整锥体架，使标准锥体的尖端与砂浆混合物表面接触，并紧固好。

（3）调节螺母，使表针对准零位，移动表盘升降架，使齿条滑杆下端与试锥滑杆下端轻轻接触。

（4）松开螺钉，标准锥体以其自身重量沉入砂浆混合物中。

（5）待标准锥体不再往砂浆中沉入时拧紧螺钉，转动销母，按照齿条对应深度即可查表得到相应的沉入体积。

（6）圆锥形容器内的砂浆，只允许测定一次稠度。重复测定时，应重新取样测定。

（7）砂浆的稠度，应取两次试验结果的算术平均值（精确到 1mm）。两次试验值差如大于 20mm，则应另取砂浆搅拌后重新测定。

二、砂浆分层度检测方法

1. 仪器结构

砂浆分层度检查使用的仪器是砂浆分层度测定仪。砂浆分层度测定仪主要用于测得砂浆在运转及停放时的保水能力，即稠度的稳定性。其内径为 15cm，上节高 20cm，下节高 10cm，带底，用金属板制成，上下节用螺栓连接。

2. 使用方法

（1）将试样一次装入分层度筒内，待装满后，用木锤在容器周围距离大致相等的 4 个不同地方轻轻敲击 1～2 次，砂浆沉落到低于筒口，则应随时添加，然后刮去多余砂浆，并抹平。

（2）按测定砂浆流动性的方法，测定砂浆的沉入度值，以 mm 计。

（3）静置 30min 后，去掉上面 200mm 砂浆，倒出剩余的砂浆，放在搅拌锅中拌 2min。

（4）再按测定流动性的方法，测定砂浆的沉入度，以 mm 计。

3. 测定结果处理及精度要求

以前后两次沉入度之差为该砂浆的分层度，以 mm 计。砌筑砂浆的分层度不得大于 30mm。保水性良好的砂浆，其分层度应为 10～20mm。分层度大于 20mm 的砂浆容易离析，不便于施工；但分层度小于 10mm 的，硬化后易产生干缩开裂。

第五章 常用的工具、设备及使用与维护

第一节 常用操作工具

抹灰工作比较复杂，不仅劳动量大，人工耗用多，同时也用到相应的机械和手工工具。所需的机械和工具必须在抹灰开始前准备就绪。

（1）抹子：依形状不同分为方头和尖头两种，又依作用不同分为普通抹子和石头抹子。普通抹子分铁抹子（打底用）、钢板抹子（抹面、压光用）。普通抹子分为 7.5 寸、8 寸、9.5 寸等多种型号。石头抹子是用钢板做成，主要是在操作水磨石、水刷石等水泥石子浆时使用，除尺寸比较小（一般为 5.5～6 寸）外，形状与普通抹子相同。

（2）压子：依材质分为钢压子和塑料压子，用于纸筋灰等的面层压光。钢压子用弹性较好的钢板制成。在墙面稍干时用塑料压子压光，不会把墙面压糊（变黑），这一点优于钢压子，但弹性较差，不及钢压子灵活。

（3）柳叶：用于微细部位及用灰量极小的抹灰，如堆塑花饰、攒线角等。

（4）鸭嘴：主要用于小部位的抹灰、修理，如外窗台的两端头、双层窗的窗档、线角喂灰等。

（5）勾刀：用于管道、暖气片背后等用抹子抹不到而又能看到的部位抹灰的特殊工具。多为自制，可用带锯、圆锯片等制成。

（6）阴角抹子：抹阴角时用于阴角部位压光的工具。

（7）阳角抹子：用于大墙阳角、柱、窗口、门口、梁等处阳角捋直、捋光的用具。

（8）护角抹子：用于纸筋灰罩面时，捋门、窗口、柱的阳角

部位水泥小圆角，及踏步防滑条、装饰线等的用具。

（9）圆阴角抹子：俗称圆旮旯，是用于阴角处捋圆角的工具。

（10）划线抹子：也称分格抹子、劈缝溜子，是用于水泥地面刻画分格缝的工具。

（11）刨锛：墙上堵脚手眼、打砖、零星补砖、剔除结构中个别凸凹不平部位及清理的工具。

（12）錾子：剔除凸出部位的工具。

（13）灰板：抹灰时用来托砂浆之用，分为塑料和木质两种。

（14）大杠：抹灰时用来刮平涂抹层的工具。依使用要求和部位不同，有 1.2～4m 等多种长度；依材质不同有铝合金、塑料、木质和木质包铁皮等多种。

（15）托线板：俗称吊弹尺。其主要是用来做灰饼时吊垂线和用来检验墙柱等表面垂直度的工具。一般尺寸为 1.5～2cm 厚、8～12cm 宽、1.5～2m 长。

（16）靠尺：抹灰时制作阳角和线角的工具，分为方靠尺（横截面为矩形）、一面八字靠尺和双面八字靠尺等。长度依木料和使用部位不同而定。

（17）卡子：用钢筋或有弹性的钢丝做成的，主要用来固定靠尺。

（18）方尺：测量阴阳角是否方正的量具，分为钢质、木质、塑料等多种。依使用部位不同，尺寸也不同。

（19）木模子：俗称模子，是扯灰线的工具。一般依设计图样，用 2cm 厚木板划线后，用线锯锯成形，经修理和包铁皮后而成。

（20）木抹子：抹灰时对抹灰层进行搓平的工具，有方头和尖头之分。

（21）木阴角抹子：俗称木三角，是对抹灰的底子灰的阴角和面层搓麻面的阴角的搓直工具。

（22）灰勺：用于舀灰浆、砂浆的工具。

（23）米厘条：简称米条，做抹灰分格之用。其断面形状为梯形，断面尺寸依工程要求而各异，长度依木料情况而不等，使用时短的可以接，长的可以截短。使用前要提前泡透水。

（24）墨斗：找规矩弹线之用，也可用粉线包代替。

（25）剁斧：用于斩剁假石之用。

（26）刷子：抹灰中清刷水泥浆及水泥砂浆面层扫纹的工具，分为板刷、长毛刷、鸡腿刷和排刷等。

（27）钢丝刷子：用于清扫基层、清刷斧剁石等由施工操作干燥后残留浮尘的工具。

（28）小炊把：用于打毛、甩毛或拉毛的工具，可用毛竹劈细做成，也可以用草把、麻把代替。

（29）金刚石：用来磨平水磨石面层，分人工和机械两种，又按粒度粗细分为若干号码。

（30）滚子：用来滚压各种抹灰地面面层的工具，又称滚筒。经滚压后的地面可以增加密实度。把较干的灰浆碾压至表面出浆，便于面层平整和压光。

（31）筛子：抹灰用的筛子按用途不同分为大、中、小三种：按孔径分为 10mm 筛、8mm 筛、5mm 筛、3mm 筛等多种孔径筛。大筛子一般用来筛分砂子、豆石等，中、小筛子多为筛干粘石等使用。

（32）水管：浇水润湿各种基层、底、面层等的输水工具。依材质有输水胶管和塑料透明水管。抹灰工程中常用小口径的透明水管作为抄平工具，其准确率高，误差极小。

（33）其他工具：包括一些常用的运送灰浆的两轮、独轮小推车，大、小水桶，灰槽、灰锹、灰镐、灰耙等多种用具。在实际工作中这些用具都要用到，所以要一应齐备，不可缺少。

第二节　常用检测工具

工程施工中，每层抹灰施工阶段都应对表面平整度、垂直度、房间开间尺寸、房间进深尺寸等进行实测实量。

一、基本检测工具

1. 检测尺（靠尺）

检测尺为可展式结构，合拢长 1m，展开长 2m。用于 1m 检测时，推下仪表盖。活动销推键向上推，将检测尺左侧面靠紧被测面（注意：提尺要垂直，观察红色活动销外露 3～5mm，摆动灵活即可），待指针自行摆动停止时，读取指针所指刻度的下行刻度数值，此数值即为被测面 1m 垂直度偏差，每格为 1mm。用于 2m 检测时，将检测尺展开后锁紧连接扣，检测方法同上。读取指针所指刻度的上行刻度数值，此数值即为被测面 2m 垂直度偏差，每格为 1mm。如被测面不平整，可用右侧上下靠脚（中间靠脚旋出不要）检测。

（1）墙面垂直度检测。

手持 2m 检测尺中心位于同自己腰高的墙面上，如果墙下面的勒脚或饰面未做到底，应将其往上延伸相同的高度。（砖砌体、混凝土剪力墙、框架柱等结构工程的垂直度检测方法同上）。

当墙面高度不足 2m 时，可用 1m 长检测尺检测。但是，应按刻度仪表显示规定读数，即使用 2m 检测尺时，取上行的读数；使用 1m 检测尺时，取下行的读数。

对于高级饰面工程的阴阳角的垂直度也要进行检测。检测阳角时，要求检测尺离开阳角的距离不大于 50mm；检测阴角时，要求检测尺离开阴角的距离不大于 100m。当然，越接近代表性就越强。

（2）墙面平整度检测。

检测墙面平整度时，检测尺侧面靠紧被测面，其缝隙大小用楔形塞尺检测。每处应检测 3 个点，即竖向一点，并在其原位左右交叉 45°各一点，取其 3 点的平均值。

平整度数值的正确读数，是用模形塞尺塞入缝隙最大处确定的，但是，如果手放在靠尺板的中间，或两手分别放在距两端 1/3 处检测时，应在端头减去 100m 以内查找最大值读数。

如果将手放在检测尺的一端检测时，应测定另一端头的平整度，并取其值的 1/2 作为实测结果。（砖砌体、混凝土剪力墙等结构工程的平整度检测方法同上，所不同的是受检混凝土柱子的正面及侧面，各斜向检测两处平整度）。

（3）地面平整度检测。

检测地面平整度时，与检测墙面平整度方法基本相同，仍然是每处应检测 3 个点，即顺直方向一点，并在其原位左右交叉 45°各一点，取其 3 点的平均值。其他参照"墙面平整度检测"进行检测。所不同的是遇有色带、门洞口时，应对其进行检测。

（4）水平度或坡度检测。

视检测面所需要使用检测尺的长度，来确定是用 1m 的还是用 2m 的检测尺进行检测。检测时，将检测尺上的水平气泡朝上，位于被检测面处，并找出坡度的最低端后，再将此端缓缓抬起的同时，一边看水平气泡是否居中，一边塞入楔形塞尺，直至气泡达到居中之后，在塞尺刻度上所反映出的塞入深度，就是该检测面的水平度或坡度。还可利用检测尺对规格尺寸不大的台面，或长度尺寸不大的管道的水平度、坡度进行检测。

2. 小线盒、钢板尺、楔形塞尺及薄片塞尺

（1）小线盒与钢板尺配合使用检测墙面板接缝直线度。

从小线盒内拉出 5m 长的线，不足 5m 拉通线。3 人配合检测，2 人拉线，1 人用钢板尺量测接缝与小线最大偏差值。

（2）小线盒与钢板尺配合使用检测地面板块分格缝接缝直线度，检测方法同上。

（3）用钢板尺检测接缝宽度。

用钢板尺检测分格缝较大缝隙时，注意钢板尺上面的刻度为 1mm 的精度，其下面的刻度为 0.5mm 的精度。

（4）用楔形塞尺（游标塞尺）检测缝隙宽度。

用楔形塞尺检测较小接缝缝隙时，可直接将楔形塞尺插入缝隙内。当塞尺紧贴缝隙后，再推动游码至饰面或表面，并锁定游码，取出塞尺读数。

（5）用 0.1～0.5mm 薄片塞尺与钢板尺配合检查接缝高低差。

先将钢板尺竖起位于面板或面砖接缝较高一侧，并使其与面板或面砖紧密结合。然后再视缝隙大小，选择不同规格的薄片塞尺缓缓插入缝隙即可。那么，在 0.1～0.5mm 薄片塞尺范围内，所选择的塞尺上标注的规格就是接缝高低差的实测值。注意，当

接缝高低差大于 0.5mm 时，用楔形塞尺进行检测。

3. 方尺（直角尺）

方尺也称为直角尺，不仅适用于土建装饰装修饰面工程的阴阳角方正度的检测，还适用于土建工程的模板 90° 的阴阳角方正度、箍筋与主筋的方直度、钢结构主板与缀板的方直度、钢柱与钢牛腿的方直度，安装工程的管道支架与管道及墙面或地面的方正度，避雷带支架与避雷带及女儿墙或屋脊、檐口的方直度等检测。

检测时，将方尺打开，用两手持方尺紧贴被检阳角两个面，看其刻度指针所处状态，当处于 0 时说明方正度为 90°，即读数为 0；当刻度指针向 0 的左边偏离时，说明角度大于 90°；当刻度指针向 0 的右边偏离时，说明角度小于 90°，偏离几个格，就是误差几毫米。（该尺左右各设有 7mm 的刻度，对于普通抹灰工程而言，允许偏差为 4mm，若超过 6mm，即超过 1.5 倍时，不仅不合格，而且还须返修）。严格地讲，对一个阳角或阴角的检测应该是取上、中、下 3 点的平均值，才具有代表性。

4. 响鼓锤

响鼓锤分为 3 种，一种是锤头重 25g，称为大响鼓锤；另一种是锤头重 10g，称为小响鼓锤；还有一种是伸缩式响鼓锤。其用途和使用方法都不相同，不能随意乱用。

（1）大响鼓锤的使用方法。

大响鼓锤的锤尖是用来检测大块石材面板或大块陶瓷面砖的空鼓面积或程度的。使用的方法是将锤尖置于其面板或面砖角部，左右来回退着向面板或面砖的中部轻轻滑动，边滑动边听其声音，通过滑动过程中发出的声音来判定空鼓的面积或程度。

大响鼓锤的锤头是用来检测较厚的水泥砂浆找坡层及找平层，或厚度在 40mm 左右混凝土面层的空鼓面积或程度的。使用的方法是将锤头置于距其表面 20～30cm 的高度，轻轻反复敲击，并通过轻击过程中发出的声音来判定空鼓的面积或程度。

（2）小响鼓锤的使用方法。

小响鼓锤的锤头是用来检测厚度在 20mm 以下的水泥砂浆找

坡层、找平屋面层的空鼓面积或程度的。使用的方法是将锤头置于距其表面 20～30cm 的高度，轻轻反复敲击，并通过轻击过程中发出的声音来判定空鼓的面积或程度。

小响鼓锤的锤尖是用来检测小块陶瓷面砖的空鼓面积或程度的。使用的方法是将锤尖置于其面砖的角部，左右来回退着向面砖的中部轻轻滑动，边滑动边听其声音，通过滑动过程中发出的声音来判定空鼓的面积或程度。

（3）伸缩式响鼓锤及其使用方法。

伸缩式响鼓锤也是常用的一种检测工具，是用来检测地（墙）砖、乳胶漆墙面与较高墙面的空鼓情况。其使用方法是将响鼓锤拉伸至最长，并轻轻敲打瓷砖及墙体表面，通过敲打过程中发出的声音来判定空鼓的面积或程度。

二、水准仪、经纬仪、水准器的使用方法

1. 水准仪

水准仪的使用包括水准仪的安置、粗平、瞄准、精平、读数5 个步骤。

（1）安置。

将水准仪安装在可以伸缩的三脚架上并置于两观测点之间。首先打开三脚架并使高度适中，用目估法使架头大致水平并检查脚架是否牢固，然后打开仪器箱，用连接螺旋将水准仪器连接在三脚架上。

（2）粗平。

粗平是使水准仪的视线粗略水平，利用脚螺旋置圆水准气泡居于圆指标圈之中。具体方法用仪器练习。在整平过程中，气泡移动的方向与大拇指运动的方向一致。

（3）瞄准。

用望远镜准确地瞄准目标。首先是把望远镜对向远处明亮的背景，转动目镜调焦螺旋，使十字丝最清晰。再松开固定螺旋，旋转望远镜，使照门和准星的连接对准水准尺，拧紧固定螺旋。最后转动物镜对光螺旋，使水准尺清晰地落在十字丝平面上，再

转动微动螺旋，使水准尺像靠于十字竖丝的一侧。

（4）精平。

精平是使望远镜的视线精确水平。微倾水准仪，在水准管上部装有一组棱镜，可将水准管气泡两端折射到镜管旁的复合水准观察窗内，若气泡居中时，气泡两端的像将复合成一抛物线形，说明视线水平。若气泡两端的像不相复合，说明视线不水平。这时可用右手转动微倾螺旋使气泡两端的像完全复合，仪器便可提供一条水平视线，以满足水准测量基本原理的要求。注意：气泡左半部分的移动方向总与右手大拇指的方向不一致。

（5）读数。

用十字丝截读水准尺上的读数。现在的水准仪大多是倒像望远镜，读数时应由上而下进行。先估读毫米级读数，后报出全部读数。

注意：水准仪的使用步骤一定要按上面顺序进行，不能颠倒，特别是读数前的复合水泡的调整，一定要在读数前进行。

2. 经纬仪

经纬仪是测量工作中的主要测角仪器，由望远镜、水平度盘、竖直度盘、水准器、基座等组成。

测量时，将经纬仪安置在三脚架上，用垂球或光学对点器将仪器中心对准地面测站点上，用水准器将仪器定平，用望远镜瞄准测量目标，用水平度盘和竖直度盘测定水平角和竖直角。按精度分为精密经纬仪和普通经纬仪；按读数设备可分为光学经纬仪和游标经纬仪；按轴系构造分为复测经纬仪和方向经纬仪。此外，还有可自动按编码穿孔记录度盘读数的编码度盘经纬仪；可连续自动瞄准空中目标的自动跟踪经纬仪；利用陀螺定向原理迅速独立测定地面测点方位的陀螺经纬仪和激光经纬仪；具有经纬仪、子午仪和天顶仪三种作用的供天文观测的全能经纬仪；将摄影机与经纬仪结合在一起供地面摄影测量用的摄影经纬仪等。

DJ6光学经纬仪是一种广泛使用于地形测量、工程及矿山测量中的光学经纬仪，主要由基座、照准部、度盘三大部分组成。

（1）基座部分。

用于支撑照准部，上有 3 个脚螺旋，其作用是整平仪器。

（2）照准部。

照准部是经纬仪的主要部分，其部件有水准管、光学对点器、支架、横轴、竖直度盘、望远镜、度盘读数系统等。

（3）度盘部分。

DJ6 光学经纬仪度盘有水平度盘和垂直度盘，均由光学玻璃制成。水平度盘沿着全圆从 $0°\sim360°$ 顺时针刻划，最小格值一般为 $1°$ 或 $30°$。

（4）经纬仪的安置方法。

①三脚架调成等长并适合操作者身高，将仪器固定在三脚架上，使仪器基座面与三脚架上顶面平行。

②将仪器摆放在测站上，目估大致对中后，踩稳一条架脚，调好光学对中器目镜（看清十字丝）与物镜（看清测站点），用双手各提一条架脚前后、左右摆动，眼观对中器使十字丝交点与测站点重合，放稳并踩实架脚。

③伸缩三脚架腿长整平圆水准器。

④将水准管平行两定平螺旋，整平水准管。

⑤平转照准部 $90°$，用第三个螺旋整平水准管。

⑥检查光学对中，若有少量偏差，可打开连接螺旋平移基座，使其精确对中，旋紧连接螺旋，再检查水准气泡居中。

（5）度盘读数方法。

光学经纬仪的读数系统包括水平和垂直度盘、测微装置、读数显微镜等几个部分。水平度盘和垂直度盘上的度盘刻划的最小格值一般为 $1°$ 或 $30°$，在读取不足一个格值的角值时，必须借助测微装置，DJ6 级光学经纬仪的读数测微器装置有测微尺和平行玻璃测微器两种。

①测微尺读数装置。目前新产 DJ6 级光学经纬仪均采用这种装置。

在读数显微镜的视场中设置一个带分划尺的分划板，度盘上的分划线经显微镜放大后成像于该分划板上，度盘最小格值

（60′）的成像宽度正好等于分划板上分划尺 1°分划间的长度，分划尺分 60 个小格，注记方向与度盘的相反，用这 60 个小格去量测度盘上不足一格的格值。量度时以 00′划线为指标线。

②单平行玻璃板测微器读数装置。单平行玻璃板测微器的主要部件有单平行板玻璃、扇形分划尺和测微轮等。这种仪器度盘格值为 30′，扇形分划尺上有 90 个小格，格值为 30′/90＝20″。

测角时，当目标瞄准后转动测微轮，用双指标线夹住度盘分划线影像后读数。整度数根据被夹住的度盘分划线读出，不足整度数部分从测微分划尺读出。

③读数显微镜。光学经纬仪读数显微镜的作用是将读数成像放大，便于将度盘读数读出。

3. 水准器

光学经纬仪上有 2～3 个水准器，其作用是使处于工作状态的经纬仪垂直轴铅垂、水平度盘水平。水准器分管水准器和圆水准器两种。

（1）管水准器。

管水准器安装在照准部上，其作用是仪器精确整平。

（2）圆水准器。

圆水准器用于粗略整平仪器。它的灵敏度低，其格值为 8″/2mm。

第三节　常用机械设备

抹灰砂浆制备机械包括以下几种：

（1）砂浆搅拌机是用来搅拌各种砂浆的。常见的有 200L 和 325L 容量搅拌机。

（2）混凝土搅拌机是搅拌混凝土、水泥石子浆和砂浆的机械。常用 400L 和 500L 容量。混凝土搅拌机一般要在安装完毕后搭棚，操作在棚中进行。

（3）灰浆机是搅拌麻刀灰、纸筋灰和玻璃丝灰的机械。每一灰浆机均配有小钢磨和 3mm 筛共同工作。经灰浆机搅拌后的灰浆，直接入小钢磨，经钢磨磨细后，流入振动筛中，经振动筛后流入出灰槽供使用。

（4）喷浆泵分手压和电动两种，用于水刷石施工的喷刷，各种抹灰中基面、底面的润湿，以及拌制干硬水泥砂浆时的加水。

（5）水磨石机是用于磨光水磨石地面的机械。

（6）地面压光机是用于压光水泥砂浆地面和混凝土地面的机械。

（7）无齿锯是用于切割各种饰面板块的机械，分台式与便携式两种。

（8）卷扬机是配合井字架和升降台一起完成抹灰中灰浆等料具的垂直运输机械。

一、砂浆搅拌机

砂浆搅拌机是把水泥、砂石骨料和水混合并拌制成砂浆混合料的机械。其主要由拌筒、加料和卸料机构、供水系统、电动机、传动机构、机架和支承装置等组成。

砂浆搅拌机主要用于搅拌石灰砂浆、水泥砂浆及水泥石灰混合砂浆等。按其搅拌方式可分为卧轴式和立轴式；按其卸料方式可分为活门卸料和倾翻卸料；按移动方式可分为固定式和移动式。

二、打孔、磨光机械

水磨石是用彩色石子作骨料与水泥混合铺抹在地面、楼梯、墙壁等处，用人造金刚石磨石将表面磨平、磨光后形成装饰表面。用白水泥掺加黄色素与彩色石子混合，经仔细磨光后的水磨石表面与大理石极为相似，装饰效果很好。

目前水磨石装饰面的磨光均采用水磨石机。水磨石机有单盘式、双盘式、侧式、立式以及手提式。单盘式水磨石机如图 5-1 所示，主要用于磨地坪，其磨石转盘上装有夹具，夹装三块三角形磨石，由电动机通过减速器带动旋转。

手持式水磨石机是一种便于携带与操作的小型水磨石机，其结构紧凑、工效较高，适用于大型水磨石机磨不到及不宜施工的地方，如窗台、楼梯及墙角边等处。结合不同的工作要求，可将磨石换去，装上钢刷盘或布条盘等，或进行金属的除锈、抛光工作。

图 5-1 单盘式水磨机

侧式水磨石机用于加工墙围、踢脚，磨石转盘立置，采用圆柱齿轮传动，磨石呈圆筒形。立式水磨石机，磨石转盘立置，并可由链传动机构在立柱上垂直移动，从而可使水磨高度增大，一般用于磨光卫生间高墙围的水磨石墙体。

当水磨石地面硬化程度达到 70%时便可进行磨削，若硬度过高，生产效率降低，会增加磨石的耗损；硬度太低则磨出的表面不光滑，易出现麻点。在水磨施工时，要常常加水并随时扫除浑水，这样有助于磨削，且利于观察磨削情况。一般表面磨削两次即可，第一次粗磨，可采用 30～60 粒度的磨石；第二次细磨，采用 70～120 粒度的磨石。装夹磨石时，装进深度应不小于 15mm，否则磨石易脱落。

开机时，应注意磨石转盘不得反向旋转。工作前要抬起磨头试运转。在工作中应保证各部零件与构件不松动，当发生零、构件损坏时要及时停机修理更换。

电路系统应保证安全可靠，不得有漏电现象发生。为防触电事故的发生，操作者要穿绝缘胶鞋、戴绝缘手套。

为了保证水磨石机有良好的润滑，每班工作结束后要进行日常保养工作，每工作 200～400h 要进行一次全面保养与检修工作。

第四节　工具设备的使用与维护

一、常用工具的使用与维护

1. 管道

管道主要用于输送砂浆。在建筑物外面的管道可采用钢管，在管道的进灰口（即输送泵的出口处）安装三通，以便于在冲洗灰浆输送管道时，打开三通阀门，使污水流出。管道连接一般采用法兰盘的形式，接头处垫橡皮垫防止其漏水。输送管道通常采用软胶管，胶管的连接采用铸铁卡具。

2. 砂浆输送泵

砂浆输送泵按其结构特征可分为柱塞直给式砂浆输送泵、灰气联合砂浆输送泵、隔膜式砂浆输送泵以及挤压式砂浆输送泵。

柱塞直给式、隔膜式及灰气联合砂浆输送泵等俗称为"大泵"。挤压砂浆输送泵一般称作"小泵"，其特点是配套电动机变换不同位置可使挤压管变换挤压次数，形成小容量三级出灰量。

3. 组装车

组装车是把砂浆搅拌机、砂浆输送泵、砂浆斗、空气压缩机、振动筛及电气设备等都装于一辆拖车上，组成喷灰作业组装车，以便于移动作业。根据所采用的砂浆输送泵的不同，其组装车也有所不同。

（1）采用柱塞泵、隔膜泵或灰气联合泵时出灰量大，效率高，机械喷涂量较大，所以其设备比较复杂。

（2）采用挤压式砂浆输送泵时出灰量小，设备比较简单，又由于输送距离小，在多层建筑物内喷涂作业时，可逐层移动泵体，较为灵活。

4. 手动喷浆机

手动喷浆机体积小，一人即可搬移其位置，使用时一人反复推压摇杆，另一人手持喷杆喷浆。由于不需要动力装置，所以具有较大的机动性。

当推拉摇杆时，连杆推动框架使左、右两个柱塞交替在各自的泵缸中往复运动，连续将料筒中的浆液逐次吸入左、右泵缸和逐次压入稳压罐中。稳压罐使浆液获得 8～12 个大气压（1MPa 左右）的压力，在压力作用下，浆液从出浆口经输浆管和喷雾头呈散状喷出。

5. 电动喷浆机

电动喷浆机的喷浆原理与手动的相同，不同的是柱塞往复运动由电动机经蜗轮减速器和曲柄连杆机构来驱动。

这种喷浆机具有自动停机电气控制装置，在压力表内安装电接点，当泵内压力超过最大工作压力时，表内的停机接点啮合，控制线路使电动机停止。压力恢复常压后，表内的启动接点接合，电动机又恢复运转。

电动离心式喷浆泵依靠转轮的旋转离心力，将进入转轮孔道中心的色浆液甩出，并产生压力后，由喷雾头喷出。这种喷浆机的工作原理同离心喷浆泵相似，不同之处是其简化了结构，提高了转速。

6. 电动喷液枪

电动喷液枪是一种不需要压缩空气的喷浆装置。其自身带有液体输送的电磁泵。通电后三相交流电可使电磁铁反复吸引并释放推杆，推杆被吸引时泵芯向前运动，推杆被释放时，其泵芯在弹簧作用下回拉。因喷浆孔和进浆孔都装有单向球阀，泵芯回位时泵腔内形成负压，浆液可进入泵腔内。泵芯前移时可压缩浆液，当压力超过 0.35～0.4MPa 时，推开喷出球阀而喷出。浆液喷出后由于压力突然下降而膨胀雾化，呈雾状涂敷于建筑物上。

7. 普通灰浆泵和空压机组合喷浆系统

利用灰浆泵与空压机组合成喷浆系统代替人工抹灰工作，是一种高效率的施工方法，约为人均工效的 20 倍。

灰浆泵和空压机组合喷涂系统主要包括喷嘴、空气压缩机、砂浆拌和机、灰浆泵、输浆及输气管道。此系统是利用压缩空气的压力将砂浆拌和好，并将由灰浆泵输送来的砂浆，利用喷嘴喷涂于墙面上，再刮平、修整。

喷涂系统由灰浆泵、砂浆拌和机及空压机组成，按各自机械的维护保养与操作方法进行维护使用。

8. 喷雾器

喷雾器也是喷涂浆液的机械，它主要是利用压缩空气来喷涂油漆和色浆液，一般应用于建筑物的小面积装饰工序中或大面积的防锈工程中。喷雾器的主要工作装置有喷枪与供气设备。

当扳动扳机使气阀开启时，压缩空气便由喷气嘴喷出，因气流速度较大，使出浆口处形成负压，浆液便可由出浆口中被吸出，并被气流带走吹散在修饰面上。

供气设备主要是空气压缩机。单个喷枪还可使用手动气泵，甚至带储气罐的打气筒来供气。如工作面积较大，可用若干个喷枪同时工作。

9. 挤压式灰浆泵

挤压式灰浆泵（也称挤压式喷涂机）是新型的灰浆泵，是在大型挤压式混凝土的基础上向小型化发展而产生的，主要应用于喷涂抹灰工作。其特点是结构简单、操作方便、使用可靠、喷涂质量好，而且效率较高，可向墙面喷涂普通砂浆，或喷涂聚合物水泥浆、纸筋浆及干粘石砂浆，使用时不受结构物的种类、表面形状及空间位置的限制，适用于建筑、矿山及隧道等工程的大面积内外墙底敷层、外墙装饰面及内墙罩面等喷涂工作，是一种比较理想的喷涂机械。另外，它还可用于强制灌浆和垂直、水平输浆。

挤压式灰浆泵主要由变极式电动机、减速器、变速箱、链传动装置、滚轮架和滚轮及挤压胶管等构成。

滚轮架旋转时，滚轮架上的三个滚轮依次挤压胶管，使管中的砂浆产生压力，沿胶管向前运动。滚轮压过后，胶管由自身的弹性复原，使筒内产生负压，砂浆被吸入。滚轮架不停地旋转，胶管便连续地受到挤压，从而使砂浆连续不断地输送到喷嘴处，再借助压缩空气喷涂到工作面上。挤压式灰浆泵的启动、停机与回浆运转都由喷嘴处或机身处的按钮来控制。

10. 灰气联合泵

灰气联合泵是一种双功能泵，既能压送砂浆又可压缩空气，其体积小、质量轻、结构紧凑、功效较高、使用方便，用于喷涂砂浆时，可省去空压机。

灰气联合泵的基本结构，主要包括传动装置、双功能泵缸机构、阀门启闭机构等。

灰气联合泵的工作原理：当曲轴旋转时，泵体内的活塞做往复运动，小端用来压送砂浆，大端用来压缩空气。曲轴另一端的大齿轮外侧有凸轮，小滚轮在凸轮滚道内运动，通过阀门连杆启闭进浆阀。

当活塞小端离开砂浆缸时，连杆开启进浆阀，砂装进入缸内。当活塞小端移进砂浆缸内时，连杆关闭进浆阀，排浆阀则被顶开，砂浆排入输送管道中。

排浆阀为锥形单向阀，在砂浆缸进浆过程中，排浆阀在输送管内砂浆作用下，自动关闭。

活塞大端装有皮碗，可起到密封的作用，空气缸的缸盖上装有进、排气阀，两阀都为单向阀，当大端离开空气缸时，进气阀将开启，空气可吸入缸内。当大端移进空气缸时，进气阀关闭，使缸内空气被压缩，在气压达到一定程度时，排气阀即被挤开，而使压缩后的空气进入储气端。

二、自制工具及维护

1. 抹子

常用抹子有以下几种：

（1）铁抹子：有方头和圆头两种，用于抹底层灰或水刷石、水磨石面层，水泥砂浆面层等。

（2）压子：用于水泥砂浆面层压光和纸筋灰、麻刀灰罩面等。

（3）塑料抹子：有方头和圆头两种，用于纸筋灰、麻刀灰面层压光。

（4）铁皮抹子：用于小面积处抹灰或修理，以及门窗框边嵌缝等。

（5）阴角抹子：有尖角和圆角两种，用于阴角抹灰、压实、压光。

（6）木抹子（木蟹）：有方头和圆头两种，用于抹灰砂浆的搓平和压实。

（7）圆角阴角抹子：用于防滑条捋光压实。

（8）塑料阴角抹子：用于纸筋灰、麻刀灰面层阴角压光。

（9）阳角抹子：有尖角和小圆角两种，用于阳角抹灰、压光、做护角等。

（10）圆角阳角抹子：用于防滑条捋光压实。

（11）捋角器：用于捋水泥抱角的素水泥浆、做护角等。

（12）分格器：用于砂浆分格子。

（13）小压子（抿子）：用于细部打灰压光。

2. 剁石斧

常用剁石斧有以下几种：

（1）花锤：用于斩假石。

（2）单刃或多刃斧：用于斩假石。

（3）剁斧：用于斩假石或清理混凝土墙面。

3. 各种靠托尺及筛子

常用靠托尺及筛子有以下几种：

（1）托灰板：用于操作时承托砂浆。

（2）木杠：分长、中、短三种。长杠为 250～350cm，一般用于冲筋；中杠为 200～25cm，短杠为 150cm，用于刮平墙面和地面，可在木杠四楞镶上可更换的塑料条，以节约木材。

（3）方尺：用于测量阴阳角方正。

（4）八字靠尺板及钢筋卡子：一般为做棱角用的工具。钢筋卡子用于卡八字靠尺，常用直径 8mm 钢筋。

（5）托线板（俗称担子板）：主要用于挂垂直，板中间有标准线，附有线坠。

（6）筛子：用于筛分砂子，常用筛孔有 10、8、5、3、1.5、1mm 等 6 种。

4. 刷子

常用刷子有以下几种：

（1）鸡腿刷：用于刷阴角及狭窄处。

（2）长毛刷：用于室内外抹灰、洒水等。

（3）猪鬃刷：用于刷洗水刷石、拉毛灰等。

（4）钢丝刷：用于清理基体表面。

（5）茅草刷：用于木抹搓平时洒水。

第二篇　抹灰工岗位操作技能

第六章　施工准备工作

第一节　技术准备

抹灰工程的技术准备，主要是对图纸的审核，认真看图，关键部位要记熟。依照工期决定人员数量，若几个队组共同参与施工，技术负责人应认真向施工人员做好安全技术交底，做好队组分工。有交叉作业时做好安全合理的交叉和有节律的流水施工。根据具体情况制定出合理的施工方案。一般遵从先室外后室内、从上至下的顺序来施工使整个工程合理地、有条不紊地、科学地进行，以保证工程的优质。

第二节　机具准备

抹灰工作比较复杂，不仅劳动量大，人工耗用多，同时会用到相应的机械和手工所需机械和工具，必须在抹灰开始前准备就绪。

一、常用机械

1. 砂浆搅拌机

砂浆搅拌机（图 6-1）是用来搅拌各种砂浆的机械。常见的有 200L 和 325L 容量搅拌机。

2. 混凝土搅拌机

混凝土搅拌机（图 6-2）是搅拌混凝土、豆石混凝土、水泥石子浆和砂浆的机械。常用的有 400L 和 500L 容量的搅拌机。

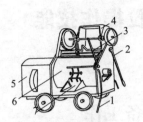

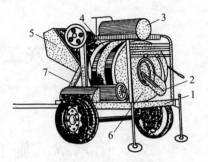

图 6-1 砂浆搅拌机

1—水管；2—上料操纵手柄；
3—出料操纵手柄；4—上料斗；
5—变速箱；6—搅拌斗；7—出灰门

图 6-2 混凝土搅拌机

1—支架；2—出料槽；3—水箱；
4—齿轮；5—料斗；6—鼓筒；7—导轨

3. 灰浆机

灰浆机（图 6-3）是搅拌麻刀灰、纸筋灰和玻璃丝灰的机械。灰浆机均配有小钢磨和 3mm 筛，共同工作。经灰浆机搅拌后的灰浆，直接进入小钢磨，经钢磨磨细后，流入振动筛中，经振筛后，流入大灰槽方可使用。

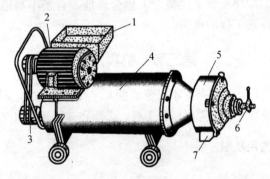

图 6-3 灰浆机

1—进料口；2—电动机；3—皮带；4—搅拌筒；5—小钢磨；6—螺栓；7—出料口

4. 喷浆泵

喷浆泵分手压（图 6-4）和电动两种类型，用于水刷石施工的喷刷，各种抹灰中基面、底面的润湿，以及拌制干硬水泥砂浆时的加水。

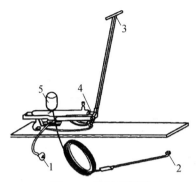

图 6-4　手压喷浆泵

1—进料口；2—电动机；3—皮带；4—搅拌筒；5—小钢磨；6—螺栓；7—出料口

5. 水磨石机

水磨石机（图 6-5）是用于磨光水磨石地面的机械，可分立面和平面两种类型。为采用磨石研磨的机具，现也有采用树脂磨片研磨的机具。

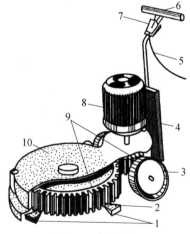

图 6-5　水磨石机

1—磨石；2—磨石夹具；3—行车轮；4—机架；5—电缆；6—扶把；
7—电闸；8—电动机；9—变速齿轮；10—防护罩

6. 无齿锯

无齿锯（图 6-6）是用于切割各种饰面板块的机械。

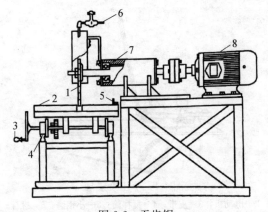

图 6-6　无齿锯

1—锯片；2—可移动台板；3—摇手柄；4—导轨；5—靠尺；

6—进水阀；7—轴承；8—电动机

7. 云石机

云石机（图 6-7）即为便携式无齿锯，作用与无齿锯相同。

图 6-7　云石机

8. 卷扬机

卷扬机是配合井字架和升降台一起完成抹灰中灰浆的用料、用具的垂直运输机械。

二、手工工具

1. 抹子

抹子（图 6-8）按形状不同分为方头和尖头两种；按作用不同分为普通抹子和石头抹子。普通抹子分铁抹子（打底用）、钢板抹子（抹面、压光用）。普通抹子有 7.5 寸、8 寸、9.5 寸等多种型号。石头抹子是用钢板做成的，主要是在操作水磨石、水刷石等水泥石子浆时使用，除尺寸比较小（一般为 5.5～6 寸）外，形状与普通抹子相同。

图 6-8　抹子

2. 压子

压子（图 6-9）是用弹性较好的钢制成的，主要是用于纸筋灰等面层的压光。

图 6-9　压子

3. 鸭嘴

鸭嘴有大小之分，主要用于小部位的抹灰、修理，如外窗台的两端头、双层窗的窗档、线角喂灰。

4. 柳叶

柳叶（图 6-10）用于微细部位的抹灰，以及用工时间长而用灰量极小的工作，如堆塑花饰、攒线角等。

图 6-10　柳叶

5. 勾刀

勾刀（图 6-11）是用于管道、暖气片背后，用抹子抹不到，而又能看到的部位抹灰的特殊工具，多为自制，可用带锯、圆锯片等制成。

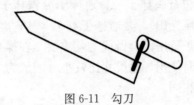

图 6-11 勾刀

6. 塑料抹子

塑料抹子（图 6-12）外形同普通抹子。可制成尖头或方头。一般尺寸比铁抹子大些。其主要是抹纸筋灰等罩面时使用。

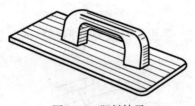

图 6-12 塑料抹子

7. 塑料压子

塑料压子（图 6-13）用于纸筋灰面层的压光，作用与钢压子相同。在墙面稍干时用塑料压子压光时，不会把墙面压糊（变黑）。这一点优于钢压子，但弹性较差，不及钢压子灵活。

图 6-13 塑料压子

8. 阴角抹子

阴角抹子（图 6-14）是抹阴角时用于阴角部位压光的工具。

图 6-14 阴角抹子

9. 阳角抹子

阳角抹子（图 6-15）是用于大墙阳角、柱、窗口、门口、梁等处阳角抿直、抿光的工具。

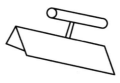

图 6-15 阳角抹子

10. 护角抹子

护角抹子（图 6-16）是用于纸筋灰罩面时，抿门窗洞口、柱的阳角部位水泥小圆角，及踏步防滑条、装饰线等的工具。

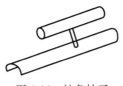

图 6-16 护角抹子

11. 圆阴角抹子

圆阴角抹子（图 6-17），俗称圆旮旯，是用于阴角处抿圆角的工具。

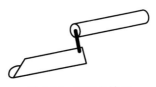

图 6-17 圆阴角抹子

12. 划线抹子

划线抹子（图 6-18），也称分格抹子、劈缝溜子，是用于水泥地面刻画分格缝的工具。

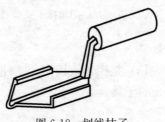

图 6-18 划线抹子

13. 刨锛

刨锛（图 6-19）是墙上堵脚手眼、打砖、零星补砖、剔除结构中个别凸凹不平部位及清理的工具。

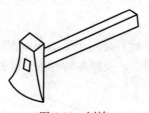

图 6-19 刨锛

14. 錾子

錾子（图 6-20）是剔除凸出部位的工具。

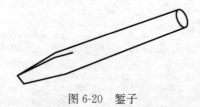

图 6-20 錾子

15. 灰板

灰板（图 6-21）是抹灰时用来托砂浆之用，分为塑料灰板和木质灰板。

图 6-21　灰板

16. 大杠

大杠（图 6-22）是抹灰时用来刮平涂抹层的工具，依使用要求和部位不同，一般有 1.2～4m 等多种长度，又依材质不同有铝合金、塑料、木质和木质包铁皮等多种类型。

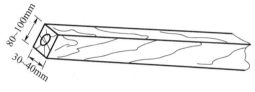

图 6-22　大杠

17. 托线板

托线板（图 6-23）俗称弹尺板、吊弹尺。其主要是用来做灰饼时找垂直和用来检验墙柱等表面垂直度的工具。一般尺寸为 1.5～2cm 厚、8～12cm 宽、1.5～3m 长（常用的为 2m）。也有特制的 60～120cm 的短小线托线板。托线板的长度要依米尺工作内容和部位来决定。线锤一般工程上有时要用到多种长度不同的托线板。

图 6-23　托线板

18. 靠尺

靠尺（图 6-24）是抹灰时制作阳角和线角的工具。其分为方靠尺（横截面为矩形）、一面八字尺和双面八字靠尺等类型。长度视木料和使用部位不同而定。

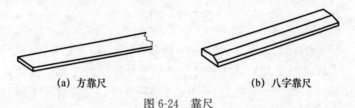

(a) 方靠尺   (b) 八字靠尺

图 6-24 靠尺

19. 卡子

卡子（图 6-25）是用钢筋或有弹性的钢丝做成的工具，主要功能是用来固定靠尺。

图 6-25 卡子

20. 方尺

方尺（图 6-26）是测量阴阳角是否方正的量具，分为钢质、木质、塑料等多种类型。依使用部位不同尺寸也不同。

图 6-26 方尺

21. 木模子

木模子（图 6-27）俗称模子，是扯灰线的工具。一般依设计图样，用 2cm 厚木板划线后，用线锯锯成形，经修理和包铁皮后而成。

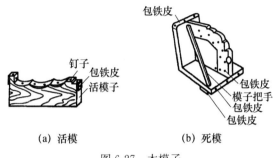

（a）活模　　　　　　　　（b）死模

图 6-27　木模子

22. 木抹子

木抹子是抹灰时，对抹灰层进行搓平的工具，有方头和尖头之分。

23. 木阴角抹子

木阴角抹子（图 6-28）俗称木三角，是对抹灰时底子灰的阴角和面层搓麻面的阴角搓平、搓直的工具。

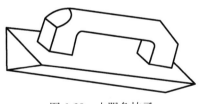

图 6-28　木阴角抹子

24. 缺口木板

缺口木板（图 6-29），是用于较高的墙面做灰饼时找垂直的工具。其由一对同刻度的木板与一个线坠配合工作，作用相当于托线板。

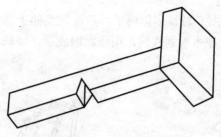

图 6-29 缺口木板

25. 米厘条

米厘条（图 6-30）简称米条，作为抹灰分格之用。其断面形状为梯形，断面尺寸依工程要求而各异，长度依木料情况不同而不等。使用时短的可以接长，长的可以截短。使用前要提前泡透水。

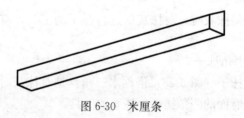

图 6-30 米厘条

26. 灰勺

灰勺（图 6-31）是用于舀灰浆、砂浆的工具。

图 6-31 灰勺

27. 墨斗

墨斗（图 6-32）是找规矩弹线之用，也可用粉线包代替。

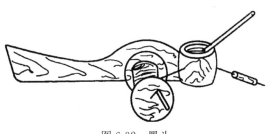

图 6-32 墨斗

28. 剁斧

剁斧（图 6-33）是用于斩剁假石的工具。

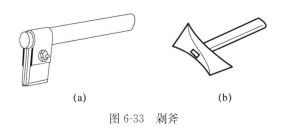

(a) (b)

图 6-33 剁斧

29. 刷子

刷子（图 6-34）是用于抹灰中带水、水刷石清刷水泥浆、水泥砂浆面层扫纹等的工具，分为板刷、长毛刷、鸡腿刷和排刷等类型。

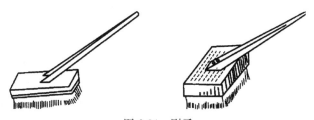

图 6-34 刷子

30. 钢丝刷子

钢丝刷子（图 6-35）是清刷基层，及清刷剁斧石、扒拉石等干燥后由于施工操作残留的浮尘而用的工具。

103

图 3-35　钢丝刷子

31. 小炊把

小炊把（图 6-36）是用于打毛、甩毛或拉毛的工具，可用毛竹劈细做成，也可以用草把、麻把代替。

图 6-36　小炊把

32. 金刚石

金刚石（图 6-37）是用来磨平水磨石面层的工具，分人工用或机械用，又按粗细粒度不同分为若干型号。

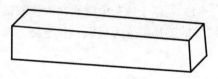

图 6-37　金刚石

33. 滚子

滚子（图 6-38）是用来滚压各种抹灰地面面层的工具，又称滚筒。经滚压后的地面可以增加密实度，也可把较干的灰浆辗压至表面出浆便于面层平整和压光。

图 6-38　滚子

34. 筛子

抹灰用的筛子（图 6-39）按用途不同可分为大、中、小三种，按孔隙大小可分为 10mm 筛、8mm 筛、5mm 筛、3mm 筛等多种孔径筛，大筛子一般用于筛分砂子、豆石等，中、小筛子多为筛分干粘石等用。

图 6-39　筛子

35. 水管

水管是浇水润湿各种基层、底、面层等的输水工具。除输水胶管外，还有塑料透明水管，在抹灰工程中常以小口径的透明水管为抄平工具，其准确率高，误差极小。

36. 其他工具

其他工具是指一些常用的运送灰浆的两轮、独轮小推车，大、小水桶，灰槽、灰锹、灰镐、灰耙及检查工具的水平尺、线坠等多种工具。由于在实际工作中都要用到，所以要一应齐备，不可缺少。

第三节　施工现场准备

抹灰开始前，要依施工组织平面设计图上标注的位置，安装好砂浆搅拌机、混凝土搅拌机、台式无齿锯（依工程需要）、灰浆机、卷扬机和升降台。且接通电源，安好电闸箱，接通水源。搅拌机前要用水泥砂浆提前抹出一块灰盘或铺好铁板。从搅拌机到升降台之间和升降台上口到抹灰现场的通道要铺设平整和清理干净。如果有不安全的因素，一定要按规定提前做好防护，如施工洞口等要铺板和挂网等。室外作业的脚手架要检查、验收，探头板下要设加平杆，架子要有护栏和挂网，并且护栏的下部要有竖向的挡脚板。架子要牢固，不能有不稳定感，以保证操作安全。对结构工程进行严格验收，并对所要安装的钢、木门、窗进行检验，主要检查其位置、标高、尺寸等是否正确，缝隙是否合适，质量是否符合要求，对门框下部的保护措施是否做好。检查水电管线等是否安装完毕，埋墙管是否凸出墙面或松动，位置是否正确。检查地漏的位置、标高是否正确。检查管口处的临时封闭是否严密，以免发生抹灰时被落下的砂浆堵塞的现象，检查穿线管口是否用纸塞好。检查电线盒凸出墙面是否过高，以免影响抹灰。并依距顶、柱、墙的距离搭设好架子，钉好马凳，铺好脚手板。

第四节 基层处理

一、基层处理前的检查项目

抹灰工程施工，必须在结构或基层质量检验合格后进行。必要时，应会同有关部门办理结构验收和隐蔽工程验收手续。对其他配合工种项目也必须进行检查，这是确保抹灰质量和进度的关键。抹灰前应对以下主要项目进行检查：

（1）门窗框及其他木制品安装是否正确并齐全，是否预留抹灰层厚度，门窗洞口高度是否符合室内水平线标高。

（2）吊顶是否牢固，标高是否正确。

（3）墙面预留木砖或铁件是否遗漏，标高是否正确，埋置是否牢固。

（4）水电管线、配电箱是否安装完毕，有无漏项；水暖管道是否做过压力试验；地漏位置和标高是否正确。

（5）阳台栏杆、泄水管、水落管管夹、电线绝缘的托架、消防梯等安装是否齐全与牢固。

二、基层处理的步骤和方法

1. 基层处理的顺序

（1）了解基层材料，一般有砖墙、混凝土墙、加气混凝土砌块墙等。

（2）了解基层状况。

（3）根据不同情况，采用相应的处理方法。

（4）进行墙面处理。

2. 基层处理的办法

基层处理的办法有水冲法、碱洗法、铲除法、砂磨法。

（1）水冲法。

水冲法是最简单的一种基层处理方法，用水管接自来水冲洗基层表面的浮尘、杂物、松散物等。

（2）碱洗法。

碱洗法是一种化学清洗方法。用氢氧化钠和碳酸钠或磷酸三钠配制成的高强度碱液，以软化、松动、乳化及分散基层中用水不容易直接冲洗掉的沉积物，如油渍、碱膜、沥青渍等。

（3）铲除法。

对基层中比较坚硬、基层平面凹凸太多的地方，用小铲、刮刀、铁锤等将其剔凿铲除掉。

（4）砂磨法。

把砂纸粘在硬板、塑料板或平滑的木条上，对基层中需要打磨的地方进行打磨处理。

三、抹灰基层处理不当造成的破坏及预防

在施工中，抹灰基层处理不当会造成抹灰层局部裂缝、空鼓和脱落，严重影响建筑工程质量。抹灰层出现裂缝和脱落现象大多与抹灰基层的施工质量及状态有关。抹灰层裂缝大多出现在材料不同的基层交接边缘上或在因基层变换材料导致吸收能力不同的部位上。钢筋混凝土或砖基层上有裂缝及抹灰层厚薄不一，均会因基层不平整而造成抹灰局部脱落。使用刚性（水泥）砂浆和

吸湿性强的基层（如加气混凝土、轻型砖）时，抹灰层和基层常出现网状裂缝。

1. 引起抹灰层质量缺陷的主要原因

抹灰层是否与基层粘结完好，是否产生裂缝，是评价抹灰和抹灰基层设计和施工的重要标准，因为只有具备这些条件，才能保证抹灰层的强度，并能更好地防止抹灰层受大气的影响。

抹灰基层的粗糙和吸湿性对抹灰层与基层的牢固粘结起很大作用。基层粗糙时，由于砂浆的机械结合作用存在握裹力，基层粗糙度小但吸湿性较好时，由透过基层表面的水泥胶凝材料产生粘结作用。表面光滑、吸湿性差的垫层（如混凝土），只是使其表面变得粗糙（如用大粒砂喷浆，或在砂浆里掺入提高粘结力的化学附加剂）即可抹灰。

基层的吸湿能力不仅对抹灰的粘结力起作用，同时对新抹的灰也产生影响，基层在砂浆凝固之前从砂浆中吸收的水分对基层仍旧保持毛细作用，因而影响新抹灰的吸湿性能；还会因砂浆不能完全凝固（脱水）造成基层吃水过多，并因而影响基层的强度。此外，基层的吸湿性影响砂浆的和易性，因为砂浆凝固的速度较快，故需要迅速加工。吸湿性好的干燥基层（如砖面）可预先润湿，以防过多吸收砂浆中的水分；吸湿性较大的基层（如轻型砌砖块）可预先喷浆，以减少砂浆水分的丢失。要想使抹灰层不出现裂缝，必须防止抹灰基层热胀冷缩变形，这就要求基层的强度高于抹灰层的强度。锯末混凝土砌块抹灰基层就很难达到高强度的效果。其他材料的抹灰基层变形不会引起抹灰层超应力。若在大型砌砖块与其他建筑构件相接的部位上抹灰时，不同材料基层的边缘部位上的抹灰层有可能产生裂缝。

当基层材料不同时，应考虑在吸湿性较好的部位选配砂浆，以便达到砂浆易加工的目的，因为抹在吸湿性差基层上的砂浆凝固不牢，往往会剥落。抹灰层厚度差异较大的部位也会发生类似现象，因为较厚的砂浆层凝固较慢。

总之，墙面基层处理不好，清扫不干净，浇水不透；墙面平整度偏差太大，一次抹灰过厚；砂浆和易性差，硬化后粘结强度差；保护措施不良等，都是墙面面层起壳脱落的主要原因。

2. 抹灰层质量缺陷的防治办法

（1）抹灰前应对抹灰班组进行严格的技术交底，一定要求工人在抹灰前事先对基层进行清扫和清除，将墙体表面的附灰和砌块间多出的灰浆块剔除，基层凹凸的地方剔凿平整，墙面凹陷处用1：2或1：3的水泥砂浆找平，基层太光滑时，应凿毛墙面或用水泥胶浆刷墙面，做好保护工作。对分包施工污染至砌体上的污物清除干净，再进行抹灰工作，以增强抹灰层和基层的粘结力，杜绝由抹灰空鼓而引起的裂缝。同时，在墙体抹灰前，除应对墙体清扫和清除外，墙表面应无缺陷（孔隙）、无不平整的现象。还应对墙体施工洞口、脚手眼等临时洞口进行封堵，对电气管线槽事先用砂浆和碎砖或细石混凝土填充。着重对砌体最后一皮砖与结构梁或板底间的间隙进行充填密实修复工作，待其强度达到80％以上，再进行抹灰施工。

（2）抹灰外墙的墙面必须采用强度相同的砂浆抹灰，严格控制现场施工用料，选用不含杂质的中砂进行砂浆搅拌，严格控制现场砂浆的施工配合比，计算和测量好每罐砂浆的水泥用量和外加剂掺量。干燥吸湿的基层必须预先润湿，吸湿性较大的光滑基层应在抹灰之前预先喷浆。

（3）在与其他建筑构件连接部位上及由不同材质构成的较大面积的基层上抹灰时，应规定在抹灰层上设置变形缝。如允许加设分格条，应严格按规范要求留设分格条，并要求工人在抹灰间歇中留设规矩的施工槎。

（4）在狭窄的材质不同的基层部位上抹灰时，应先在该部位的两侧铺上抹灰网，然后抹灰。抹灰网的最小搭接长度为10cm。然后进行中层抹灰或面层抹灰。

（5）不宜在吸湿性强的大型砌块外墙、表面特别不平整的墙及部分混合墙（不正规的基层材料）上抹灰，也不能在矿渣料基层上直接抹灰。若这类基层必须抹灰时，应铺设抹灰网以加强抹灰。

第七章 一般抹灰施工

第一节 墙面抹灰施工

一、施工作业条件

抹灰部位的主体结构分部工程均经过有关单位（如建设、设计、监理、施工单位等）共同验收并签认。门窗框及需要预埋的管线已安装完毕，并经检查验收合格。

抹灰用的脚手架应先搭好，架子要离开墙面 200～250mm，搭好脚手板，防止落灰在地面，造成浪费。

将混凝土墙等表面凸出部分凿平，对蜂窝、麻面、露筋、疏松部分等凿到实处，用 1：2.5 水泥砂浆分层补平，把外露钢筋头和铅丝头等清除掉。

对于砖墙，应在抹灰前一天浇水湿透。对于陶粒混凝土砌块墙面，因其吸水速度较慢，应提前 2d 进行浇水，每天宜浇两遍以上。

二、施工工艺流程

施工工艺流程：基层处理→吊直、套方、找规矩、贴灰饼→墙面冲筋（设置标筋）→做护角→抹底灰→抹中层灰→抹水泥砂浆罩面灰→抹墙面罩面灰→养护。

（1）基层处理：吊直、套方、打墩、墙面冲筋、抹底层灰和中层灰等工序的做法与墙面抹纸筋灰浆时基本相同，但底灰和中层灰用 1：2.5 水泥砂浆或水泥混合砂浆涂抹，并用磨板搓平带毛面。在砂浆凝固之前，表面用扫帚扫毛或用钢抹子每隔一定距离交叉画出斜线。

（2）抹水泥砂浆面层：中层砂浆抹后第2天，用1∶2.5水泥砂浆或按设计要求的水泥混合浆抹面层，厚度为5～8mm。操作时先将墙面湿润，然后用砂浆薄刮一遍使其与中层灰粘牢，紧跟着抹第二遍，达到要求的厚度，用压尺刮平找直待其收身后，用灰匙压实压光。为防止出现墙面花，施工过程中对于材料的配合比应注意，水灰比不能过大，要按交底控制水灰比。

（3）大面积外墙抹灰施工，在施工前必须先吊线，4个大角及长度大于6m的大墙面，高低不平处先剔凿，同时水平方向也要求挂通线，在每一层楼面进行分缝，防止外墙面抹灰的收缩裂缝（外窗框与墙体间缝隙一定要在大面积抹灰前填堵好，防止空鼓及渗水）。罩面抹灰时，用力要轻重一致，用抹子先圆弧形抹，然后上下抽拉，要求方向一致，这样不易留下抹纹。

三、施工质量要求

1. 主控项目

（1）抹灰前基层表面的尘土、污垢、油渍等应清除干净，并应洒水润湿。

（2）一般抹灰所用材料的品种和性能应符合设计要求，水泥的凝结时间和安定性复验应合格。砂浆的配合比应符合设计要求。

（3）抹灰工程应分层进行。当抹灰总厚度大于或等于35mm时，应采取加强措施。不同材料基体交接处表面的抹灰，应采取防止开裂的加强措施，当采用加强网时，加强网与各基体的搭接宽度应不小于100mm。

（4）抹灰层与基层之间及各抹灰层之间必须粘结牢固，抹灰层应无脱层、空鼓，面层应无爆灰和裂缝。

2. 一般项目

（1）抹灰表面应光滑、洁净、颜色均匀、无抹纹，分格缝和灰线应清晰美观。

（2）护角、孔洞、槽、盒周围的抹灰表面应整齐、光滑；管道后面的抹灰表面应平整。

（3）抹灰层的总厚度应符合设计要求；水泥砂浆不得抹在石

灰砂浆层上；罩面石膏灰不得抹在水泥砂浆上。

（4）抹灰分格缝的设置应符合设计要求，宽度和深度应均匀，表面应光滑，棱角应整齐。

（5）有排水要求的部位应做滴水线（槽）。滴水线（槽）应整齐顺直，滴水线应内高外低，滴水槽的宽度和深度均应不小于 10mm。

四、施工应注意的质量问题

1. 粘结不牢、空鼓、裂缝

加气混凝土墙面抹灰，最常见通病之一就是灰层与基体之间粘结不牢、空鼓、裂缝。其主要原因是基层清扫不干净，用水冲刷，湿润不够，不刮素水泥浆。由于砂浆在强度增长、硬化过程中，自身产生不均匀的收缩应力，形成干缩裂缝。改进抹灰基层处理及砂浆配合比是解决加气混凝土墙面抹面空鼓、裂缝的关键。可采用喷洒防裂剂或涂刷掺 107 胶的素水泥浆，增加粘结作用，减少砂浆的收缩应力，提高砂浆的早期抗拉强度。砂浆表面抗拉强度的提高，足以抗拒砂浆表面的收缩应力，待砂浆强度增长以后，就足以承受收缩应力的影响，从而阻止空鼓、干缩、裂缝的出现。

2. 抹灰层过厚

抹灰层的厚度大大超过规定，尤其是一次成活，将抹灰层坠裂。抹灰层的厚度应通过冲筋进行控制，保持 15～20mm 为宜。操作时应分层、间歇抹灰，每遍厚度宜为 7～8mm，应在第一遍灰终凝后再抹第二遍，切忌一遍成活。

3. 门窗框边缝不塞灰或塞灰不实，预埋木砖间距大，木砖松动，反复开关振动，在窗框两侧产生空鼓、裂缝应把门窗塞缝当作一个工序由专人负责，木砖必须预埋在混凝土砌块内，随着墙体砌筑按规定间距摆放。

五、抹灰工程质量检查标准

抹灰墙面空鼓面积 100mm×100mm，墙面不得有裂缝，墙面垂直度≤4mm、平整度≤4mm、阴阳角偏差≤4mm，方正度开间尺寸偏差±10mm，净高±20mm，户内门洞口尺寸±5mm，户内门洞口墙体厚度±5mm，地面、顶面水平≤10mm。

1. 内墙检查

（1）电箱、盒、管预埋记录，盒体保护。

（2）墙体孔、洞缺陷修补，管路砂浆保护；钢丝网材质、铺钉要求（钢丝网规格为镀锌网，孔径20mm×20mm、丝径0.7～1.0mm）。

（3）检查灰饼、洞口护角（地面粉刷控制线）。

（4）刷水泥胶浆掺801胶5%；刷浆质量。

（5）底层抹灰：基层湿水、配合比、抹灰质量、养护5d。

（6）面层抹灰：基层湿水、配合比、表面凿毛。

（7）粉刷质量（记录上墙）；空鼓。

2. 外墙检查

（1）墙体孔、洞、缺陷修补，管路砂浆保护；钢丝网材质、铺钉要求（外墙应满铺钢丝网）。

（2）基层湿润；刷水泥胶浆掺801胶5%；刷浆质量。

（3）底层抹灰：灰饼、配合比、基层湿润、厚度<10mm、养护5d。

（4）中层抹灰：配合比、基层湿润、厚度<10mm、养护5d。

（5）面层抹灰：配合比、基层湿润、厚度<10mm、表面拉细毛。

（6）阴阳角、平整垂直、阳台、空调板、滴水线、外凸部位等细部做法。

六、施工质量问题产生的原因和防护措施

抹灰普遍存在开裂、空鼓、脱落和罩面灰粗糙、起泡、阴阳角不垂直方正，外墙面污染等质量问题。

1. 砖墙、混凝土基层抹灰空鼓、裂缝

墙面抹灰后过一段时间，往往在门窗框与墙面交接处、木基层与砖石、混凝土基层相交处，基层平整偏差较大的部位，以及墙裙、踢脚板上口等处出现空鼓、裂缝情况。

（1）原因分析。

①基层清理不干净或处理不当；墙面浇水不透，抹灰后砂浆中的水分很快被基层（或底灰）吸收，影响粘结力。

②配制砂浆和原材料质量不好，使用不当。

③基层偏差较大，一次抹灰层过厚，干缩率较大。

④门窗框两边塞灰不严，墙体预埋木砖距离过大或木砖松动，经开关振动，在门窗框处产生空鼓、裂缝。

（2）预防措施。抹灰前的基层处理是确保抹灰质量的关键之一，必须认真做好：

①混凝土、砖石基层表面凹凸明显部位，应事先剔平或用1∶3水泥砂浆补平；表面太光滑的基层要凿毛，或用1∶1水泥砂浆掺10％的107胶先薄薄抹一层（厚约3mm），24h后再进行抹灰；基层表面砂浆残渣污垢、隔离剂、油漆等，均应事先清除干净。

②墙面脚手孔洞应堵塞严密；水暖、通风管道通过的墙洞和剔墙管槽，必须用1∶3水泥砂浆堵严抹平。

③不同基层材料如木基层与砖面、混凝土基层相接处，应铺钉金属网，搭接宽度应从相接处起，两边不小于10mm。

④抹灰前墙面应先浇水。砖墙基层一般浇水两遍，砖面渗水深度8～10mm，即可达到抹灰要求。加气混凝土表面孔隙率大，但该材料毛细管为封闭性和半封闭性，阻碍了水分渗透速度，它同砖墙相比，吸水速度慢3～4倍，因此，应提前2d进行浇水，每天两遍以上，使渗水深度达到8～10mm。混凝土墙体吸水率低，抹灰前浇水可以少一些。如果各层抹灰相隔时间较长，或抹上的砂浆已干掉，则抹上一层砂浆的应将底层浇水湿润，避免刚抹的砂浆中的水分被底层吸走，产生空鼓。此外，基层墙面浇水程度，还与施工季节、气候和室内外操作环境有关，应根据实际情况掌握。

⑤抹灰用的砂浆必须具有良好的和易性，并具有一定的粘结强度。

和易性良好的砂浆能涂抹成均匀的薄层，而且与底层粘结牢固，便于操作和能保证工程质量。砂浆和易性的好坏取决于砂浆的稠度（沉入度）和保水性能。抹灰用砂浆稠度一般应控制如下：底层抹灰砂浆为 10～12cm；中层抹灰砂浆为 7～8cm；面层抹灰砂浆为 10cm。

砂浆的保水性能是指在搅拌、运输、使用过程中，砂浆中的水与胶结材料及骨料分离快慢的性能，保水性不好的砂浆容易离析，如果涂抹在多孔基层表面上，砂浆中的水分很快会被基层吸走，发生脱水现象，变的比较稠不好操作。砂浆中胶结材料越多，保水性能越好。水泥砂浆保水性较差时可掺入石灰膏、粉煤灰、加气剂或塑化剂，可提高其保水性。

为了保证砂浆与基层粘结牢固，抹灰砂浆应具有一定的粘结强度，抹灰时可在砂浆中掺入乳胶、107 胶等材料。

（3）抹灰用的原材料应符合质量要求。

（4）底层砂浆与中层砂浆的配合比应基本相同。中层砂浆的强度等级不能高于底层砂浆，底层砂浆不能高于基层墙体，以免在凝结过程中产生较强的收缩应力，破坏强度较低的基层（或抹灰底层），产生空鼓、裂缝、脱落等质量问题。

加气混凝土表面的抗压强度一般为 3.0～5.0MPa，加气混凝土墙体底层抹灰使用的砂浆强度等级不宜过高，一般应选用 1：3 石灰砂浆或 1：1：6 等强度等级较低的混合砂浆为宜。

（5）当基层墙体平整和垂直偏差较大，局部抹灰厚度较厚时，一般每次抹灰厚度应控制在 8～10mm 为宜。中层抹灰必须分若干次抹平。

水泥砂浆和混合砂浆应待前一层抹灰层凝固后，再涂抹后一层；石灰砂浆应待前一层发白后（七八成干），再涂抹后一层，以防止已抹的砂浆内部产生松动，或几层湿砂浆合在一起，造成收缩率过大，产生空鼓、裂缝。

（6）门窗框塞缝应作为一道工序专人负责。先将水泥砂浆用小溜子将缝塞实塞严，待达到一定强度后再用水泥砂浆找平。

门窗框安装应采用有效措施，以保证与墙体连接牢固，抹灰后不致在门窗框边发生裂缝、空鼓问题。

①12cm 厚的砖墙，预埋木砖容易松动，可采用 12cm×12cm×24cm 预制混凝土块（中加木砖）的方法；24cm 厚的砖墙，中间立口，木砖应与砖的尺寸同宽；靠一面立口时，应将木砖去掉一个斜岔。

②加气混凝土砌块隔墙与门框连接采用后立口时，先将墙体钻深 10cm、直径 35mm 的孔眼，再以相同尺寸的圆木蘸 107 胶水泥浆，打入孔洞内，表面露出约 10mm 代木砖用。

门口高度在 2m 以内时，每侧设 3 处，安装时先在门框上预先钻出钉眼，然后用木螺栓与加气混凝土块中预埋圆木钉牢，门框塞缝用粘结砂浆勾抹严实，粘结砂浆配合比（质量比）为水泥：细砂：107 胶水＝1：1：0.2：0.3。

采用先立口方法时，砌块和门框外侧均抹粘结砂浆 5mm，挤压塞实，同时校正墙面垂直平整，随即在门框每侧钉 4 寸钉子各 3 个与加气块墙钉牢，钉子可先钉好，在门框上外露钉尖，钉帽拍偏，待砌块超过钉子高度时再钉进砌块内。

2. 轻质隔墙抹灰空鼓、裂缝

墙面抹灰后，过一段时间，沿板缝处产生纵向裂缝，条板与顶板之间产生横向裂缝，墙面产生空鼓和不规则裂缝。

（1）原因分析：

①在加气混凝土条板，石膏珍珠岩空心板、碳化板轻质隔墙墙面上抹灰时，没有根据这些板材特性采用合理的操作方法。

②条板安装时，板缝粘结砂浆挤不严，砂浆不饱满。

③条板上口板头不平整方正，与顶板粘结不严。

④条板下端楼板面清扫不干净，光滑的楼板面没有凿毛。

⑤仅在条板一侧背木楔，填塞的豆石混凝土坍落度过大。

⑥墙体整体性和刚度较差，墙体受到剧烈冲击振动。

（2）预防措施。

加气混凝土墙抹灰必须注意以下几点：

①墙体表面浮灰、松散颗粒应在抹灰前认真清扫干净；提前 2d（每天 2～3 次）浇水，抹灰时再浇水湿润一遍。

②抹石灰砂浆时，应事先刷一道 107 胶水溶液，配合比为 107 胶：

水＝1：3～4；抹混合砂浆时应先刷一道107胶素水泥砂浆；107胶掺量为水泥质量的10％～15％，紧接着抹底层砂浆。

③底层砂浆强度等级不宜过高，一般用1：3石灰砂浆打底，纸筋灰罩面做法较好；如墙体表面较平整，可直接在基层上薄抹二遍纸筋（麻刀）罩面灰，厚度2～3mm，第一遍纸筋（麻刀）灰内掺10％～15％胶，以增加与基层的粘结力。

需要做水泥砂浆的墙面，底层砂浆以抹1：3：9或1：1：6混合砂浆为宜，面层用1：0.3：3或1：0.1：2.5混合砂浆，总厚度不得超过10～12mm。

石膏珍珠岩条板、碳化板墙面抹灰，基层浮灰和颗粒要认真清刷干净，浇水要适当，板缝凹进部分应提前抹平；先刷107胶水溶液一道，随即抹107胶素水泥浆粘结层，待粘结层初凝时再抹1：2.5水泥砂浆或混合砂浆，厚度不超过10mm。一般墙面可采用满刮腻子找平后喷浆的做法。

应保证条板上下端与楼层粘结密实；两板之间、门框与墙板之间和过梁等部位均应粘结密实，保证墙体有良好的整体性和必要的刚度。

3. 抹灰面层起泡、开花、有抹纹

抹罩面灰时操作不当，基层过干或使用石灰膏质量不好，容易产生面层起泡和有抹纹现象，过一段时间还会出现面层开花，影响抹灰外观质量。

（1）原因分析：

①抹完罩面后，压光工作跟的太紧，灰浆没有收水，压光后产生起泡现象。

②底子灰过分干燥，罩面前没有浇水湿润，抹罩面灰后，水分很快被底层吸收，压光时易出现抹纹。

③淋制面灰时，对慢性、过火灰颗粒及杂质没有滤净，灰膏熟化时间不够，未完全熟化的石灰颗粒掺在灰膏内，抹灰后继续熟化，体积膨胀，造成抹灰表面炸裂，出现开花和麻点。

（2）预防措施：

①纸（麻）筋灰罩面，须待底子灰五六成干后进行；如底子

灰过干应先浇水湿润；罩面时应从阴、阳角处开始，先竖着（或横着）薄薄刮一遍底，再横着（或竖着）抹第二遍找平，两遍总厚度约 2mm；阴、阳角分别用阳角抹子和阴角抹子捋光，墙面再用铁抹子压一遍，然后顺抹子纹压光。

②水泥砂浆罩面，应采用 1：2～1：2.5 水泥砂浆，待抹完底子灰后，第二天进行罩面，先薄薄抹一遍，接着抹第二遍（两遍总厚度 5～7mm），用刮杆刮平，木抹子搓平，然后用钢皮抹子揉实压光。当底子灰较干时，罩面灰纹不易压光，用劲过大会造成罩面灰与底层分离空鼓，所以应洒水后再压。

当底层较湿不吸水时，罩面灰收水慢，当天如不能压光成活，可撒上 1：2 干水泥砂浆在罩面灰上吸水，待干水泥砂浆吸水后，把这层水泥砂浆刮掉后再压光。

③纸（麻）筋灰用的石灰膏，淋灰时应用孔径不大于 3mm 的筛子过滤，石灰熟化时间不少于 30d；严禁使用含有未熟化颗粒的石灰膏，采用生石灰粉时也应提前 1～2d 化成石灰膏。

（3）治理方法。

墙面开花有时需经过 1 个多月才能使掺在灰浆内未完全熟化的石灰颗粒继续熟化膨胀完，因此，在处理时应待墙面确实没有再开花情况时，才可以挖去开花处松散表面，重新用腻子找补刮平，最后喷浆。

4. 抹灰面不平、阴阳角不垂直、不方正

（1）原因分析：

抹灰前挂线、做灰饼和冲筋不认真，阴阳角两边没有冲筋，影响阴阳角的垂直。

（2）预防措施：

①按规矩将房间找方，挂线找垂直和贴灰饼（灰饼距离 1.5～2m1 个）。

②冲筋宽度为 10cm 左右，其厚度应与灰饼相平。为了便于作角和保证阴阳角垂直方正，必须在阴阳角两边都冲灰筋一道；抹出的灰筋应用长木杆依照灰饼标志上下刮平；木杆受潮变形后要及时修正。

③抹灰时如果冲筋较软，容易碰坏灰筋，抹灰后墙面凹凸不平；但也不宜在灰筋过干后进行抹灰，以免出现灰筋高出抹灰表面。

④抹阴阳角时，应随时用方尺检查角的方正，不方正时应及时修正。抹阴角砂浆稠度应稍小，要用阴角抹子上下窜平窜直，尽量多压几遍，避免裂缝和不垂直。

5. 混凝土顶板抹灰空鼓、裂缝

混凝土现浇楼板底抹灰，往往在顶板四角产生不规则裂缝，中部产生通长裂缝。

（1）原因分析：

①基层清理不干净，抹灰前浇水不透。

②砂浆配合比不当，底层砂浆与楼板粘结不牢，产生空鼓、裂缝。

（2）预防措施：

①现浇混凝土楼板底表面有木丝、油毡等杂物时必须清理干净；使用钢模、组合小钢模现浇混凝土楼板，应用清水加10%的火碱，将隔离剂、油垢清刷干净；现浇楼板如有蜂窝麻面情况，应事先用1∶2水泥砂浆修补抹平，凸出部分需剔凿平整。

②为了使底层砂浆与基层粘结牢固，抹灰前1d顶板应喷水湿润，抹灰时再洒水一遍。现浇混凝土顶板抹灰，底层砂浆用1∶0.5∶1混合砂浆，厚度2～3mm，操作时应顺模板纹方向垂直抹，用力将底灰挤入顶板缝隙中，随即抹中层砂浆找平。

混凝土顶板抹灰，一般应在上层地面做完后进行。

第二节　顶棚抹灰施工

一、施工作业条件

屋面防水层及楼面面层已经施工完毕，穿过顶棚的各种管道已经安装就绪，顶棚与墙体间及管道安装后遗留空隙已经清理并填堵严实。

现浇混凝土顶棚表面的油污等已经清除干净，用钢丝刷已满刷一道，凹凸处已经填平或已凿去。预制板顶棚除已处理以上工序外，板缝应已清扫干净，并且用1：3水泥砂浆填补刮平。

木板条基层顶棚板条间隙在8mm以内，无松动翘曲现象，污物已经清除干净。

板条钉钢丝网基层，应铺钉可靠、牢固、平直。

二、施工工艺流程

施工工艺流程：基层处理→找规矩→浇水湿润→刷结合层→抹底灰、中层灰→抹面层灰→养护。

1. 找规矩

顶棚抹灰通常不做标志块和标筋，而用目测的方法控制其平整度，以无明显高低不平及接槎痕迹为准。先根据顶棚的水平面确定抹灰的厚度，然后在墙面的四周与顶棚交接处弹出水平线，作为抹灰的水平标准。

2. 底、中层抹灰

一般底层砂浆采用配合比为水泥：石灰膏：砂＝1：0.5：1的水泥混合砂浆，底层抹灰厚度为2mm。底层抹灰后紧跟着就抹中层砂浆，一般采用配合比为水泥：石灰膏：砂＝1：3：9的水泥混合砂浆，抹灰厚度6mm左右，抹后用软刮尺刮平赶匀，随刮随用长毛刷子将抹印顺平，再用木抹子搓平，顶棚管道周围用小工具顺平。

抹灰的顺序一般是由前往后退，并注意其方向必须与基体的缝隙（混凝土板缝）呈垂直方向。这样，容易使砂浆挤入缝隙牢固结合。

抹灰时，厚薄应掌握适度，随后用软刮尺赶平。如平整度欠佳，应再补抹和赶平，但不宜多次修补，否则容易搅动底灰而引起掉灰。如底层砂浆吸水快，应及时洒水，以保证与底层粘结牢固。

在顶棚与墙面的交接处，一般是在墙面抹灰完成后再补做，也可在抹顶棚时，先将距顶棚20～30cm的墙面同时完成抹灰，方法是用铁抹子在墙面与顶棚交角处添上砂浆，然后用木阴角器抽平压直即可。

3. 面层抹灰

待中层抹灰达到六七成干，即用手按不软有指印时（要防止过干，如过干应稍洒水），再开始面层抹灰。如使用纸筋石灰或麻刀石灰，一般分两遍成活。其涂抹方法及抹灰厚度与内墙面抹灰相同。第一遍抹得越薄越好，紧跟着抹第二遍。抹第二遍时，抹子要稍平，抹完后待灰浆稍干，再用塑料抹子或压子顺着抹纹压实压光。

各抹灰层受冻或急骤干燥，都能产生裂纹或脱落，因此需要加强养护。

4. 顶棚抹灰的分层做法及施工要点

根据顶棚基层的不同，顶棚抹灰的分层做法及施工要点见表 7-1。

表 7-1　常见的顶棚抹灰分层做法

名称	项次	分层做法	厚度(mm)	施工要点	注意事项
现浇混凝土楼板顶棚抹灰	1	①1：0.5：1水泥石灰混合砂浆抹底层 ②1：3：9水泥石灰砂浆抹中层 ③纸筋石灰或麻刀石灰抹面层	2 6 2	纸筋石灰配合比为：白灰膏：纸筋：100：1.2（质量比）；麻刀石灰配合比为：白灰膏：细麻刀：100：1.7（质量比）	①现浇混凝土楼板顶棚抹头道灰时，必须与模板木纹的方向垂直，并用钢皮抹子用力抹实，越薄越好。底子灰抹完后，紧跟着抹第二遍找平，待六七成干时，应罩面 ②无论现浇或预制楼板顶棚，如用人工抹灰，都应进行基层处理，即混凝土表面先刮水泥浆或洒水泥砂浆
	2	①1：0.2：4水泥纸筋石灰砂浆抹底层 ②1：0.2：4水泥纸筋石灰砂浆抹中层找平 ③纸筋石灰罩面	2～3 10 2		

名称	项次	分层做法	厚度(mm)	施工要点	注意事项
预制混凝土楼板顶棚抹灰	3	底、中、面层抹灰配合比同第1项	各层厚度同第1项	抹前要先将预制板缝勾实勾平	①现浇混凝土楼板顶棚抹头道灰时，必须与模板木纹的方向垂直，并用钢皮抹子用力抹实，越薄越好。底子灰抹完后，紧跟着抹第二遍找平，待六七成干时，应罩面②无论现浇或预制楼板顶棚，如用人工抹灰，都应进行基层处理，即混凝土表面先刮水泥浆或洒水泥砂浆
	4	①1：0.5：4水泥石灰砂浆抹底层②1：0.5：4水泥石灰砂浆抹中层③纸筋石灰罩面	4 4 2	底层与中层抹灰要连续操作	
	5	①1：1：6水泥纸筋石灰砂浆抹底层、中层②1：1：6水泥细纸筋石灰罩面压光	7 5	适用机械喷涂抹灰	
	6	①1：1水泥砂浆（加水泥质量2%的聚醋酸乙烯乳液）抹底层②1：3：9水泥石灰砂浆抹中层③纸筋石灰罩面	2 6 2	①适用于高级装饰工程②底层抹灰需养护2～3d后再做找平层	

名称	项次	分层做法	厚度(mm)	施工要点	注意事项
板条、苇箔、秫秸或金属网顶棚抹灰	7	①纸筋石灰砂浆或麻刀石灰砂浆抹底层 ②纸筋石灰砂浆或麻刀石灰砂浆抹中层 ③1：2.5石灰砂浆（略掺麻刀）找平 ④纸筋石灰砂浆或麻刀石灰砂浆罩面	3～6 3～6 2～3 2或3	①板条顶棚板条间的缝隙应为7～10mm，板条端面间应有3～5mm空隙，板条应钉牢固，不准活动 ②金属网顶棚的金属网应拉平拉紧钉牢 ③抹灰时应用墨斗在靠近顶棚四周墙面上弹出水平线，板条应洒水湿润，抹灰应从墙角顶棚开始，并沿着板条方向抹底层，抹灰时铁抹子要来回压抹。将砂浆挤入板条缝内，形成转角，紧接着再抹一层并压入底层中 ④底部两层抹好后，稍停一会，再抹石灰砂浆，用软尺前后左右刮干，不必压光，只用木抹子搓干，待六七成干时方可抹罩面灰，抹时用铁抹子顺条方向进行，要接搓平整、抹纹顺直，揉实压光，一般分两遍成活，即头遍薄薄抹一层，二遍抹平压光 ⑤苇箔、秫秸顶棚抹底灰时也要将砂浆抹压挤入苇箔或秫秸缝隙内形成转角，抹时先顺着苇箔或秫秸抹，然后横着抹，要较板条抹灰稍用力 ⑥金属网顶棚抹灰时，底层灰应使劲挤压到网眼内	①现浇混凝土楼板顶棚抹头道灰时，必须与模板木纹的方向垂直，并用钢皮抹子用力抹实，越薄越好。底子灰抹完后，紧跟着抹第二遍找平，待六七成干时，应罩面 ②无论现浇或预制楼板顶棚，如用人工抹灰，都应进行基层处理，即混凝土表面先刮水泥浆或洒水泥砂浆

123

续表

名称	项次	分层做法	厚度(mm)	施工要点	注意事项
钢板网顶棚抹灰	8	①1∶1.5～1∶2石灰砂浆（略掺麻刀）抹底层，灰浆要挤入网眼中 ②挂麻钉，将小束麻丝每隔30cm左右挂在钢板网网眼上，两端纤维垂下，长25cm ③1∶2.5石灰砂浆抹中层，分两遍成活，每遍将悬挂的麻钉向四周散开1/2，抹入灰浆中 ④纸筋石灰罩面	3 3 2	①抹灰时分两遍将麻丝按放射状梳抹入中层砂浆中，麻丝要分布均匀 ②其他分层抹灰方法同第7项	①钢板网吊顶龙骨以400cm×40cm方格为宜 ②为避免木龙骨收缩变形使抹灰层开裂，可使用间距为20cm的φ6钢筋，拉直钉在木龙骨上，然后用铅丝把钢板网撑紧，绑扎在钢筋上 ③适用于大面积厅、室等高级装饰工程

注：本表所列配合比无注明的均为体积比。

三、施工质量要求

基层表面的尘土、污垢、油渍等应清除干净，并应洒水润湿。

水泥的凝结时间和安定性复验应合格。

找平层与基层之间必须粘结牢固。

找平层应无脱层、空鼓，面层应无爆灰和裂缝。

表面应光滑、洁净、颜色均匀、无抹纹。

孔角、槽、盒周围应整齐、光滑。

第三节　地面抹灰施工

一、施工作业条件

地面（或楼面）的垫层以及预埋件在地面内的各种管线已做完。穿过楼面的竖管已安装完，管洞已堵塞密实。有地漏房间应找好泛水。

墙面的＋50cm 水平标高线已经弹在四周墙上。

门框已立好，并在框内侧做好保护，防止碰坏。

墙、顶抹灰已做完。屋面防水做完。

二、施工工艺流程

施工工艺流程：基层处理→找标高弹线→洒水湿润→抹灰饼、标筋→搅拌砂浆→刷水泥浆结合层→铺水泥砂浆面层→木抹子搓平→铁抹子压第一遍→第二遍压光→第三遍压光→养护。

1. 基层处理

先将基层上的灰尘扫掉，用钢丝刷和錾子刷净、剔掉灰浆皮和灰渣层，用10％的火碱水溶液刷掉基层上的油污，并用清水及时将碱液冲净。

2. 找标高弹线

根据墙上的＋50cm 水平线，往下量测出面层标高，并弹在墙上。

3. 洒水湿润

用喷壶将地面基层均匀洒水一遍。

4. 抹灰饼和标筋（冲筋）

根据房间内四周墙上弹的面层标高水平线，确定面层抹灰厚度（应不小于20mm），然后拉水平线开始抹灰饼（5cm×5cm），横纵间距为1.5～2.0m，灰饼上平面即为地面面层标高。如果房间较大，为保证整体面层平整度，还须抹标筋，将水泥砂浆铺在灰饼之间，宽度与灰饼宽相同，用木抹子拍抹成与灰饼上表面相平一致。铺抹灰饼和标筋的砂浆材料配合比均与抹地面的砂浆相同。

5. 搅拌砂浆水泥

砂浆的体积比宜为 1：2（水泥：砂），其稠度应不大于 35mm，强度等级应不小于 M15。为了控制加水量，应使用搅拌机搅拌均匀，颜色一致。

6. 刷水泥浆结合层

在铺设水泥砂浆之前，应涂刷水泥浆，其水灰比为 0.4～0.5（涂刷之前要将抹灰饼的余灰清扫干净，再洒水湿润），不要涂刷面积过大，随刷随铺面层砂浆。

7. 铺水泥砂浆面层

采用水灰比为 1：2 水泥砂浆，面层厚度 $h = 20mm$。涂刷水泥浆后紧跟着铺水泥砂浆，在灰饼之间（标筋）将砂浆铺匀，然后用木刮杠按灰饼（或标筋）高度刮平。铺砂浆时如果灰饼（或标筋）已硬化，木刮杠刮平后，将利用过的灰饼（或标筋）敲掉，并用砂浆填平。

8. 木抹子搓平

木刮杠刮平后，立即用木抹子搓平，从内向外退着操作，并随时用 2m 靠尺检查其平整度。

9. 铁抹子压第一遍

木抹子抹平后，立即用铁抹子压第一遍，直到出浆为止，如果砂浆过稀表面有泌水现象时，可均匀撒一遍干水泥和砂（1：1）的拌合料（砂子要过 3mm 筛），再用木抹子用力抹压，使干拌料与砂浆紧密结合为一体，吸水后用铁抹子压平。上述操作均在水泥砂浆初凝之前完成。

10. 第二遍压光

面层砂浆初凝后，人踩上去有脚印但不下陷时，用铁抹子压第二遍，边抹压边把坑凹处填平，要求不漏压，表面压平、压光。

11. 第三遍压光

在水泥砂浆终凝前进行第三遍压光（人踩上去稍有脚印），铁抹子抹上去不再有抹纹时，用铁抹子把第二遍抹压时留下的全部抹纹压平、压实、压光（必须在终凝前完成）。

12. 养护

地面压光完工后 24h，铺锯末或其他材料覆盖洒水养护，保持湿润，养护时间不少于 7d，当抗压强度达到 5MPa 时才能上人。

13. 抹踢脚板

根据设计图规定墙基体有抹灰时，踢脚板的底层砂浆和面层砂浆分两次抹成。踢脚板高度 $h=150mm$，厚度与墙体抹灰厚相同即不凸出墙面。注意：砖墙抹灰，混凝土剪力墙不抹灰。

14. 踢脚板抹底层水泥砂浆

清洗基层，洒水湿润后，按+50cm 标高线向下量测踢脚板上口标高，吊垂直线确定踢脚板抹灰厚度，然后拉通线、套方、贴灰饼、抹 1：3 水泥砂浆，用刮尺刮平、搓平整、扫毛、浇水养护。

15. 抹踢脚板面层砂浆

底层砂浆抹好硬化后，上口拉线贴粘靠尺，抹 1：2 水泥砂浆，用灰板托灰，木抹子往上抹灰，再用刮尺板紧贴靠尺垂直地面刮平，用铁抹子压光，阴阳角、踢脚板上口用角抹子溜直压光。

三、施工质量要求

1. 主控项目

（1）水泥、砂的材质必须符合设计要求和施工及验收规范的规定。

（2）砂浆配合比要准确。

（3）地面面层与基层的结合必须牢固无空鼓。

2. 一般项目

（1）表面洁净，无裂纹、脱皮、麻面和起砂等现象。

（2）地漏和有坡度要求的地面，要向地漏等处找坡，不倒泛水，无积水，不渗漏，与地漏结合处严密平顺。

（3）踢脚板应高度一致，与墙面结合牢固，局部空鼓长度不大于 200mm，且在一个检查范围内不多于两处。

四、质量检查标准

水泥地面允许偏差见表 7-2。

表 7-2 水泥地面允许偏差

项次	项目	允许偏差（mm）	检查方法
1	表面平整度	4	用 2m 靠尺和楔形塞尺检查
2	踢脚板上口平直	4	拉 5m 线，尺量检查
3	分格缝平直	3	拉 5m 线，尺量检查

五、成品保护

地面操作过程中要注意对其他专业设备的保护，如埋在地面内的管线不得随意移位，地漏内不得堵塞砂浆等。

地面做完之后养护期内严禁进入。

在已完工的地面上进行油漆、电气、暖卫专业工序时，注意不要碰坏面层，油漆、浆活不要污染面层。

如果先做水泥砂浆地面，后进行墙面抹灰时，要特别注意对面层进行覆盖，并严禁在面层上拌和砂浆和储存砂浆。

六、质量问题

1. 空鼓、裂缝

（1）基层清理不彻底、不认真。在抹水泥砂浆之前必须将基层上的粘结物、灰尘、油污彻底处理干净，并认真进行清洗湿润，这是保证面层与基层结合牢固、防止空鼓裂缝的一道关键性工序，如果不仔细认真清除，使面层与基层之间形成一层隔离层，致使上下结合不牢，就会造成面层空鼓裂缝。

（2）涂刷水泥浆结合层不符和要求。在已处理洁净的基层上刷一遍水泥浆，目的是要增强面层与基层的粘结力，因此这是一项重要的工序。水泥浆稠度要适宜（一般水灰比为 0.4～0.5），涂刷均匀，不得漏刷，面积不要过大，砂浆铺多少刷多少。但实际施工中往往先刷一大片，而铺砂浆速度较慢，已刷上去的水泥浆很快干燥，这样不但不起粘结作用，相反起到隔离作用。另外，一定要用刷子涂刷已拌好的水泥浆，不能采用干撒水泥后再浇水用扫帚来回扫的办法，由于浇水不匀，水泥浆干稀不匀，也影响面层与基层的粘结质量。

2. 地面起砂

（1）养护时间不够，过早上人。水泥硬化初期，在水中或潮湿环境中养护，能使水泥颗粒充分水化，提高水泥砂浆面层强度。如果在养护时间短强度很低的情况下，过早上人使用，就会对刚刚硬化的表面层造成损伤和破坏，致使面层起砂、出现麻坑。因此，水泥地面完工后，养护工作的好坏对地面质量的影响很大，必须重视，当面层抗压强度达到 5MPa 时才能上人操作。

（2）使用过期、强度等级不够的水泥、水泥砂浆搅拌不均匀、操作过程中抹压遍数不够等，都是造成起砂现象的原因。

（3）有地漏的房间倒泛水。

在铺设面层砂浆时先检查垫层的坡度是否符合要求。设有垫层的地面，在铺设砂浆前抹灰饼和标筋时，按设计要求抹好坡度。

（4）面层不光、有抹纹。

必须认真按前面所述操作工艺，用铁抹子抹压要求的遍数，最后在水泥终凝前用力抹压不得漏压，直到将前遍的抹纹压平、压光为止。

第四节　细部抹灰施工

一、材料要求

水泥：水泥采用 P·C 32.5 复合硅酸盐水泥，进场时需校核生产许可证及水泥强度等级、出厂日期、水泥品种是否与证明相符，然后按取样规定送试验室检测，试验合格后方可使用。

砂：中砂，平均粒经为 0.35～0.5mm，使用前应过 5mm 孔径筛子。不得含有泥土、草根、杂质等其他有机、有害物体，使用前应按规定做试验鉴定，符合要求方可使用。砂子过筛和检查后台如图 7-1 和图 7-2 所示。

图 7-1 砂子过筛

图 7-2 检查后台

二、主要机具

主要机具：砂浆搅拌机、平锹、筛子（孔径 5mm）、窄手推车、大桶、灰槽、大杠、中杠、2m 靠尺板、线坠、盒尺、方尺、

托灰板、铁抹子、木抹子、塑料抹子、八字靠尺、5~7mm 厚方
口靠尺、阴阳角抹子、鸭嘴铁抹子、铁制水平尺、长毛刷、鸡腿
刷、钢丝刷、扫帚、喷壶、胶皮水管、小水桶、粉线袋、小白
线、錾子、锤子、钳子、钉子、托线板、工具袋等。

三、作业条件

首先必须经有关部门进行结构工程验收，合格后方可进行抹
灰工程，并弹好+50cm 水平线。

抹灰前，应检查门窗框安装位置是否正确，与墙连接是否牢
固。连接处缝隙应用 1：3 水泥砂浆或 1：1：6 水泥混合砂浆分层
嵌塞密实，若缝隙较大时应在砂浆中掺入少量麻刀嵌塞，使其塞
缝密实。

将过梁、混凝土墙面及砖砌墙等表面凸出部分剔平（图 7-3），
对蜂窝、麻面、露筋等应剔到实处，刷素水泥浆一道（内掺水重
10% 的 107 胶），用 1：3 水泥砂浆分层补平；脚手眼塞堵密实，
外露钢筋头、铅丝头等要清除干净，窗台砖补齐；内隔墙与楼
板、梁底等交接处用斜砖砌严实。

图 7-3 凸出部分剔凿

管道穿越墙洞和楼板洞要及时安放套管，并用 1∶3 水泥砂浆或豆石混凝土填嵌密实；电线管、配电箱安装完毕，接线盒用纸或者苯板堵严。如图 7-4 和图 7-5 所示。

图 7-4 修补穿墙孔洞

图 7-5 修补线盒

砖墙等基体表面的灰尘、污垢和油渍等清除干净，并洒水湿润。

根据室内高度和抹灰现场的具体情况，提前搭好操作用的高凳和架子，架子要离开墙面及墙角 200～250mm，以利操作。

室内大面积施工前应确定施工方案，先做样板间，经监理和本单位验收合格后再正式施工。

屋面防水工程完工前进行室内抹灰施工，必要时采取防水措施。

四、操作工艺

操作工艺流程：墙面清理→浇水润湿→涂刷界面剂→吊垂直、抹灰饼冲筋→抹底层砂浆→抹罩面灰→养护。

五、施工要点

1. 墙面清理

抹灰前检查砌筑墙体，对松动、灰浆不饱满的拼缝及梁、板下的顶头缝，用水泥砂浆填塞密实。将露于墙面的舌头灰刮净，凸出墙面不平整的部位剔凿平整、坑凹不平、砌块缺棱掉角、设备管线槽、脚手孔洞等，用 1：3 水泥砂浆整修密实、平顺。用吊线板检查墙体的垂直偏差及平整度，将抹灰基层处理完好。如图 7-6 所示。

图 7-6 墙面清理

2. 浇水润湿

将墙面浮土清扫干净，分数遍浇水湿润。墙面应用细管自上而下浇水湿透，一般应在抹灰前1d进行（1d浇两次），使抹灰层有良好的凝结硬化条件，浇水量以水分渗入砌块深度8～10mm为宜，且浇水宜在抹灰前1d进行。遇风干天气，抹灰时墙面仍干燥不湿，应再喷一遍水，但抹灰时墙面不显浮水，以利砂浆强度增长，不出现空鼓、裂缝。如图7-7所示。

图7-7 浇水湿润

3. 涂刷界面剂

为保证混凝土与抹灰墙体结合牢固，并将墙体拉毛，用滚刷刷上一层1∶1稀粥状水泥细砂浆（内掺20％的混凝土界面剂拌制），使其凝固在光滑的基层表面，养护48h后用手掰不动为好。如图7-8所示。

图7-8 涂刷界面剂

4. 吊垂直、抹灰饼冲筋

本工程抹灰为中级抹灰。室内砖墙抹灰层的平均总厚度为20mm。按照基层表面平整垂直情况，进行吊垂直、套方找规矩，经检查后确定抹灰厚度，最少应不少于7mm。操作时先贴上灰饼再贴下灰饼；贴灰饼时要根据室内抹灰要求选择灰饼的正确位置，一般灰饼间距不大于1500mm，离地30mm。用靠尺板找好垂直与平整。灰饼宜用1∶3水泥砂做成5cm见方的形状。4个墙角灰饼做完稍干后，在上下左右贴灰饼表面挂通线，沿线每隔1.5m补做若干标准灰饼。灰饼快干时，在灰饼之间抹100mm宽的砂浆冲筋，用刮杠刮平，厚度与灰饼平齐，待冲筋稍干后即可进行底层抹灰。如图7-9～图7-12所示。

图7-9 吊垂直

图7-10 抹灰饼

图 7-11 每隔 1.5m 挂线补做灰饼

图 7-12 冲筋

5. 抹底层砂浆

一般情况下，冲完筋约垂直 2h 就可以抹底灰，不要过早或过迟。先薄薄抹一层底子灰，接着分层装档、找平，再用大杠水平刮找一遍，用木抹子搓毛。然后全面检查底子灰是否平整，阴阳角是否方正，阴角交接处、墙与顶板交接处是否光滑平整，并用靠尺板检查墙面垂直与平整情况。抹灰面接槎应顺平，地面砂灰应及时清理干净。如图 7-13～图 7-18 所示。

图 7-13　抹底层砂浆

图 7-14　刮杠找平

图 7-15　梁下抹灰

图 7-16　门洞口抹灰

图 7-17　窗口顺直

图 7-18 施工洞口甩槎加设玻璃丝网格布

　　修抹预留孔洞、电气箱、槽、盒：当底灰抹平后，应设专人先把预留孔洞、电气箱、槽、盒周边 5cm 的石灰砂浆清理干净，用专用的模具并改用 1：1：4 水泥混合砂浆把孔洞、箱、槽、盒抹成方正、光滑平整（要比底灰或标筋高 2mm）。如图 7-19 和 7-20 所示。

图 7-19　抹线盒方正

图 7-20　配电箱处抹灰

6. 抹罩面灰

当底子灰六七成干时，即可开始抹罩面灰（如底子灰过干应浇水润湿）。罩面灰应两遍成活，厚度约 2mm，最好两人同时操作，一人先薄薄刮一遍，另一人随即抹平。按先上后下顺序进行，再赶光压实，然后用钢板抹子压一遍，最后用塑料抹子顺抹子纹压光，随即用毛刷蘸水将罩面灰染处清刷干净，不应甩破活（如遇施工洞，可甩整面墙，但注意切齐），如图 7-21～图 7-24所示。

图 7-21　抹罩面灰

图 7-22 检查垂直度

图 7-23 立面垂直度检查

图 7-24 张贴样板间标识

六、抹灰注意要点

1. 砌块墙体大面抹灰要点

抹灰前先用自来水冲洗墙面一遍，冲洗时间不得太长，浸水不能过湿，过湿的墙体应待墙面水蒸发干后才能抹灰。冲洗的目的一是去除表面浮尘，二是湿润墙体、增强粘结力。

2. 阳角处抹灰要点

室内墙面和柱面的阳角以及门窗洞口的阳角必须用1：2水泥砂浆抹出护角，护角高度不低于2m，每侧宽度为60mm。其基本做法根据灰饼厚度抹灰，然后粘好靠尺板，并找方吊直，用1：2水泥砂浆分层抹平。

3. 面层抹灰要点

抹面层砂浆以前，必须将底子灰表面划出纹道或拉手，面层接槎要平齐，颜色要一致，表面光滑，罩面压光不少于两遍，面层完成后次日喷水养护。抹灰层在凝结前，应防止快干、水冲、撞击和振动。

4. 抹灰与其他工种和专业配合

（1）抹灰工程操作时应充分考虑专业配合问题，抹灰前水、电管线及箱、盒应安装完毕，从时间上应交叉安排施工，防止抹灰后再剔凿，造成成品破坏。

（2）抹灰工程与门窗安装工程做好配合，抹灰前门窗宜安装完毕，待抹灰至门窗部位时，必须检查门窗安装的位置和角度是否方正、垂直，不符合要求的应通知门窗安装人员予以修复，杜绝返工浪费现象发生。

七、质量要求

1. 抹灰工程主控项目

抹灰工程主控项目，见表7-3。

表 7-3 抹灰工程主控项目

项目	检验方法
抹灰前基层表面尘土、污垢等应清除干净，并应浇水润湿	检查、观察
抹灰所用材料品种、性能、配合比符合设计要求，材料复检合格	检查隐蔽工程验收记录
抹灰工程应分层进行。不同材料交接处采取防止开裂的加强措施	检查隐蔽工程验收记录
抹灰层与基层之间及各抹灰层之间必须粘结牢固。抹灰层应无脱层、空鼓，面层应无爆灰和裂缝	观察、用小锤轻轻敲打

2. 一般项目

（1）抹灰表面光滑、洁净，接槎平整。

（2）护角、孔洞、槽、盒周围的抹灰表面应整齐、光滑。

（3）抹灰层总厚度应符合设计要求。

3. 抹灰允许偏差

（1）抹灰允许偏差见表 7-4。

表 7-4 抹灰允许偏差

序号	项目	允许偏差（mm）		检验方法
		普通	高级	
1	立面垂直度	4	3	多功能检测尺检查
2	表面平整度	4	3	用 2m 靠尺及塞尺检查
3	阴阳角方正	4	3	用直角检测尺检查
4	分格缝直线度	4	3	拉 5m 线用尺检查
5	墙裙、勒脚上口直线度	4	3	拉 5m 线用尺检查

（2）户内门洞尺寸偏差（抹灰工程）。

①指标说明：反映户内门洞尺寸实测值与设计值的偏差程度，避免出现"大小头"现象。

②合格标准：高度偏差 [-10, 10] mm；宽度偏差 [-10, 10] mm；墙厚偏差 [-3, 3] mm。

③测量工具：5m钢卷尺。

④测量方法和数据记录：每一个户内门洞都作为1个实测区。

实测前需了解所选套房各户内门洞口尺寸。实测前户内门洞口侧面需完成抹灰收口和地面找平层施工，以确保实测值的准确性。

八、应注意的质量问题

1. 砖墙、混凝土墙基层抹灰空鼓、裂缝

原因分析：

(1) 基层清理不干净或处理不当；墙面浇水不透，抹灰后砂浆中的水分很快被基层（或底层）吸收，影响粘结力。

(2) 配制砂浆和原材料质量不好，使用不当。

(3) 基层偏差较大，一次抹灰层过厚，干缩率较大。

(4) 线盒往往是在墙面抹灰后由电工安装，由于没有按抹灰操作规程施工，过一段时间易出现空裂。

(5) 在混凝土墙和砖墙交接处，由于混凝土墙和砖墙膨胀系数不同，经过一段时间后出现裂缝。

(6) 拌和后的水泥砂浆不及时使用完，停放时间过长，砂浆凝结。为了操作方便，重新加水拌和，以达到一定稠度，从而降低了砂浆强度和粘结力，产生空鼓、裂缝。

防治措施：

(1) 抹灰前的基层处理是确保抹灰质量的关键之一，必须认真做好。

(2) 墙面脚手眼等孔洞作为一道工序先用同种砖堵严密；用1∶3水泥砂浆抹平。

(3) 不同基层材料相接处，挂400mm宽玻璃丝网格布，每边长200mm。

(4) 抹灰前墙面浇水。砖墙基层浇水两遍，砖面渗水深度8～10mm，即可达到抹灰要求。混凝土墙吸水率低，抹灰前浇水湿润。避免刚抹的砂浆中水分被底层吸走，产生空鼓。此外，基层墙面浇水程度，还与季节、气候和室外操作环境有关，应根据实际情况而定。

（5）抹灰用的砂浆必须具有良好的和易性，并具有一定的粘结强度。

（6）抹灰用的原材料和使用砂浆配合比应符合质量要求。

2. 抹灰面不平，阴阳角不垂直、不方正

原因分析：

抹灰前没有事先按规矩找方、挂线、做灰饼和冲筋，冲筋用料强度较低或冲筋过早进行抹面施工，冲筋离阴阳角较远，影响了阴阳角的方正。

防治措施：

（1）抹灰前按规矩找方，横线找平，立线吊直。

（2）先用托线板检查墙面平整度和垂直度，决定抹灰厚度，在墙面上做灰饼，用托线板在墙面的两下角做出灰饼，拉线，间隔1.5m做灰饼，冲筋宽同灰饼，再次用托线板拉线检查，无误后方可抹灰。

（3）经常检查修正抹灰工具，尤其避免刮杠变形后再使用。

（4）抹阴阳角时应随时检查角的方正，及时修正。

（5）抹罩面灰前进行一次质检验收，验收标准同面层，不合格处必须修正后再进行面层施工。

九、成品保护措施

工种与工种、工种与专业应协调工作，密切配合，防止出现专业"打架"或交叉施工顺序不当造成返修。

水平运输车辆行走要注意避开抹灰成品，不得碰撞造成墙面残损，棱角破坏，搬运物体应注意不要撞击抹灰层。

抹灰面层完成后，任何人不得在上面乱涂乱画污染面层，要及时清擦干净残留在门窗框上的砂浆。

水泥砂浆抹灰完成后必须进行养护，防止造成干缩裂缝或空鼓。

必要时可在抹灰区域设置隔离护拦，以保护刚抹灰的成品（图7-25）。

要注意保护好楼地面，不得直接在地面上拌灰。

图 7-25　设立隔离栏杆，抹灰成品保护

第五节　机械喷涂抹灰

一、施工作业条件

结构工程已完成，经验收合格。墙面基层杂物、浮灰、油污清理干净，凸出墙面部分要剔除，凹陷部位要补平，凹陷部位小于 30mm 的用砌筑砂浆补平，大于 30mm 的用细石混凝土补平。

抹灰前应检查门窗框的位置是否正确，与墙体连接是否牢固，埋设的接线盒、电箱、管线、管道等是否固定牢靠。铝合金、塑钢等门窗框应贴保护膜，铝合金门窗框缝隙处应按设计要求嵌填。

阳台栏杆、预埋铁件等应提前安装完毕并验收合格。

根据室内高度和抹灰现场情况，提前准备好抹灰高凳或脚手架，脚手架应该离墙面墙角 200～250mm 以便操作。

室内大面积抹灰前先做样板和样板间，经有关质量部门鉴定合格后方可大面积施工。

根据现场情况，将空气压缩机安放在适当的位置，并连接好电源。

二、施工工艺流程

施工工艺流程：施工准备→墙面清理、湿润→基层处理→吊垂直、套方、抹灰饼→门窗框、接线盒等保护→现场拌制 1∶1 水泥砂浆→机械喷涂底层砂浆→抹面层砂浆→养护。

1. 墙面清理、湿润

将墙基体表面的灰尘、污垢和油渍等清理干净。喷涂施工前 1d 应进行浇水湿润，使墙面吸水达到 10mm 以上，喷涂前 30min 应再次进行浇水湿润，待墙面无明水时，方可施工。

2. 基层处理

使用 1∶3 水泥砂浆，将墙面上安装用预留孔洞和预埋件周边堵塞严实。将混凝土墙面凸出部分剔平。

3. 吊垂直、套方、抹灰饼

分别在门窗口角、垛、墙面等处吊垂直，横线则以水平基线或＋50cm 标高线控制，套方抹灰饼。

4. 门窗框、接线盒等保护

铝合金、塑钢等门窗框应贴保护膜。用透明胶带将接线盒封堵好，避免接线盒被砂浆污染。

5. 现场拌制 1∶1 水泥砂浆

所用的中砂需用 5mm 孔径的筛子筛过。将水泥和筛过的中砂按比例倒入灰桶中，并按产品说明书加入适量的胶粘剂，再加入适量清水（水灰比为 0.4～0.5）。用手提式搅拌器将水泥砂浆搅拌均匀（搅拌时间不能少于 3min）。砂浆应现制现用，不得超过 30min。

6. 机械喷涂底层砂浆

将高压气管一头连至空气压缩机，及一头连至漏斗型喷嘴，用灰勺将 1∶1 水泥砂浆倒进漏斗型喷嘴的漏斗内，利用空气压缩机的气压，将其均匀地喷涂到墙面基层，形成麻面。喷涂时，喷嘴应匀速移动，可采用"S"形路线由内向外巡回喷涂。喷涂厚度为 2～3mm。喷涂后，应及时清理灰饼，以保证灰饼的精确度。

7. 抹面层砂浆

底层砂浆喷涂结束后第二天即可抹面层砂浆。抹灰前 30min 再次进行浇水湿润，待墙面无明水时方可施工。面层砂浆配合比为 1：2.5 水泥砂浆，抹灰厚度控制 5～8mm，两遍成型。当抹灰总厚度超过 35mm 时，抹灰时应压入一层或数层绷紧的玻纤网格布。

8. 养护

抹灰整体成型后需连续喷水养护 7d 以上。

三、施工质量要求

1. 主控项目

（1）抹灰前将基层表面的尘土、污垢、油渍等清除干净，并洒水润湿。

（2）材料的品种性能必须符合设计要求。特别要注意控制外加剂的品种和性能。

（3）抹灰工程应分层进行。当抹灰总厚度大于或等于 35mm 时，抹灰应采取加强措施。不同材料基体交接处表面的抹灰，应采用防止开裂的玻纤网格布加强网措施，加强网与各基体的搭接宽度应不小于 100mm。

（4）各抹灰层之间及抹灰层与基体之间必须粘结牢固，无脱层、空鼓，面层无爆灰和裂缝。

2. 一般项目

（1）喷涂层：砂浆均匀、无漏喷现象、喷涂层厚度 2～3mm。

（2）抹灰层：表面光滑、洁净、接槎平整、无抹纹。

（3）孔洞、槽盒周围的抹灰表面整齐、光滑；管道后面的抹灰表面平整、洁净。

（4）有排水要求的部位应做滴水线（槽）。滴水线（槽）应整齐、顺直、内高外低，滴水槽的宽度和深度均应不小于 10mm。

（5）抹水泥砂浆的允许偏差和检验方法，应符合表 7-5 中的规定。

表 7-5 抹水泥砂浆的允许偏差

项次	项目	允许偏差（mm）	检查方法
1	立面垂直	3	用 2m 托线板检查
2	表面平整	3	用 2m 靠尺和塞尺检查
3	阴阳角方正	3	用方尺和塞尺检查
4	阴阳角垂直	3	拉小线用钢尺检查

第八章　装饰抹灰施工

第一节　装饰抹灰概述

一、装饰抹灰的概念

装饰抹灰一般是指采用水泥、石灰砂浆等抹灰的基本材料，除对墙面做一般抹灰外，还利用不同的施工操作方法将其直接做成饰面层。如拉毛灰、拉条灰、撒毛灰、假面砖、仿石、水刷石、干粘石、水磨石，以及喷砂、喷涂、弹涂、滚涂和彩色抹灰等多种抹灰装饰做法。其面层的厚度、色彩和图案形式，应符合设计要求，并应施作于已经硬化和粗糙而平整的中层砂浆面上，操作之前应洒水湿润。当装饰抹灰面层有分格要求时，其分格条的宽窄厚薄必须一致，粘贴于中层砂浆面上应横平竖直，交接严密，饰面完工后适时取出。装饰抹灰面层的施工缝，应留在分格缝、墙阴角、水落管背后或独立装饰组成部分的边缘处。

二、装饰抹灰分类

装饰抹灰按使用材料不同，可分水泥、石灰类装饰抹灰，石粒类装饰抹灰，聚合物砂浆装饰抹灰三种，除此之外，灰线抹灰、清水砌体勾缝等均属装饰抹灰的范畴。

1. 水泥、石灰类装饰抹灰

水泥、石灰类装饰抹灰是指以水泥、石灰及其砂浆为主要抹灰材料而进行的抹灰，按其操作方法不同，可以分为拉毛灰、拉条灰、仿假石抹灰及假面砖等。这种抹灰方法的优点是材料来源广泛，施工操作简便，且造价较低，但其缺点是多数做法仍为手工操作，工效较低，多用于在质量等级及造价方面不允许采用高级装饰抹灰的情况下。

2. 石粒类装饰抹灰

石粒类装饰抹灰是指以石粒为饰面材料进行的抹灰，主要有水刷石、干粘石、机喷石、机喷砂、斩假石等类型，多用于外墙装饰抹灰。

3. 聚合物砂浆抹灰

聚合物砂浆抹灰是以聚合物水泥砂浆或混合砂浆为抹灰材料，用喷枪、辊子、弹涂器等机具分别将聚合物灰浆喷、滚、弹涂于内外墙上。其所用工具不同，操作方法也不相同。

4. 灰线抹灰

灰线抹灰也称扯灰线、线条、线脚等，其式样较多，有繁有简，形状有大有小，可根据其所处部位不同而采用不同的材料和式样，多用于一些装饰标准较高的公共建筑和民用建筑的墙面、檐口、顶棚、梁底、柱上端及门窗口阳角等部位。

与一般抹灰相比，装饰抹灰的底层与中层的做法基本相同，一般为1：3水泥砂浆，而面层在材料、工艺、外观上更具有特殊形式的装饰效果。

三、装饰抹灰的作用

装饰抹灰除具有一般抹灰工程同样的功能外，在材料、工艺、外观上更具有特殊形式的装饰效果。

保护主体结构不受侵蚀，从而能提高建筑物的耐久性。

建筑物表面平整、光滑、清洁、美观，能满足人们的使用要求。

给予整个建筑物以独特的装饰形式和色彩。

四、审查图样和制订施工方案，确定施工顺序和施工方法

抹灰工程的施工需要制订施工方案，确定施工顺序和施工方法。

抹灰工程的施工顺序一般采取先室外后室内，先上面后下面，先地面后顶墙。当采取立体交叉流水作业时，也可以采取从下往上施工的方法，但必须采取相应的成品保护措施。先地面后顶墙的施工方法对于高级装修工程要根据具体情况确定。

材料试验和试配工作。

确定花饰和复杂线脚的模型及预制项目。对于高级装饰工程，应预先做出样板（样品或标准间），并经有关单位鉴定后，方可进行。

组织结构工程验收和工序交接检查工作。抹灰前对工程结构及其他配合工种项目进行检查是确保抹灰质量和进度的关键。

组织对施工班组进行技术交底。

五、施工现场满足抹灰施工的要求

结构工程全部完成后，经有关部门验收，达到合格标准。装饰抹灰面层的厚度、颜色、图案等均应符合设计要求，且应抹在已经硬化且平整而粗糙的中层砂浆面层上。

装饰抹灰所用材料的产地、品种、批号（在一个工程范围内）应力求一致；同一墙面所用色调的砂浆，要做到统一配料，以求色泽一致。施工前应尽量一次将料干拌均匀过筛，并用纸袋储存，用时加水搅拌。彩色石粒是由天然大理石破碎而成，多用作水磨石、水刷石和斩假石的骨料，其规格、品种和质量应符合设计要求。石灰膏应洁白细腻，还得含有未熟化颗粒，使用前熟化时间不得少于 15d，用于罩面的磨细石灰粉的熟化时间应不少于 30d。

抹底子灰前，基层要先浇水湿润，底子灰表面应扫毛或划出纹道，经养护 1、2d 后再罩面，次日浇水养护。夏季则应避免在日光暴晒下抹灰。当要求抹灰层具有防水、防潮功能时，应采用防水砂浆。应检查门窗的位置是否正确，与墙体连接是否牢固。连接处和缝隙应用 1∶3 的水泥砂浆或 1∶1∶6 的水泥混合砂浆分层嵌塞密实。铝合金门窗框缝隙所用嵌缝材料应符合设计要求，并事先粘贴好保护膜。抹灰前对混凝土表面缺陷如蜂窝、麻面、露筋等的处理应剔到实处，并刷内掺水重 10% 的 108 胶的素水泥浆一道，然后用 1∶3 的水泥砂浆分层补平；墙、混凝土墙、加气混凝土墙基体表面的灰尘、污垢和油渍等应清理干净，并洒水湿润。

装饰抹灰总厚度大于或等于 35mm 时，应采取加强措施。同一墙面上尽量不留接槎；必须接槎时，应注意把接槎位置留在阴阳角或水落管处。室外抹灰，为了不显接槎和防止开裂，一般应按设计尺寸粘米厘条（分格条）均匀分格处理。

当装饰抹灰面层有分格要求时，分格条的宽窄厚薄必须一致，底层应分格弹线，粘贴米厘条时要求四周交接严密、横平竖直，接槎要齐，不得有扭曲现象。饰面完工后适时取出分格条。

各抹灰层之间必须粘结牢固。外墙抹灰时，应从屋檐开始自上而下进行，在檐口、窗台、门窗、碹脸、阳台、雨罩等部位，应做好泛水和滴水线槽。

墙面、柱子、垛子、檐口、门窗口及勒脚等处，在抹灰前均需在水平和垂直两个方向上拉设通线，找好规矩（包括四角挂垂直线，大角找方，拉通线贴灰饼、冲筋等），然后抹灰。墙面上凸起的混凝土应剔平，凹处用 1∶3 水泥砂浆分层补平。阳台栏杆、挂衣铁件、预埋铁件、管道等应提前安装好，结构施工时墙面上的预留孔洞应提前堵塞严实，将柱、过梁等凸出墙面的混凝土剔平，凹处提前刷净，用水湿透后，再用 1∶3 的水泥砂浆或 1∶1∶6 的水泥混合砂浆分层补平。

预制混凝土外墙板接缝处应提前处理好，并检查空腔是否畅通，勾好缝，进行淋水试验，无渗漏方可进行下道工序。

用于加气混凝土基层的底灰宜采用混合砂浆，且一般不宜粘挂较重（如面砖、石料等）的饰面材料，除护角、勒脚等，不宜大面积采用水泥砂浆抹灰，采用其他砂抹灰时，其要求与一般抹灰相同。加气混凝土表面缺棱掉角需分层修补。其做法是：先洇湿基体表面，刷掺水重 10% 的 108 胶的素水泥浆一道，然后用 1∶1∶6 的水泥混合砂浆找平，每遍厚度应控制在 7~9mm。

管道穿越墙洞、楼板洞应及时安放套管，并用 1∶3 的水泥砂浆或细石混凝土填嵌密实。电线管、消火栓箱、配电箱安装完毕后，将背后露明部分钉好钢丝网。接线盒用纸堵严。

外墙抹水泥砂浆，大面积施工前应先做样板，经鉴定合格，并确定施工方法后，再组织施工。

施工时使用的外架子应提前准备好，横竖杆要离开墙面及墙角 200~250mm，以利操作。为减少抹灰接槎，保证抹灰面的平整，外架子应铺设三步板，以满足施工要求。为保证外墙抹水泥的颜色一致，严禁采用单排外架子，严禁在墙面预留临时孔洞。

抹灰前应检查基体表面的平整，以决定其抹灰厚度。混凝土与轻质砌块墙体交接处均应加钉钢丝网。应弹好 50cm 或 100cm 水平标高线。

第二节　水刷石抹灰施工

水刷石是指将适当配比的水泥石子浆抹灰面层，用棕刷蘸水刷洗表层水泥，使石子外露而让墙面具有天然美观感的一种抹灰工程，如图 8-1 所示。其特点是采取适当的艺术处理，如分格分色、线条凹凸等，使饰面达到自然、明快和庄重的艺术效果。

水刷石使用的水泥、石子和颜料种类多，变化大，色彩丰富，立体感强，坚实度高，耐久性好。水刷石一般多用于建筑物墙面、檐口、腰线、窗楣、窗套、门套、柱子、雨篷、阳台、勒脚、花台等部位，但其操作技术要求较高，洗刷时浪费水泥且墙面污染后不便清洗，故现今已不多采用。

图 8-1　水刷石抹灰

一、施工准备

1. 材料

（1）水泥：选用普通硅酸盐水泥、矿渣硅酸盐水泥以及白水泥，强度等级 32.5 以上，要求同批号、同厂家，并经过复验。

（2）砂：质地坚硬的中砂，且含泥量不大于 3％，使用前经过 5mm 筛子。

（3）石渣：洁净、坚实，按粒径、颜色分堆，粒径分为大八厘（8mm）、中八厘（6mm）、小八厘（4mm）。如需颜料应选用耐光、耐碱的矿物颜料。

（4）石灰膏：陈伏期不少于 30d，洁净，不含杂质与未熟化的颗粒。

2. 机具与工具

砂浆搅拌机、手压泵、灰桶、灰勺、小车、铁抹子、木抹子、木杠、靠尺、方尺、毛刷、分格条等。

3. 作业条件

（1）结构工程已验收合格，预留孔、预埋件均已处理好，门窗框已安装，缝隙已填实。

（2）满足水刷石施工的外架子已搭好，通过安全检查。

（3）大面积施工已做好样板，并由专人统一配料。

二、施工工艺顺序及要求

1. 施工工艺顺序

施工工艺顺序：基层处理→找规矩、抹灰饼→抹底层砂浆→粘分格条→抹石渣浆→修整、压实→冲洗、喷刷→起分格条。

2. 施工要求

（1）水刷石面层应抹在已硬化且平整而粗糙的找平层上。涂抹前应洒水湿润，然后分层分遍涂抹灰浆，并拍平压实，其外观质量应满足：石粒清晰、分布均匀、紧密平整、色泽一致，且不得有掉粒和接槎痕迹。

（2）涂抹水泥石渣浆前，应先在已浇水湿润的找平层砂浆面上刮一遍水泥浆（水灰比为 0.37～0.40），以加强面层与找平层的粘结。在面层凝固前，应用清水自上而下进行洗刷，注意勿将面层冲坏。

（3）大面积墙面抹灰施工前，应先做好样板，以确定其配合比和施工工艺，然后抹灰。在抹灰过程中，应设专人统一配料，把好质量关；如发现水刷石墙面表面的水泥浆硬结，洗刷较困难时，可先用掺 5％稀盐酸溶液洗刷，再用清水冲洗干净，以免发黄。

（4）水刷石阳角部位洗刷时，喷头应从外往里喷洗，最后用小水壶冲洗。檐口、窗口、阳台、雨罩及门窗碹脸等部位的底面，应分别设置滴水槽或滴水线。滴水槽上宽不小于 7mm，下宽 10mm，深 10mm，且距外表面不小于 30mm。流水坡度方向应正确，严禁出现倒坡。

（5）抹带有滴水线（槽）的部位时，应先抹立面，后抹顶面，再抹底面。所设分格条应待面层抹灰后即可拆除，采用"隔夜拆条"法时，必须待面层砂浆达到适当强度后方可拆除。

（6）水刷石面层不宜在大风天气作业，以免洗刷时形成的混浊雾污染已洗刷完的水刷石表面，造成大面积花斑。

三、操作要点

1. 基层处理

基体为砖墙，则须在抹灰前将尘土、污垢及油渍清扫干净，堵好脚手眼，浇水湿润即可。若基体为混凝土墙板，必须将其表面凿毛，板面酥皮剔净，用钢丝刷将粉尘刷掉，清水冲洗，并要用火碱水将混凝土板表面油污刷净，冲洗晾干，或采用"毛化"处理方法。

2. 找规矩、抹灰饼

多层建筑物可用特制的大线坠从顶层往下吊垂直并绷紧铁丝后，按铁丝垂直度在墙的大角、门窗洞口两侧分层抹灰饼，至少保证每步架有一个灰饼。若为高层，则需用经纬仪在大角、门窗洞口两侧打垂直线，并按线分层，每步架找规矩抹灰饼，使横竖方向达到平整、垂直。

3. 抹底层砂浆

在墙体充分湿润的条件下首先抹灰饼冲筋，随即紧跟分层分遍抹底层砂浆，配比采用 1：0.5：4 水泥混合砂浆打底，刮平后，用木抹子压实、找平、搓毛表面。底层灰完成后第二天，视底灰的干燥程度洒水湿润，开始抹中层灰，配合比同底层。要刮平、压实、搓粗表面。

4. 粘分格条

待中层灰养护至六七成干时，即可按设计要求弹线分格、粘分格条。若设计无要求，分格线的短边以不大于 1.5m 为宜，或以窗的上下口线分格，太长则影响操作。分格缝的宽度一般不小于 20mm，做法与一般抹灰相同。

5. 抹石渣浆

先刮一道内掺 10％胶粘剂的水泥浆（或水灰比为 0.4 的素水泥浆）作为结合层，随即抹面层水泥石渣浆。抹时在每一分格内从下边抹起，边抹边拍打，边揉平。操作时要避免用铁抹子前半部分压浆，而应用铁抹子中间部分平压。这样接槎平整，石渣浆压实均匀且效率高。抹完一块后用直尺检查，不平处及时补好，并把露出的石渣尖棱轻轻拍平。同一平面的面层要求一次完成，不宜留设施工缝。必须留施工缝时，应留在分格条的位置上。施工过程中，一定要随时把握面层的吸水速度，使面层抹灰控制在最佳状态。

阴角抹石渣浆一定要吊线，将水浸湿的刨光木板条临时固定在一侧，做完以后靠尺靠在已抹好石渣浆的一侧，再做未抹好的一侧，接头处石渣要交错，避免出现黑边。阴角可用短靠尺顺阴角轻轻拍打，使之顺直。在阴、阳角转角处应多压几遍，并用刷子蘸水刷一遍，在阳角处应向外刷，然后压，再刷一遍，如此反复不少于 3 次。最后用抹子拍平，达到石渣大面朝外，排列紧密均匀。

6. 修整、压实

将已抹好的石渣面层修整拍平、压实。逐步将石粒间隙内水泥浆挤出，用水刷子蘸水将水泥浆刷去，重新修整、压实，直至反复进行 3～4 遍，待面层初凝，以指按无痕，用水刷子刷不掉石粒为度。

7. 冲洗、喷刷

当面层灰浆达到一定强度，对石子有较好的握裹力后，即开始冲洗、喷刷。先用刷子蘸水将石渣刷至露出灰浆 1/3 粒径，再用喷雾器喷刷。先将墙四周相邻部位喷湿，然后从上往下顺序喷水。喷刷要均匀，喷头离墙 10～20cm，将表面和石粒间的水泥浆冲出，最终使石渣露出 1/2 粒径为止，达到清晰可见、均匀密布。冲阳角时应骑角喷刷，以保证棱角明晰整齐。最后用小水壶从上往下冲洗干净。如果面层错过喷刷最佳时机已开始硬结，可用 3%～5% 稀盐酸溶液冲刷，然后用清水冲净。

8. 起分格条

在面层冲洗、喷刷完毕后，即可用抹子柄敲击分格条，并用小鸭嘴抹子扎入分格条上下活动，将其轻轻起出。然后用小溜子找平，用刷子刷光理直缝角，并用素灰将缝格修补平直，颜色一致。

四、其他施工方式

在高级装修工程中，往往采用白水泥白石渣或其他色彩石渣的水刷石，以求得更加洁白雅致的饰面效果。白水泥中一般不得掺石灰膏。但有时为改善操作条件，可以掺石膏，但掺量应不超过水泥用量的 20%，否则将影响白水泥石渣浆的强度。

白水泥水刷石的操作方法与普通水泥水刷石相同，但要保证施工工具洁净，防止污染，冲刷石渣时，水流要慢些，要仔细防止掉石渣，最后用稀草酸溶液冲洗一遍，再用清水冲净。

五、水刷石施工质量标准

1. 保证项目

各抹灰层之间及抹灰层与基体之间必须粘结牢固，无脱层、空鼓和裂缝等缺陷。

检验方法：用小锤轻击和观察。

注：空鼓而不裂的面积不大于 200cm^2 的，可不计。

2. 基本项目

水刷石抹灰表面质量应符合下列规定：

（1）合格：石粒紧密平整，色泽均匀，无明显接槎痕迹。

（2）优良：石粒清晰，分布均匀，紧密平整，色泽一致，无掉粒和接槎痕迹。

3. 允许偏差项目

水刷石抹灰的允许偏差和检验方法应符合表 8-1 中的规定。

表 8-1　水刷石抹灰的允许偏差和检验方法

项次	项目	允许偏差（mm）	检验方法
1	表面平整	3	用 2m 靠尺和楔形塞尺检查
2	阴、阳角垂直	4	用 2m 托线板检查
3	立面垂直	5	用 2m 托线板检查
4	阴、阳角方正	3	用方尺和楔形塞尺检查
5	墙裙、勒脚上口平直	3	拉 5m 线，不足 5m 拉通线和尺量检查
6	分格条（缝）平直	3	拉 5m 线，不足 5m 拉通线和尺量检查

六、施工质量通病防治

水刷石抹灰的质量通病及其预防措施见表 8-2。

表 8-2　水刷石抹灰的质量通病及其预防措施

质量通病	产生原因	预防措施
墙面脏	（1）墙面没有抹平压实； （2）凹坑内水泥浆没有冲刷干净，或最后没有用清水冲洗干净	（1）抹罩面灰浆时必须抹平、压实； （2）刷洗时要按顺序进行，不漏刷或漏洗

续表

质量通病	产生原因	预防措施
墙面颜色不一致	(1) 原材料没有一次备齐，追加材料与原使用材料颜色不致； (2) 抹灰砂浆配合比不准确，级配不一致	(1) 石粒等原材料要一次备齐，并冲洗干净后备用； (2) 配料应由专人负责，配合比要准确，级配一致
石子不均匀、脱落	(1) 石渣使用前未冲洗干净； (2) 底层或中层灰干湿程度掌握不好； (3) 水泥石子浆搅拌不均匀	(1) 石渣使用前应冲洗干净； (2) 待底层灰凝结后，再抹中层灰，要把握好底、中层灰的干湿程度； (3) 水泥石子浆应搅拌均匀
抹灰层粘结不牢、空鼓、漏刮	(1) 基层清理不干净，墙面浇水不透或不匀，打底后没有浇水养护； (2) 素水泥浆抹刮不匀或漏刮； (3) 每层抹灰间隔时间短； (4) 起分格条时，将局部面层拉起	(1) 必须按要求处理好基层面，水要浇透浇匀，打底后及时浇水养护； (2) 素水泥浆应抹刮均匀，并随抹随铺面层灰； (3) 每层抹灰的间隔时间要适度； (4) 起分格条要规范操作，用力要适当
坠裂、裂缝或面层龟裂	(1) 面层厚薄不一，冲刷时因本身自重不同而将面层拉裂； (2) 压抹遍数不够，灰层不密实； (3) 石渣浆内有未熟化的颗粒，遇水后体积膨胀	(1) 做好底层、中层抹灰，确保面层抹灰薄厚一致； (2) 面层抹灰遍数足够，且必须拍平压实，使表面石粒均匀一致； (3) 石渣浆内不得有未熟化颗粒
阴阳角不垂直	(1) 阴角处抹水泥石子浆一次成活，或未弹垂直线； (2) 阳角处，分段抹水泥石子浆时靠尺位置不妥当； (3) 抹阳角操作不正确	(1) 阴角处水刷石面层宜分两次完成，在靠近阴角处按水泥石子浆厚度在底层灰上弹垂直线； (2) 阳角贴靠尺时，应比上段已抹完的阳角略高1~2mm； (3) 抹阳角时，水泥石子浆接槎应正交在阳角尖上

续表

质量通病	产生原因	预防措施
烂根	(1) 交接处杂物没有清理干净，或水刷石面层抹在松散不实的杂物上； (2) 下边施工困难，抹压遍数不够，抹灰层不够密实	(1) 抹灰时，必须将地面部分和腰线处清理干净； (2) 操作时，必须将下边部分抹压密实

第三节　干粘石抹灰施工

干粘石面层粉刷也称干撒石或干喷石，它是在水泥纸筋灰或纯水泥或水泥白灰砂浆粘结层的表面用人工或机械喷枪均匀地撒喷一层石子，用钢板拍平板实，如图 8-2 所示。

图 8-2　干粘石抹灰

干粘石是将彩色石粒直接粘在砂浆层上做饰面，其装饰效果比水刷石更为明显。干粘石是在水刷石的基础上发展起来的一种装饰抹灰，与水刷石相比，它不仅节约水泥、石子等材料，而且减少了湿作业，明显提高了工效，但不如水刷石坚固耐用，一般多用于室外装饰的首层以上。

干粘石抹灰工艺是水刷石抹灰的代用工艺技术，有水刷石的同样效果，随着粘结剂在建筑饰面抹灰中的广泛应用，在干粘石的粘结层砂浆掺入适量粘结剂，并逐渐从手工甩石粒改为机喷石，不仅使粘结层厚度比原来的减小，且粘结层与基层，石渣的粘结更牢固了，从而显著提高了装饰质量的耐久性。

一、施工准备

1. 材料要求

（1）水泥宜采用普通硅酸盐水泥和矿渣硅酸盐水泥，其强度等级应不低于 32.5。水泥的产地、品种、批号应相同，施工前一次将水泥和颜料搅拌均匀，并储存于纸袋中，以备随时取用。

（2）砂子宜采用中砂，或中砂和粗砂混合掺用。砂子应清洁、坚硬，含泥量不得超过 3％，使用前应过 5mm 筛孔的筛子。

（3）石子一般采用小八厘（4mm）粒径和中八厘（6mm）粒径的颗粒，并用水冲洗干净，去掉尘土及粉屑。石子颗粒均匀，质地坚硬，色泽一致。使用时，应保持适当的潮湿性，以免粉尘落在粘结面上影响粘结质量。

（4）石灰膏熟化时间应不少于 30d，内部不得含有未熟化的颗粒和杂质；如采用磨细生石灰粉，则其熟化时间应不少于 7d。

2. 工具准备

除一般抹灰常用手工工具外，还应准备两个大筛子（80cm×40cm×8cm）、3～4 个小筛子（40cm×30cm×8cm）、1～2 个油印机辊子和不少于两个似乒乓球拍状的木拍子。大筛子作为甩石子时放在墙下接落下的石子和存放石子之用；小筛子作为甩石子时托石子和运石子之用；木拍子是用来甩粘石子的工具；油印机辊子用来把甩过石子的墙面压平，并把石子压实、压牢。

3. 作业条件

（1）结构工程已施工完毕且验收合格，外墙脚手眼已堵好，预留孔、预留件均已按图纸要求处理好。

（2）门窗框与墙体连接处已用 1∶3 水泥砂浆将缝隙堵塞好，如是铝合金门窗已提前粘好保护膜。预制外墙板间的缝隙已勾平、勾严，进行防水处理后，经淋水验收合格，无渗漏现象。

（3）外墙抹灰用脚手架已提前搭设好，且已通过安全检查。脚手架横杆距墙面不小于20cm，以便于抹灰操作。

（4）大面积墙面抹灰施工时，已做好样板且已通过验收，并设有专人统一配料。

二、施工工艺顺序

施工工艺顺序：基层处理→抹底、中层砂浆→粘分格条→抹石粒粘结层→甩石粒→拍压→养护。

三、操作要点

1. 基层处理

对基层为砖墙或混凝土板墙的处理方法与上节水刷石基层处理方法相同。

2. 抹底、中层砂浆

基层处理合格后如同水刷石一样要求吊线找垂直，找规矩、抹灰饼、冲筋后就可以抹底层砂浆。在抹底灰前，先刷一道掺10%水重的粘结剂的素水泥浆。可以两人配合操作，一人抹素水泥浆，另一人在后抹底层砂浆。一般使用1：3水泥砂浆，常温时也可掺石灰膏，采用水泥：石灰膏：砂＝1：0.5：4的混合砂浆。底层灰抹完后第二天凝结后，再洒水湿润抹中层灰，可采用与底层灰同样配比。中层灰抹至与冲筋平，再用木杠横竖刮平，木抹子搓毛，终凝后浇水养护。

3. 粘分格条

干粘石粘分格条的目的是为了保证施工质量，以及分段、分块操作的方便。如无设计要求，分格条短边以不大于1.5m为宜，宽度视建筑物高度及体型而定，一般木制分格条以不小于20mm为宜。也可采用玻璃条，其优点是分格呈线型，无毛边且不起条，一次成活。嵌固玻璃条的操作方法与粘贴木条一样。分格线弹好后，将3mm厚的玻璃条宽度按面层厚度（木条也不应超过面层厚度）用水泥浆粘于底灰上，然后抹出60°或近似弧形边，把玻璃条嵌牢，并用排笔抹掉上面的灰浆，以免污染。

4. 抹石粒粘结层

干粘石的石粒粘结层现在多采用聚合物水泥砂浆，配合比为水泥：石灰膏：砂：胶粘剂＝1：1：2：0.2，其厚度根据石粒的粒径选择。小八厘石粒抹粘结层厚度为 4～5mm，如采用中八厘则为 5～6mm。一般抹石粒粘结层应低于分格条 1～2mm 粘结层要抹平，按分格大小一次抹一块，避免在分块内甩槎。

5. 甩石粒

粘结层抹好后，稍停即可往粘结层上甩石粒。此时粘结层砂浆的湿度很重要，过干，石粒粘不上；过湿，砂浆会流淌。一般以手按上去有窝，但没水迹为宜。甩石粒时，一手拿木拍，一手拿料盘。木拍和料盘的形式如图 8-3 所示。

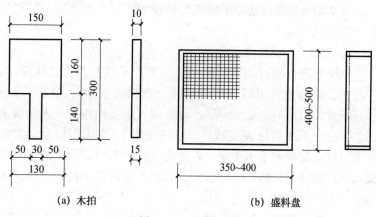

(a) 木拍   (b) 盛料盘

图 8-3 甩石粒工具

甩石粒时，用木拍铲料盘中的石粒反手甩到墙。甩时动作要快，注意甩撒均匀，用力轻重适宜。边角处应先甩，使石粒均匀地嵌入粘结层砂浆中。如发现石粒甩得不均匀或过稀，可用抹子直接补粘，否则会出现死坑或裂缝。下边部分因水分大，宜最后甩。

6. 拍压

当粘结层上均匀地粘上一层石粒后，开始拍压。即用抹子或橡胶（塑料）辊子轻压赶平，使石粒嵌牢，使石粒嵌入砂浆粘结层内深度不小于1/2粒径，并同时将凸出部分及下坠部分轻轻赶平，使表面平整坚实，石粒大面朝外。拍压时要注意用力适当，用力过大会把灰浆拍出来，造成翻浆糊面，影响美观；用力过小，石粒与砂浆粘结不牢，容易掉粒，并且不要反复拍打、滚压，以防泛水出浆或形成阴印。整个操作时间不应超过45min，即初凝前完成全部操作。要求表面平整，色泽均匀，线条清晰。

对于阴角处的干粘石，操作应从角的两侧同时进行，否则当一侧的石粒粘上去后，在边角口的砂浆收水，另一侧的石粒就不易粘上去，形成黑边。阴角处做法与大面积施工方法相同，但要保证粘结层砂浆刮直、刮平，石粒甩上去要压平，以免两面相对时出现阴角不直或相互污染的现象。

7. 养护

干粘石成活后不能马上淋水，应在24h后洒水养护2～3d。未达强度标准时，要防止碰撞、触动，以免石粒脱落。干粘石墙面拍压平整、石粒饱满时，即可取出分格条，方法同上节水刷石墙面。

注意：由于甩石粒操作未粘上墙的石粒飞溅会造成浪费，可以采取在操作面下钉木接料盘或用钢筋弯框缝制粗布做成盛料盘紧跟墙边，接住掉粒，回收洗净晾干后再用。

四、其他施工方式

机喷干粘石抹灰操作：

1. 基层处理

清扫干净基层表面，混凝土墙面应浇水湿润，夏季要浇透。

2. 抹底层灰、粘分格条

砖墙面底层灰采用1∶3水泥砂浆，厚度为12mm；混凝土墙面或滑模、大模板墙面底层灰采用1∶1水泥砂浆（按水泥质量掺8%的108胶水），厚度为2mm，抹底层灰的操作方法同前。底层灰抹好后，粘分格条，操作方法同前。

3. 抹石粒粘结层

砖墙粘结层采用水泥砂浆或聚合物水泥砂浆，混凝土墙面或滑模、大模板墙面粘结层采用1：2水泥砂浆（掺8％的108胶水）。抹粘结层的操作方法同前。

4. 喷石子

喷石子是利用一台空气压缩机和喷枪进行操作。喷石子时，一名操作者手握喷枪柄，喷头对准墙面，保持距墙面300～400mm。喷石子时的气压以0.6～0.8MPa为宜，应喷得均匀，不得漏喷。另一人随后用抹子将石子拍平拍实，石子嵌入粘结层砂浆的深度不得小于粒径的1/2。最后，待有一定强度时进行洒水养护。

干粘石要表面平整、石子分布均匀、密实，无漏浆和漏粘石子及黑边现象。

五、工程施工质量标准

1. 保证项目

（1）干粘石所用材料的品种和性能符合设计要求，水泥的凝结时间和安定性复验应合格；砂浆配合比符合设计要求。

（2）抹灰工程分层进行，各抹灰层之间及抹灰层与基体之间粘结牢固，抹灰层无脱层、空鼓和裂缝。

2. 基本项目

（1）表面。干粘石表面色泽一致、不露浆、不漏粘，石粒粘结牢固、分布均匀，阳角处无明显黑边。

（2）分格条（缝）。分格条（缝）的设置符合设计要求，宽度和深度均匀一致，表面平整光滑，棱角整齐。

（3）滴水线（槽）。有排水要求部位设有滴水线（槽）。滴水线（槽）整齐顺直，滴水线内高外低，滴水槽的宽度和深度均不小于10mm。

3. 允许偏差项目

干粘石抹灰施工质量的允许偏差和检验方法见表8-3。

表 8-3　干粘石抹灰的允许偏差和检验方法

项次	项目	允许偏差（mm）	检验方法
1	表面平整	5	用 2m 靠尺和楔形塞尺检查
2	阴、阳角垂直	4	用 2m 托线板检查
3	立面垂直	5	用 2m 托线板检查
4	阴、阳角方正	4	用方尺和楔形塞尺检查
5	分格条（缝）平直	3	拉 5m 线，不足 5m 拉通线和尺量检查

六、工程质量通病防治

干粘石抹灰的施工质量通病及其预防措施见表 8-4。

表 8-4　干粘石抹灰的施工质量通病及其预防措施

质量通病	产生原因	预防措施
面层空鼓	（1）基面清理不干净； （2）基层墙面未浇水湿润或浇水过多； （3）墙面凹凸超差	（1）墙面清理应仔细，表面应清理干净； （2）抹灰前，墙面浇水应适当； （3）抹灰前，检查墙面平整度，凸处剔平，凹处修补平整
面层滑坠	（1）干粘石拍打过重，局部返浆； （2）底层灰抹得不平，灰厚处易产生滑坠； （3）底层灰未干就抹中层灰	（1）干粘石拍打应轻，避免返浆； （2）底层灰的平整度应控制，不平整误差应不大于 5mm； （3）应待底层灰凝固后，洒水湿润再抹中层灰
粘石饰面浑浊不洁	（1）石子内混有杂质； （2）石子内掺入石屑过多或含有石粉； （3）几种色石粒混用时，配合比例不准	（1）石子应先过筛，去除杂质，然后用水冲洗； （2）石屑掺量应不大于 30%，石粉应筛去； （3）石粒配合比应准确，最好采用质量比
接槎明显	（1）结合层涂抹与干粘石不衔接； （2）分格较大，不能连续粘完	（1）结合层涂刷后，应立即粘石子； （2）一分格内干粘石应连续做完

第四节　斩假石抹灰

斩假石又称剁斧石，是仿制天然石料的一种建筑饰面，在石粒砂浆抹灰面层上用斩琢加工制成人造石材状的一种装饰抹灰。用不同的骨料或掺入不同的颜料，可以制成仿花岗石、玄武石、青条石等斩假石，如图 8-4 所示。斩假石在我国有修久的历史，其特点是通过细致的加工使表面石纹逼真、规整，形态丰富，给人一种类似天然岩石的美感效果。一般多用于外墙面、勒脚、室外台阶，纪念性建筑物的外装饰抹灰。

图 8-4　斩假石抹灰

一、施工准备

1. 材料要求

（1）水泥宜采用普通硅酸盐水泥或白水泥，强度等级应不小于 32.5；砂子一般采用中、粗砂，含泥量不得大于 3％，使用前应过筛，并冲洗干净，晾干后备用。

（2）石粒一般采用质地坚硬的大理石或白云石制成，多为粒径 4～6mm 的白石粒或掺入 10％、30％的同种石屑，且应统一配料，干拌均匀备用。

（3）颜料宜采用耐光、耐碱的矿物颜料，其掺入量一般不得大于水泥质量的 5％。

2. 工具准备

除准备一般抹灰常用手工工具外，还应备有专用工具，如剁斧、单刃或多刃斧、花锤（棱点锤）以及扁凿、齿凿、弧口凿和尖锥等。拉假石采用自制抓耙，抓耙齿片一般用废锯条制作而成。

3. 作业条件

（1）主体结构已完工，且经验收合格；墙面基层已清理干净，脚手眼、窗台、窗套等均已事先修砌堵严。

（2）按设计图纸要求，已弹好水平标高线和柱面中心线，并提前搭设好脚手架。脚手架横杆距墙面、柱面距离不得小于 20cm。

（3）做台阶、门窗套时要把门窗框立好并固定牢固，框边缝用 1∶3 水泥砂浆塞严；铝合金门窗框用粘贴保护膜保护好，并用规定材料塞好边缝，防止污染和锈蚀。

二、施工工艺顺序

施工工艺顺序：基层处理→找规矩、抹灰饼→抹底层砂浆→抹面层石粒浆→剁石。

三、操作要点

1. 基层处理

砖墙除要清理干净外，还要把脚手眼堵好，并浇水湿润。对混凝土墙板可进行"凿毛"和"毛化"两种处理方法。

2. 找规矩、抹灰饼

把墙面、柱面、四周大角及门窗口角用线坠吊垂直线，然后确定灰饼的厚度，贴灰饼找直及平整度。横线以楼层为水平基线或用±0.000 标高线交圈控制抹灰饼，并以灰饼为基准点冲筋、套方、找规矩，做到横平竖直、上下交圈。

3. 抹底层砂

在抹底层砂浆前，先将基层浇水湿润，然后刷一道掺水重10％胶结剂的素水泥浆。最好两人配合操作，前面一人刷素水泥浆，另一人紧跟着用 1∶3 水泥砂浆按冲筋分层分遍抹底层灰。要求第一遍厚度为 5mm，抹好后用扫帚扫毛，待前一遍抹灰层凝结后，抹第二遍灰，厚度 6～8mm，这样就完成底层和中层抹灰，用刮杠刮平整，木抹子搓实、压平后再扫毛，墙面的阴阳角要垂直方正，待终凝后浇水养护。

台阶的底层灰也要根据踏步的宽和高垫好靠尺分遍抹水泥砂浆（1∶3），要刮平、搓实、抹平，每步的宽度和高度要一致，台阶面层向外坡度为 1‰。

4. 抹面层石粒浆

首先按设计要求在底子灰上进行分格、弹线、粘分格条，方法可参照抹水泥砂浆的方法。

当分格条有了一定强度后就可以抹面层石粒浆。先满刮一遍（在分格条分区内）水灰比为 0.4 的素水泥浆，随即用 1∶1.25 的水泥石粒浆抹面层，厚度为 10mm（与分格条平齐）。然后用铁抹子横竖反复压几遍直至赶平压实，边角无空隙。随后用毛刷蘸水把表面的水泥浆刷掉，使露出的石粒均匀一致。

面层石粒浆完成后 24h 开始浇水养护，常温下一般为 5～7d，强度达到 5MPa，即面层产生一定强度但不太大，以剁斧上去剁得动且石粒剁不掉为宜。

5. 剁石

斩剁前要按设计要求的留边宽度进行弹线，如无设计要求，每一方格的四边要留出 20～30mm 边条作为镜边，斩剁的纹路依设计而定。为保证剁纹垂直和平行，可在分格内划垂直线控制，或在台阶上划平行及垂直线，控制剁纹保持与边线平行。

剁石时用力要一致，垂直于大面，顺着一个方向剁，以保剁纹均匀。一般剁石的深度以石粒剁掉 1/3 比较适宜，使剁成的假石成品美观大方。

斩剁的顺序是先上后下，由左到右进行。先剁转角和四周边缘，后剁中间墙面。转角和四周宜剁水平纹，中间墙面剁垂直纹。每剁一行应随时将上面和竖向分格条取出，并及时用水泥浆将分块内的缝隙和小孔修补平整。

斩剁完成后,用扫帚清扫干净。

四、其他施工方式

拉假石是斩假石的另一种做法。施工时,可先用 1：2.5 水泥砂浆打底,再刷一道素水泥浆粘结层,然后涂抹 8～10mm 厚的 1：2.5 水泥白云石屑浆。待面层收水后,先用木抹子搓平,然后用压子压实、压光。

水泥终凝后,再用抓耙依着靠尺向同一方向抓,如图 8-5 所示抓耙的齿为锯齿形,一般用 5～6mm 厚的薄钢板制成,齿距的大小和深浅可按实际要求而定。这种方法操作简便,成活后表面呈条纹状,纹理清晰。

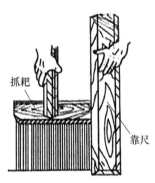

图 8-5 拉假石抹灰

五、工程施工质量标准

1. 保证项目

(1) 斩假石所用材料的品种、质量、颜色图案必须符合设计要求和现行标准规定。

(2) 各抹灰层之间及抹灰层与基体之间必须粘结牢固,无脱层、空鼓和裂缝等缺陷。

2. 基本项目

(1) 表面。

剁纹均匀顺直,深浅一致,颜色一致,无漏剁处。阳角处横剁或留出不剁的边宽窄一致，棱角无损坏。

（2）分格缝。

分格缝的宽度和深度均匀一致，条（缝）平整光滑，棱角整齐，横平竖直，通顺。

（3）滴水槽（线）。

流水坡向正确，滴水线顺直，滴水槽宽度、深度均不小于10mm，且整齐一致。

3. 允许偏差项目

斩假石抹灰的允许偏差和检验方法见表 8-5。

表 8-5　斩假石抹灰的允许偏差和检验方法

项次	项目	允许偏差（mm）	检验方法
1	立面垂直	4	用 2m 托线板检查
2	表面平整	3	用 2m 靠尺和楔形塞尺检查
3	阴阳角垂直	3	用 2m 托线板检查
4	阳角方正	3	用 20cm 方尺楔尺检查
5	墙裙、勒脚上口平直	3	拉 5m 线和尺量检查
6	分格缝平直	3	拉 5m 线和尺量检查

六、工程质量通病防治

斩假石抹灰工程施工质量通病及其预防措施见表 8-6。

表 8-6　斩假石抹灰质量通病与预防措施

质量通病	产生原因	预防措施
抹灰层空鼓、裂缝	（1）基层处理不好，形成抹灰层与基层粘结不好； （2）抹灰层过厚，易产生空鼓和裂缝； （3）砂浆受冻，失去强度	（1）重视基层处理工作，严格检查； （2）控制抹灰层总厚度，超过 35mm 时，采取加强措施； （3）斩假石抹灰宜安排在正常温度下进行，不宜在冬期施工

续表

质量通病	产生原因	预防措施
抹面有坑、剁纹不匀	（1）开剁时间不对，面层强度低，造成坑面； （2）剁纹不规矩，操作时用力不匀或斧刃不快造成	（1）掌握好开剁时间，以试剁不掉石粒为准； （2）对上岗的新工人进行培训并做样板指导操作

第五节　假面砖抹灰

假面砖抹灰是使用彩色砂浆仿釉面砖效果的一种装饰抹灰。这种抹灰造价低、操作简单，效果好，广泛应用于外墙面装饰，如图 8-6 所示。

图 8-6　假面砖抹灰

一、施工准备

1. 材料

（1）水泥：宜选用普通硅酸盐水泥或硅酸盐水泥，强度等级不小于32.5级。

（2）砂：中、粗砂，含泥量不大于3%。

（3）彩色砂浆：一般按设计要求的色调合理调配，并先做出样板，确定标准配合比。其配合比可参考表8-7。

表8-7　彩色砂浆参考配合比（体积比）

设计颜色	普通水泥	白水泥	石灰膏	颜料（按水泥量%）	细砂
土黄色	5		1	氧化铁红（0.2~0.3） 氧化铁黄（0.1~0.2）	9
咖啡色	5		1	氧化铁红（0.5）	9
淡黄		5		铬黄（0.9）	9
浅桃红		5		铬黄（0.9）、红珠（0.4）	白色细砂9
浅绿色		5		氧化铬绿（2）	白色细砂9
灰绿色	5		1	氧化铬绿（2）	白色细砂9
白色		5			白色细砂9

2. 机具与工具

（1）一般抹灰使用的常规机具砂浆搅拌机等。

（2）抹灰常用的手工工具和制作假面砖专用工具。刻度靠尺板：在普通靠尺板上划出假面砖尺寸的刻度；铁梳子：用2mm厚钢板一端剪成锯齿形；铁钩子：用φ6钢筋砸成扁钩。

3. 作业条件

（1）结构墙体工程已验收合格。预留孔洞已处理好。脚手眼等已堵实。

（2）脚手架已搭设完成，并满足安全和施工要求。

（3）墙体样板已通过核验，配比已确定，并由专人统一配料。

二、施工工艺顺序

施工工艺顺序：基层处理→找规矩、抹灰饼→抹底层、中层砂浆→弹线→抹面灰层→划缝、做面砖。

三、操作要点

1. 基层处理

清除基层表面灰尘、油污等杂物。

2. 找规矩、抹灰饼

主要是确定抹灰厚度，方法同一般抹灰。

3. 抹底层、中层砂浆

在砖墙基层上洒水湿润后抹底层灰 1：3 水泥砂浆，其厚度为 6～8mm，如果是混凝土基层，则先刷一道素水泥浆后再抹底层灰。当底层灰初凝后，抹 1：1 水泥砂浆中层灰，厚度为 6～7mm。

4. 弹线

主要弹水平线，按每步架为一水平工作段，弹上、中、下三条水平通线，以便控制面层划沟平直度。

5. 抹面层灰

待中层灰凝固后，洒水湿润，抹面层灰，面层灰宜用水泥石灰砂浆（水泥：石灰膏：细砂＝5：1：9。按色彩需要掺入适量矿物颜料，成为彩色砂浆，抹灰厚度为 3～4mm，并要压实抹平。

6. 划缝、做面砖

面层灰收水后，先用铁梳子沿木靠尺由上往下划出竖向纹，深度约 2mm，竖向纹划完后，再按假面砖尺寸，弹出水平线，将靠尺靠在水平线上，用铁钩子顺着靠尺横向划沟，沟深为 3～4mm，深度以露出底层为准。操作时要求划沟要水平成线，沟的间距、深浅要一致。竖向划纹，也要垂直成线，深浅一致，水平灰缝要平直。

全部划好纹、沟后，清扫假面砖表面。

四、工程施工质量标准

假面砖表面应平整，沟纹清晰，留缝整齐。色泽一致，应无掉角、脱皮、起砂等缺陷。

检验方法：观察，手摸检查。

五、工程质量通病及防治

假面砖抹灰质量通病及防治：

1. 假面砖面层色泽不一、抹面不平

（1）产生原因：

彩色砂浆掺量配合比掌握不好，搅拌时间不够多；假面砖抹面没有按操作规范（找规矩、灰饼、冲筋）去做。

（2）防治措施：

严格按配合比掺料，掌握机械搅拌时间；培训新上岗人员，严格按抹灰操作规范去做。

2. 假面砖划沟深浅不一、横竖沟不直

（1）产生原因：

每步架没有弹三条控制线；没有按弹线沿靠尺板比着划，用力不均匀。

（2）防治措施：

按每步架为每一施工段，严格要求按上、中、下弹的三条控制线为依据操作；划沟时，按线沿靠尺板划沟，用力要均匀。

第六节　饰面砖（板）施工要求

饰面砖（板）工程是指将饰面砖、饰面板等块料面层粘贴或安装在建筑物的基层上，以形成装饰层，多用于高级装修，如装修标准较高的内外墙面、门头、柱石、踏步、地面等。

饰面砖（板）工程应于墙面隐蔽及抹灰、顶棚吊顶工程完工并经验收合格后方可施工；当墙体有防水要求时，还应对防水工程进行验收。饰面砖（板）工程包括饰面砖粘贴和饰面板安装两大部分。

饰面砖主要适用于内墙、柱面的粘贴和建筑高度不大于 100m、抗震烈度不大于 8 度，采用满粘法施工的外墙饰面。按粘贴部位和材料品种的不同，可以分为室内墙面粘贴釉面砖、室外墙面粘贴外墙面砖、室内外墙面镶贴陶瓷锦砖和玻璃马赛克，以及在室内外墙面镶贴陶瓷壁画等。

饰面板可用于内墙面、柱面的安装工程和建筑高度不大于 24m、抗震烈度不大于 7 度的外墙饰面。按其安装部位和材料种类的不同，可以分为在室内外墙面、柱面安装天然石材面板、人造石材面板及碎拼石材等。天然石材包括天然大理石饰面板、天然花岗石饰面板和青石板饰面板等。

饰面砖（板）工程的底层（或底层与中层）的施工与一般抹灰工程基本相同；面层饰面砖主要采用粘贴法施工，而饰面板则可采用粘贴法、挂贴法和干挂法进行施工。

一、饰面板（砖）的种类及常用胶粘剂

1. 木饰面板

（1）柚木：

高级进口木材，油性丰富，线条清晰，色泽稳定，装饰风格稳重。柚木是装饰家具不可缺少的高级材料。其直纹表现出非凡风格，山纹彰显沉稳风范。

（2）黑檀：

色泽油黑发亮，木质细腻坚实，为名贵木材，山纹有如幽谷，直纹疑似苍林，装饰效果浑厚大方。黑檀为装饰材料的极品。

（3）胡桃木：

产于美国、加拿大的高级木材，色泽深峻，装饰效果稳重，属于高级家具特选材料。

（4）白橡：

色泽略浅，纹理淡雅。直纹虽无鲜明对比，却有返璞归真之感，山纹隐含鸟鸣山幽。装饰效果自然。

（5）红橡：

主要产于美国，纹理粗犷，花纹清楚，深受欧美地区喜爱。

（6）雀眼树瘤：

看似雀眼，与其他饰板搭配，有如画龙点睛的效果。

（7）玫瑰树瘤：

质地细腻，色泽鲜丽，图案独特，适用于点缀配色。

（8）美国樱桃木：

自然柔美，色泽粉中带绿，高贵典雅，装饰效果呈现高感度视觉效果。

（9）沙比利：

线条粗犷，颜色对比鲜明，装饰效果深隽大方，为家具不可缺少的高级木材。

（10）安丽格：

色泽略带浅黄，线条高雅迷人，清新逸气，确有另一番情境。

（11）红影：

即安格丽水波，有如动感水影，呈现活泼自然效果。

（12）斑马木：

色泽深鲜，线条清楚，呈现独特的装饰效果。

（13）麦格丽：

材质精细，色泽对比鲜明，呈现深烈影波与立体感效果。

（14）红樱桃木：

色泽鲜艳，属暖色调，装饰效果温馨浪漫，为宾馆、餐厅首选饰材。直纹恰似春江水暖、山纹宛若惠风和畅。

（15）巴花木：

图形丰富多彩，色泽奇丽，花纹亮丽，装饰于门板、天顶，独具奇观。

（16）玫瑰木：

线条纹理鲜明，色泽均匀，装饰效果呈现清晰现代感。

（17）梨木：

材质精细。纹路细腻，色泽亮丽，呈现夺目鲜丽效果。梨木为装饰不可多得的材料。

（18）白影：

即西卡蒙水波，产于欧洲。色泽白皙光洁，呈现光水影的效果。

（19）白桦：

材质精练，颜色轻淡，纹理清晰，装饰效果清新淡雅。

（20）水曲柳：

产于美洲与大陆东北长白山的高级木材，花纹漂亮，直纹纹路浅直，山纹颜色清爽，装饰效果自然。

（21）红桦：

属于欧洲精品材，颜色鲜艳，纹理细洁，装饰效果亮丽温馨柔和。

（22）白胡桃：

色泽略浅，纹理具厚实感，居家装饰呈现浓厚归属感。

（23）风影：

色泽白皙光亮，图形变化万千，纹理细密，有如孔雀开屏。

2. 天然石饰面板

天然石饰面板主要有大理石、花岗石、青石板、蘑菇石等。要求其棱角方正、表面平整、石质细密、光泽度好，不得有裂纹、色斑、风化等隐伤。

常见的大理石和花岗石有石岛红、霞红、将军红、樱花红、四川红，还有火烧石、剁斧石、机刨石、板岩、蘑菇石、文化石、网粘石等。

3. 人造石饰面板

人造石饰面板主要有预制水磨石板、人造大理石板，人造石英石板。要求其几何尺寸准确，表面平整光滑、实力均匀、色彩协调，无气孔、裂纹、刻痕和露筋等现象。

人造石英石是由90％的天然石英和10％的矿物颜料、树脂和其他添加剂经高温、高压、高振方法加工而成，广泛用于地面、墙面及厨房、实验室、窗台及吧台的台面。

人造大理石是以不饱和聚酯为粘结剂，与石英砂、大理石、方解石粉等搅拌混合、浇筑成型，经脱模、烘干、抛光等工序而制成。

4. 金属饰面板

金属饰面板主要有彩色铝合金饰面板、彩色涂层镀锌钢饰面板和不锈钢饰面板三大类。其具有自重轻、安装简便、耐候性好的特点，可使建筑物的外观色彩鲜艳、线条清晰、庄重典雅。

常见的有铝塑板、不锈钢钛金板、不锈钢镜面板、不锈钢防滑板和不锈钢蚀刻板等。

5. 塑料饰面板

塑料饰面板主要有聚氯乙烯塑料板（PVC）、三聚氰胺塑料板、塑料贴面复合板、有机玻璃饰面板。其特点：板面光滑、色彩鲜艳、硬度大、耐磨耐腐蚀、防水、吸水性小，应用范围广。

6. 饰面砖

饰面砖是以黏土、石英砂等材料，经研磨、混合、压制、施釉、烧结而形成的瓷质或石质装饰材料，统称为瓷砖。按品种可分为釉面砖、通体砖、抛光砖、玻化砖、陶瓷锦砖（马赛克）等。要求其表面光洁、色彩一致，不得有暗痕和裂纹，吸水率不大于10%。

（1）瓷制釉面砖。

瓷土烧制而成，背面呈灰白色，强度较高，吸水率较低。

（2）陶制釉面砖。

陶土烧制而成，背面呈暗红色，强度较低，吸水率较高。

（3）抛光砖。

抛光砖是通体砖的表面经打磨、抛光的一种光亮的砖，坚硬耐磨，适合在除洗手间、厨房以外的多数室内空间中使用。

（4）玻化砖。

玻化砖是经打磨但不抛光表面如镜面一样光滑透亮，其吸水率、边直度、弯曲强度、耐酸碱性等方面都优于普通釉面砖、抛光砖及大理石。其缺陷是灰尘、油污等容易渗入，适用于客厅、卧室的地面及走道等。

（5）通体砖。

通体砖的表面不上釉，正面和反面的材质和色泽一致，通体砖比较耐磨，但其花色比不上釉面砖，适用于室外墙面及厅堂、过道和室外走道等地面。

（6）锦砖。

锦砖是由数十块小块的砖组成一个相对的大砖。其主要有陶瓷锦砖、玻璃马赛克，适用于室内小面积地、墙面和室外墙面。

7. 常用胶粘剂

（1）白乳胶：

是聚醋酸乙烯酯胶粘剂的一种，是一种乳化高分子聚合物，是一类无毒无味、无腐蚀、无污染的水性胶粘剂。

（2）强力型万能胶：

属于橡胶胶粘剂的一种，有良好的耐燃、耐臭氧和耐大气老化性能，并且具有耐油性、耐溶剂和化学剂等性能，广泛用于极性材料和非极性材料的胶粘剂，是一种重要的非结构胶粘剂。

（3）硬质 PVC 胶粘剂：

具有防霉、防潮性能，使用胶粘各种硬质塑料管、板材，具有胶粘强度高、耐湿热性、抗冻性、耐介质性好，干燥速度快，施工方便等特点。

（4）粉末壁纸胶：

又称壁纸胶粉或墙纸粉，主要分为纤维素和淀粉两类。其主要适用于水泥、抹灰、石膏板、木板墙面胶粘壁纸时使用。

（5）瓷砖胶粘剂：

主要用于粘贴瓷砖、面砖、地砖等装饰材料，广泛适用于内外墙面、地面、浴室、厨房等建筑的饰面装饰场所。

（6）硅酮玻璃胶：

主要用于金属、玻璃、陶瓷等材料的胶粘，也可用于卫生洁具与墙面缝隙的填充，其范围应用相当广泛。

（7）801 腻子胶水：

是聚乙烯醇缩甲醛胶粘剂中的一种，具有毒性小、无味、不燃等优势，施工中无刺激性气味。其用于壁纸、瓷砖以及水泥制品的胶粘剂。

二、施工材料要求

1. 水泥

水泥宜采用 32.5 级或 42.5 级矿渣硅酸盐水泥或普通硅酸盐水泥。水泥应具有出厂证明或复验合格单；若出厂日期超过三个月且水泥已结有小块时，不得使用。擦缝应用强度等级为 32.5 级以上的白水泥，并符合设计和规范质量标准的要求。

2. 砂

砂宜采用中砂或粗砂，使用前应过 3mm 筛子，其含泥量不大于 3%。

3. 石灰膏

石灰膏宜采用块状生石灰淋制，且必须用孔径 3mm×3mm 筛网过滤，并储存在沉淀池中。其熟化时间，常温下不少于 15d，用作罩面灰时不少于 30d。石灰膏内部不得有未熟化的颗粒或其他物质。生石灰粉宜采用磨细生石灰粉，其细度应通过 4900 孔/cm² 筛子，使用前应用水浸泡，时间不得少于 3d。

4. 饰面砖

饰面砖应表面光洁、方正、平整、质地坚固，无缺棱、掉角、暗痕和裂纹等缺陷，其品种、规格、尺寸、色泽、图案应均匀一致，其性能指标均应符合现行国家标准的规定。釉面砖的吸水率不得大于 10%。陶瓷锦砖和玻璃马赛克应质地坚硬，边棱整齐，尺寸正确，锦砖和马赛克脱纸时间不得多于 40min。

5. 饰面板

天然大理石、花岗石饰面板的规格、颜色应符合设计规定，表面不得有隐伤、风化等缺陷；不宜采用易褪色的材料进行包装。天然大理石、花岗石饰面板镶贴后，如有轻微损伤处，可采用胶粘剂或腻子修补。胶粘剂和腻子的配合比（质量比）见表 8-8。预制人造石饰面板应表面平整，几何尺寸准确，面层石粒均匀、洁净、颜色一致。

表 8-8　胶粘剂和腻子的配合比（质量比）

材料名称	胶粘剂	环氧树脂腻子
6101 环氧树脂	100	100
乙二胺	6～8	10
邻苯二甲酸二丁酯	20	10
水泥	—	100～200
颜料（与大理石或花岗石颜色相同）	适量	适量

6. 连接件

安装饰面板的铁制锚固件、连接件应经过镀锌或防腐处理；镜面的和光面的大理石、花岗石饰面板应采用铜制或不锈钢制的连接件。

7. 其他材料

拌制砂浆时，应采用不含有害物质的洁净水；粉煤灰的细度过 0.08mm 筛，筛余量不大于 5%；颜料宜采用耐碱、耐光的无机矿物质颜料。所用胶结材料的品种、掺合比例应符合设计要求。

三、施工技术要求

1. 基本要求

（1）饰面砖、饰面板的材料品种、规格、图案、固定方法和砂浆种类均应符合设计要求。

（2）粘贴、安装饰面的基体应具有足够的强度、稳定性和刚度，其表面质量应符合现行国家标准的有关规定。

（3）饰面板应粘贴在粗糙的基体或基层上，采用胶粘剂粘贴饰面薄板时基层应平整；饰面砖应粘贴在平整而粗糙的基层上。如基体或基层表面较光滑时，粘贴饰面砖（板）前必须予以处理。表面上残留的砂浆、尘土和油渍等应清除干净。

（4）采用湿作业法铺贴天然石材饰面板时，应做防碱背涂处理。在防水层上粘贴饰面砖时，粘结材料应与防水材料的性能相容。湿作业施工现场的环境温度宜在 5℃以上，应防止温度剧烈变化。

（5）饰面砖（板）应粘贴平整，接缝宽度应符合设计要求，并嵌填密实，以防渗水。粘贴于室外凸出的檐口、腰线、窗口、雨篷等处的饰面必须设有流水坡度和滴水线。

（6）在装配式墙板上粘贴饰面砖宜在预制阶段完成，在运输、堆放、安装时应注意保护，防止损坏。面层现场用水泥砂浆粘贴饰面砖时，应做到面层与基层粘结牢固、无空鼓现象。

（7）夏期镶贴室外饰面板、饰面砖应防止暴晒；冬期施工时，砂浆的使用温度不得低于 5℃，砂浆硬化前应采取防冻措施。

2. 饰面砖粘贴施工

（1）饰面砖铺贴前应进行放线定位和排砖，以使拼缝均匀。在同一墙面上的横竖排列中，不宜有一行以上的非整砖。非整砖应排放在次要部位或墙的阴角处，且非整砖行的宽度不宜小于整砖的 1/3。

（2）釉面砖和外墙面砖粘贴前，应将砖背面清理干净，并浸水 2h 以上，待表面水分晾干后方可使用。冬期施工宜在掺入 2％盐的温水中浸泡 2h，晾干后方可使用。

（3）釉面砖和外墙面砖宜采用 1∶2 水泥砂浆粘贴，砂浆厚度宜为 6～10mm；也可在水泥砂浆中掺入不大于水泥质量 15％的石灰膏，以改善砂浆的和易性。或者采用胶粘剂或聚合物水泥浆粘贴，聚合物水泥浆的配合比由试验确定。

（4）饰面砖铺贴前应先确定水平及竖向标志，垫好底尺，然后挂线铺贴。饰面砖表面应平整，接缝应平直，缝宽应均匀一致，阴角砖应压向正确，阳角线宜做成 45°角对接。水泥砂浆应满铺于砖背面，一面墙、柱不宜一次铺贴到顶，以防塌落。

（5）当基层表面遇有管线、灯具、卫生设备的支承等凸出物时，应用整砖套割吻合，不得用非整砖拼凑铺贴；在墙裙、浴盆、水池等处的上口和阴阳角处应使用配件砖粘贴。

（6）陶瓷锦砖和玻璃马赛克宜采用水泥浆或聚合物水泥浆粘贴。粘贴时要求位置准确，表面平整，嵌拍密实，一次不能完成的，应将槎口留在施工缝处或阴角处。待饰面砖稳固后，再将纸面湿润、揭净。

（7）釉面砖、外墙面砖的室外接缝应用水泥浆或水泥砂浆勾缝；室内接缝宜采用与釉面砖相同颜色的石膏灰或水泥浆嵌缝。但潮湿的房间不得用石膏灰嵌缝。嵌缝后，要及时将面层上残存的浆体清洗干净，并做好成品保护。

3. 饰面板安装施工

（1）饰面板安装前应先进行挑选，再按设计要求预拼。对于强度较低或较薄的石材，应在其背面粘贴玻璃纤维网布。

（2）饰面板安装前要将其背面和侧面清扫干净，并修边打眼。每块板上、下边的打眼数量均不得少于两个，并在孔内穿入防锈金属丝，以作系固之用。系固饰面板的钢筋网应与锚固件连接牢固。锚固件宜在结构施工时埋设。

（3）饰面板安装，应找正吊直后采取临时固定措施，以防灌注砂浆时板位发生移动；饰面板接缝宽度可垫木楔调整，并确保外表面平整、垂直及板材上沿平顺。

（4）灌注砂浆前，应先将石材背面及基层湿润，再用填缝材料临时封闭石材板缝，避免出现漏浆。灌注砂浆宜采用 1：2.5 水泥砂浆，灌注时应分层进行，每层灌注高度宜为 150mm、200mm 且不超过板高的 1/3，插捣应密实。待其初凝后方可灌注上层水泥砂浆。

（5）花岗石薄板或厚度为 10～12mm 的镜面大理石板宜采用挂钩或胶粘法施工。胶粘剂的配合比应符合产品说明书的规定。胶液应均匀涂抹于基层和石材背面，石材准确就位后应立即挤紧、找平、找正并进行顶、卡固定。溢出的胶液应随时清除。

（6）碎拼大理石饰面施工前，应进行试拼，可先拼图案，再拼其他部位；拼缝应协调一致，缝宽为 5～20mm，且不得有通缝。

（7）人造石材饰面板的接缝宽度、深度应符合设计要求，接缝宜采用与饰面板相同颜色的水泥浆或水泥砂浆抹勾严实。

（8）冬期宜采用暖棚法施工，无条件搭设暖棚时也可采用冷做法施工，应根据室外气温在灌注砂浆中掺入无氧盐抗冻剂，其掺量应根据试验确定。每块板的灌浆次数可改为两次，并缩短灌注时间。保温养护 7～9d。

（9）饰面板完工后，应将表面清洗干净，光面和镜面的饰面板经清洗晾干后，方可打蜡擦亮。

第七节　饰面砖（板）粘贴与安装

一、面砖铺贴

用面砖作外墙饰面，装饰效果好，不仅可以提高建筑物的使用质量，而且能美化建筑物，保护墙体，延长建筑物的使用年限。面砖有毛面和光面两种，光面砖又分为有釉和无釉两种，此外还有彩色面砖，如图 8-7 所示。

图 8-7　外墙面砖铺贴

1. 材料

（1）水泥。

水泥不得用强度等级低于 42.5 的通用硅酸盐水泥。

（2）砂子。

选用中砂，用作填灰、刮糙、做粘结砂浆；细砂作勾缝用。纸筋灰和石灰膏经熟化稠度在 8cm 左右。打底用砂浆配合比为：水泥∶砂子＝1∶3。

（3）面砖。

面砖要事先进行挑选，要求面砖尺寸规格符合要求，砖角方正，无隐裂，无凹凸，无扭曲，无夹芯砖，颜色均匀一致。

2. 工具

工具包括常用抹灰工具、水平尺、靠尺板、托线板、方尺、刮尺、砖缝嵌条、手提割刀、擦布以及勾缝工具。

3. 操作要点

（1）面砖浸泡。

面砖在镶贴前清扫干净，然后放入清水中浸泡 2h 以上，浸透水后再取出晾干，表面无水迹后方可使用。没有用水浸泡的饰面砖吸水性较大，在镶贴后会迅速吸收砂浆中的水分，影响粘结质量，而浸透吸足水没晾干时，由于水膜的作用，镶贴面砖会产生瓷砖浮滑现象，对操作不便，且因水分散发会引起瓷砖与基层的分离。

（2）面砖铺贴。

面砖铺贴前，先用钢皮抹子在背面刷刮灰浆一遍，接着在砌背面刮满刀灰，贴面砖的灰浆用 1∶0.2∶2 的水泥石灰膏砂浆，灰浆厚度以 10～15mm 为宜。

面砖铺贴顺序为自下而上，自墙、柱角开始，如为多层高层建筑应以每层为界，完成一个层次再做下一个层次。贴第一皮面砖时，需用直尺在面砖底部托平，保持头角齐直。贴完第一皮后，用直尺检查一遍平整度，如个别面砖凸出，可用小锤或木柄向内敲几下。贴第二皮面砖时，应将第一皮上口灰浆刮平，放上缝宽的木分格条，对齐垂直缝即可铺贴。贴完上一皮面砖后，缝间木分格条随即取出，用水清洗继续使用。

（3）预排、弹线。

外墙铺贴面砖要严格按照设计要求预排铺贴，并根据实际情况调整。确定出角皮数、灰缝大小要求，使面砖横缝四周跟通，窗洞口、窗台面都要和周围墙面相互一致跟通。墙面阳角、窗间墙两角、各柱面阳角都要保持整砖或统一尺寸呈对称的找砖。阴角处找砖也要确定规格一次切割备用。

排列中可利用面砖的缝隙来调节面砖铺贴水平，垂直面砖尺寸的误差也要在分格缝中进行调整。

面砖的排列方式有错缝、通缝、竖通缝、横通缝和其他各种排列法，阴角做法有叠角和八字夹角。

排砖完毕后，用水平仪测出外墙各阴阳角处的水平控制点，弹上水平线使外墙水平线四周跟通。再根据面砖的皮数尺寸，弹出各施工段的水平控制线。根据排列情况，用线锤挂出直阴阳角。做上灰饼作为阴阳角的垂直标志，然后按规定对墙面做灰饼，作为铺贴面砖平度标志，并以 3～5 块面砖的距离为依据进行墙面弹线分格，以控制铺贴。

（4）勾缝养护。

勾缝是外墙面砖饰面镶贴的最后一道工序，在贴完一个墙面或全部墙面完工并检查合格后进行。勾缝应用 1∶1 水泥砂浆分皮嵌实，一般分两遍，头遍用水泥砂浆，第二遍用与面砖同色的彩色水泥砂浆勾凹缝，凹进深度为 3mm 面砖勾缝处残留的砂浆必须清除干净。

面砖镶贴后应注意养护，防止砂浆早期受冻或烈日暴晒，以免砂浆疏松。

如镶贴面砖完工后，仍发现有不洁净处，可用软毛刷蘸 10％的稀盐酸溶液刷洗，然后用清水洗净，以免产生变色和侵蚀勾缝砂浆。

二、瓷砖铺贴

在室内装饰中瓷砖常作为地面和墙面装饰饰面材料。在洗手间、卫生间、厨房间常用彩色和白色瓷砖装饰墙面。其施工如图 8-8 所示。

图 8-8　瓷砖墙面铺贴

瓷砖装饰墙面和地面，使房间显得干净整洁，同时不易积垢，便于做清洁卫生工作。瓷砖粘贴主要采用水泥砂浆。

1. 材料

（1）水泥：

42.5 级通用硅酸盐水泥。

（2）白水泥：

32.5 级白水泥，用于调制素水泥浆擦缝用。

（3）砂：

选用中砂，应用窗纱过筛，含泥量不大于 3%。底层用 1∶3 水泥砂浆，贴砖用 1∶2 水泥砂浆。

（4）瓷砖。

对瓷砖进行严格挑选，要求砖角方正、平整，规格尺寸符合设计要求，无隐裂、颜色均匀，无凹凸、扭曲和裂纹夹芯现象。挑出不合要求的砖块，放在一边留作割砖时用，然后把符合要求的砖浸入水内，在施工作业的前一夜取出并沥干水分待用。

（5）其他材料。

根据需要可备 108 胶适量掺入砂浆中以提高砂浆的和易性和粘结能力。白灰膏必须充分熟化。

2. 工具

工具包括水平尺、靠尺若干、方尺、开刀、钢錾子、木工锤、粉线包、合金小錾子、钢丝钳、托线板、饰面板材切割机、小铲刀、备用若干抹布与其他常用抹灰工具。

3. 操作要点

（1）材料进场：

施工前将需要的材料整齐堆放在一旁待用。

（2）基层处理：

首先应除去基层表面的污垢、油渍、浮灰，除去基层上所有涂料层、腻子层，如果基层未能达到平整度要求，需对基层进行预先找平处理。

（3）放样：

铺贴瓷砖前需事先找好垂直线，以此为基准铺贴的瓷砖高低均匀、垂直美观，此外，施工前在墙体四周需弹出标高控制线，在地面弹出十字线，以控制地砖分隔尺寸。

（4）预铺：

首先应对瓷砖的色彩、纹理表面平整等进行严格的挑选，然后按照图纸要求预铺。对可能出现的尺寸、色彩、纹理误差等进行调整、更换，直至达到最佳效果。

（5）调制粘结剂：

加水后将粘结剂浆料搅拌至润滑均匀，无明显块状或糊状结块，搅拌后的浆料静置 5～10min 后，稍加搅拌 1～2min 即可使用。

（6）抹浆料：

在开始铺贴施工前，需要先清理瓷砖表面的浮灰、污垢等；将调制好的浆料均匀地抹在瓷砖背面，要求浆料饱满。

（7）铺贴：

将瓷砖平整地铺贴在基层上，使用橡胶锤将瓷砖拍实铺平。施工过程中，可小幅度转动瓷砖，使浆料与瓷砖背面充分接触。腰线的铺贴应注意与瓷砖纹理保持一致。根据瓷砖的尺寸，在砖与砖之间预留相应尺寸的缝隙留待嵌缝。粘结剂具有一定的可调整性能,可对留缝的大小进行调整。

(8)嵌缝:

瓷砖铺贴结束后 24h,可进行嵌缝施工,将调制好的嵌缝剂均匀地涂在砖与砖的缝隙内。嵌缝后用浸湿的织物清理多余的嵌缝剂,保持瓷砖表面清洁。

三、陶瓷锦砖铺贴

陶瓷锦砖是传统的墙面装饰材料。它质地坚实、经久耐用、花色繁多,耐酸、耐碱、耐磨,不渗水,易清洗;用于建筑物室内地面、厕所和浴室等内墙;作为外墙装饰材料也得到广泛应用,其构造如图 8-9 所示。

图 8-9 陶瓷锦砖墙面铺贴

1. 材料

(1)水泥。42.5 级以上通用硅酸盐水泥或白色硅酸盐水泥。

(2)砂子。中砂,干净。

(3)石灰膏。石灰膏须经充分熟化以后用。

(4)底层砂浆。水泥:砂子=1:3。

2. 工具

除了常用的抹灰工具外,还应有水平尺、靠尺、硬木拍板、棉纺擦布、刷子、拔缝刀。

3. 操作要点

（1）计算好面积后，将辅料和水拌和。

（2）将辅料均匀铺上墙面。

（3）把陶瓷锦砖贴在墙壁上，每片之间的距离保持一致。

（4）粘贴完用铺贴工具揉压至牢固。

（5）使用辅料将马赛克缝隙均匀填至饱满。

（6）填缝 1h 后，用湿热毛巾将陶瓷锦砖表面上的辅料清洁干净，最终凝结大约需要 24h。

四、大理石饰面板墙面安装

大理石饰面板是一种高级装饰材料，用于高级建筑物的装饰面。大理石的花纹色彩丰富、绚丽美观，用大理石装饰的工程更显得富丽堂皇。大理石适用范围较广，可作为高级建筑中的墙面、柱面、窗台板、楼地板、卫生间梳妆台、楼梯踏步等贴面，如图 8-10 所示。

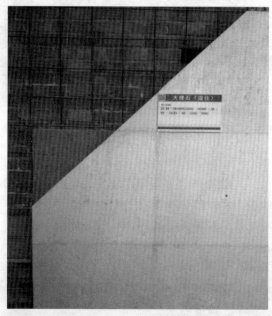

图 8-10　大理石湿挂

1. 一般安装法

（1）绑扎钢筋网。

按施工大样图要求的横竖距离，焊接或绑扎安装用的钢筋骨架。其方法是按找规矩的线在水平与垂直范围内根据立面要求画出水平方向及竖直方向的饰面板分块尺寸，并核对墙或柱预留的洞、槽的位置。剔凿出墙面或柱面结构施工时预埋钢筋或贴模筋，使其外露于墙、柱面，连接绑扎 $\phi8$ 的竖向钢筋（竖向钢筋的间距，如设计无规定，可按饰面板宽度距离设置），随后绑扎横向钢筋，其间距以比饰面板竖向尺寸小 2~3cm 为宜。

如基体未预埋钢筋，可使用电锤钻孔，孔径为 25mm，孔深90mm，用 M16 胀管螺栓固定预埋铁，然后按前述方法进行绑扎或焊竖筋和横筋。

（2）预排。

一般先按图挑出品种、规格、颜色一致的材料，按设计尺寸在地上进行试拼、校正尺寸及四角套方，使其合乎要求。凡阳角处相邻两块板应磨边卡角。

为使大理石安装时能上下、左右颜色花纹一致，纹理通顺，接缝严密吻合，安装必须按大样图预拼排号。

预拼好的大理石应编号，编号一般由下向上编排，然后分类竖向堆好备用。对于有裂缝暗痕等缺陷以及经修补过的大理石，应用在阴角或靠近地面不显眼部位。

（3）钻孔剔凿及固定不锈钢丝。

按排号顺序将石板侧面钻孔打眼。操作时应钉木架。

直孔的打法是用手电钻直对板材上端面钻孔两个，孔位距板材两端 1/4 处，孔径为 5mm，深 15mm，孔位距板背面约 8mm为宜。如板的宽度较大（板宽大于 60cm），中间应再增钻一孔。钻孔后用合金钢錾子朝石板背面的孔壁轻打剔凿，剔出深 4mm的槽，以便固定不锈钢丝或铜丝。然后将石板下端翻转过来，同样方法再钻孔两个（或 3 个）并剔凿 4mm 深的槽。

板孔钻好后，把备好的 16 号不锈钢丝或铜丝剪成 20cm 长，一端深入孔底顺孔槽埋卧，并用铅皮将不锈钢丝或铜丝塞牢，另一端侧伸出板外备用。

另一种打孔法是钻斜孔，孔眼与板面呈 35°钻孔时调整木架木楔，使石板成 35°，便于手电钻操作。斜孔也要在石板上下端面靠背面的孔壁轻打剔凿，剔出深 4mm 的槽，孔内穿入不锈钢丝或铜丝，并从孔两头伸出，压入板端槽内备用。

还有一种是钻成牛鼻子孔，方法是将石板直立于木架上，使手电钻直对板上端钻孔两个，孔眼居中，深度为 15mm 左右，然后将石板平放，背面朝上，垂直于直孔打眼与直孔贯通牛鼻子孔。牛鼻子孔适合于碹脸饰面安装用。

（4）安装。

检查钢筋骨架，若无松动现象，在基体上刷一遍稀水泥浆，接着按编号将大理石板擦净并理直不锈钢丝或铜丝，手提石板按基体上的弹线就位。板材上口外仰，把下口不锈钢丝或铜丝绑扎在横筋上，再绑扎板材上口不锈钢丝或铜丝，用木楔垫稳。并用靠尺板检查调整后，再系紧不锈钢丝或铜丝，按此顺序进行。柱面可顺时针安装，一般先从正面开始，要用靠尺板找垂直，用水平尺找平整，用方尺找好阴阳角，如发现板材规格不准确或板材间缝隙不匀，应用铅皮加垫，使板材间缝隙均匀一致，以保持每一层板材上口平直，为上一层板材安装打下基础。

（5）临时固定。

板材安装后，用纸或熟石膏（调制石膏时，可掺入 20％水泥以增加强度，防止石膏裂缝。但白色大理石容易污染，不要掺水泥）将两侧缝隙堵严，上、下口临时固定，较大的块材以及门窗碹脸饰面板应另加支撑。为了矫正视觉误差，安装门窗碹脸时应按 1‰起拱。然后，及时用靠尺板、水平尺检查板面是否平直，以保证板与板的交接处四角平直。发现问题立即校正，待石膏硬固后即可进行灌浆。

（6）灌浆。

用 1：（2.5～3）水泥砂浆（稠度为 8～12cm）分层灌入石板内侧。注意灌注时不要碰动板材，也不要只从一处灌注，同时要检查板材是否因灌浆而外移。第一层浇灌高度为 15cm，即不得超过板材高度的 1/3。第一层灌浆很重要，要锚固下铜丝及板材，所以应轻轻操作，防止碰撞和猛灌。一旦发生板材外移错动，应拆除重新安装。

待第一层灌浆稍停 1~2h，检查板材无移动后，再进行第二层灌浆，高度为 10cm 左右，即达到板材的 1/2 高度。

第三层灌浆灌到低于板材上口 5cm 处，余量作为上层板材灌浆的接缝。如板材高度为 50cm。每一层灌浆为 15cm，留下 5~10cm 余量作为上层石板灌浆的接缝。

采用浅色大理石饰面板时，灌浆应用白水泥和白石屑，以防透底，影响美观。

（7）清理。

第三次灌浆完毕，砂浆初凝后可清理石板上口余浆，并用棉丝擦干净。隔天再清理板材上口木楔和有碍安装上层板材的石膏。清理干净后，可用上述程序安装另一层石板，周而复始，依次进行安装。

墙面、柱面、门窗套等饰面板安装与地面块材铺设的关系，一般采取先做立面后做地面的方法，这种方法要求地面分块尺寸准确，边部块材须切割整齐。也可采用先做地面后做立面的方法，这样可以解决边部块材不齐的问题，但地面应加以保护，防止损坏。

（8）嵌缝。

全部安装完毕并清除所有的石膏及余浆残迹后，用与石板颜色相同的色浆嵌缝，边嵌边擦干净，使缝隙密实，颜色一致。

（9）抛光。

磨光的大理石，表面在工厂已经进行抛光打蜡，但由于施工过程中的污染，表面失去部分光泽。所以，安装完后要进行擦拭与抛光、打蜡，并采取临时措施保护棱角。

2. 挂贴法

首先要在结构中留钢筋头或在砌墙时预埋镀锌铁钩。安装时，在铁钩内先下主筋，间距为 500~1000mm。然后按板材高度在主筋上绑扎横筋，构成钢筋网，钢筋为 $\phi 6$~$\phi 9$。板材上端两边钻有小孔，选用铜丝或镀锌铁丝穿孔将大理石板绑扎在横筋上。大理石与墙身之间留出 30mm 缝隙灌浆。施工时，要用活动木楔插入缝中来控制缝宽，并将石板临时固定，然后在石板背面与墙面之间灌浇水泥砂浆灌浆宜分层灌入，每次不宜超过 200mm，离上口 80mm 即停止，以便上下连成整体。

安装白色或浅色大理石饰面板时，灌浆应用白水泥和白石屑，以防透底，影响美观。

3. 楔固安装法

大理石一般安装法工序多，操作较为复杂，往往由于操作不当造成粘结不牢、表面接槎不平整等问题，且采用钢筋网连接会增加工程造价。楔固安装法是结合一般安装的有效方法而采取的新工艺。楔固安装法的施工准备、板材预拼排号、对花纹的方法与前述方法相同，主要不同是楔固安装法是将固定板块的钢丝直接楔接在墙体或柱体上。

楔固安装法操作要点如下：

(1) 基体处理。

清理砖墙或混凝土基体并用水湿润，抹上 1∶1 水泥砂浆（要求中砂或粗砂）。大理石饰面板背面要用清水刷洗干净。

(2) 石板钻孔。

将大理石饰面板直立固定于木架上，用手电钻距板两端 1/4 处在板厚中心打直孔，孔径为 6mm，深 35～40mm，板宽小于或等于 500mm 打直孔两个，板宽大于 500mm 打直孔 3 个，大于 800mm 的打直孔 4 个。然后将板旋转 90°固定于木架上，在板两侧分别各打直孔一个，孔位居于板下端往上 100mm 处，孔径为 6mm，孔深 35～40mm，上下直孔都用合金錾子向板背面方向剔槽，槽深 7mm，以便安卧 U 形钉。

(3) 基体钻孔。

板钻孔后，按基体放线分块位置临时就位，对应于石板上下直孔位置，在基体上用冲击钻钻出与板材相等的斜孔，斜孔与基体夹角为 45°，孔径为 6mm，孔深为 40～50mm。

（4）板材安装和固定。

基体钻完斜孔后，将大理石板安放就位，根据板材与基体相距的孔距用钢丝钳子现制直径为 5mm 的不锈钢 U 形钉，一端勾进大理石板直孔内，并随即用硬木小楔揳紧；另一端则勾进基体斜孔内，再拉小线或用靠尺板及水平尺校正板上下口及板面垂直度和平整度，以及与相邻板材接合是否严密，随后将基体斜孔内不锈钢 U 形钉揳紧。用大头木楔紧固于石板与基体之间。

4. 木楔固定法

木楔固定法与挂贴法的区别是墙面上不安钢筋网，将铜丝的一端连同木楔打入墙身，另一端穿入大理石孔内扎实，其余做法与前法相同。木楔固定法分灌浆和干铺两种处理方法。干铺时，先以石膏块或粉刷块定位找平，留出缝隙，然后用铜丝或镀锌铅丝将木楔和大理石拴牢。

木楔固定法优点是在大理石背面形成空气层，不受墙体析出的水分、盐分的影响而出现风化和表面失光的现象，但不如灌浆法牢固，一般用于墙体可能出现经常潮湿的情况。而灌浆法是一般常用的方法，即用 1∶2.5 的水泥砂浆灌缝，但是要注意不能掺入酸碱盐的化学品，以免腐蚀大理石。

石板的接缝常用对接、分块、有规则、不规则、冰纹等方式。除了破碎大理石面，一般大理石接缝在 1~2mm。

五、花岗石饰面板安装

花岗石饰面板因耐侵蚀、抗风化能力强、经久耐用而多用于室外饰面。用花岗石作外装饰面效果好，但造价高，因而主要用于公共建筑，如图 8-11 所示。

1. 镜面花岗石饰面板安装

镜面花岗石饰面板安装分干法与湿法两种作业方法。

（1）干作业方法。

此法是把钢筋细石混凝土与磨光花岗岩薄板预制成复合板，使结构预埋件与连接件连成一体，在饰面复合板与结构之间形成一个空腔。

图 8-11　花岗石干挂

　　锚固完成后，在饰面板与基体结构之间缝中分层灌注 1：2.5 水泥砂浆。

　　磨光花岗石（又称镜面花岗石）饰面板一般厚度为 20～30mm，可采用挂贴法、木楔固定法、树脂胶粘结法、钢网法或干挂法等方法安装，其工艺和工序与大理石饰面板的方法相同。其中，干挂法是较新的安装方法。

　　干挂工艺又有两种方法：直接挂板法和花岗石预制板干挂法。

　　直接挂板法安装花岗石板块是用不锈钢型材或连接件将板块支托并锚固在墙面上，连接件用膨胀螺栓固定在墙面上，上下两层之间的间距等于板块的凹槽，安装的关键是板块上的凹槽和连接件位置的准确。花岗石板块上的 4 个凹槽位应在板厚中心线上较厚的、板块材拐角可做成 L 形错缝或 45°斜口对接等形式，平接可用对接、搭接等形式。

（2）湿作业改进的方法。

先在石板上下各钻两个孔径为 5mm、孔深为 18mm 的直孔，同时在石板背面再钻 135°斜孔两个。先用合金钢錾子在钻孔平面剔窝，再用台钻直对石板背面打孔，打孔时将石板固定在 135°的木架上（或用摇臂钻斜对石板）钻孔，孔深为 5～8mm，孔底距石板磨光面 9mm，孔径 8mm。

把金属夹安装在 135°孔内，用 JGN 型胶固定，并与钢筋网连接牢固。

花岗石饰面板就位后用石膏固定，浇灌豆石混凝土。浇灌时把豆石混凝土用铁簸箕均匀倒入，不得碰动石板及木楔。轻捣豆石混凝土，每层石板分三次浇灌，每次浇灌间隔 1h 左右，待初凝后经检查无松动、变形，可继续浇灌豆石混凝土。第三次浇灌时上口留 5cm，作为上层石板浇灌豆石混凝土的结合层。

石板安装完毕后，清除所有石膏和余浆痕迹并擦洗干净，并按花岗石饰面板颜色调制水泥浆嵌缝，随嵌随擦干净，最后上蜡抛光。

2. 细琢面花岗石饰面板安装

细琢面花岗石饰面板有机刨板、剁斧板和粗磨板等几种，板厚度一般有 50mm、76mm、100mm 等规格，墙面、柱面多用板厚 50mm，勒脚饰面多用板厚 76mm、100mm 等。

细琢面花岗石饰面板与基体的锚固多采用镀锌钢锚固件与基体直接锚固连接，缝中分层灌筑水泥砂浆。扁条锚固件的厚度一般为 3mm、5mm、6mm，宽多为 25mm、30mm；圆杆锚固件常用直径为 6mm、9mm；线型锚固件多用 $\phi 3 \sim \phi 5$ 钢丝。

六、瓷砖地面铺贴

1. 瓷砖地面施工

瓷砖地面施工如图 8-12 所示。

2. 瓷砖地面铺贴操作要点

（1）要在地面刷一遍水泥和水比例为 0.4～0.5 的素水泥浆，然后铺上 1∶3 的砂浆。

图 8-12　瓷砖铺贴

（2）砂浆要干湿适度，标准是"手握成团，落地开花"，砂浆摊开铺平。

（3）铺地砖前应根据地砖尺寸和地面尺寸进行预排，纵横拉两条基准线。

（4）沿着基准线贴第一块基准砖。

（5）把瓷砖铺在砂浆上，用橡皮锤敲打结实，和第一块基准砖平齐。

（6）敲打结实后，拿起瓷砖，看砂浆是否有欠浆或不平整的地方，撒上砂浆补充填实。

（7）第二次把瓷砖铺上，敲打结实至与基准砖平齐。

（8）第二次拿起瓷砖，检查地面砂浆是否已经饱满，有没有缝隙，如果已经饱满和平整，在瓷砖上均匀地涂抹一层素水泥浆。

（9）第三次把瓷砖铺上，敲打结实，与基准砖平齐。

（10）用水平尺检查瓷砖是否水平，用橡皮锤敲打直到完全水平。

（11）用刮刀从瓷砖缝中间划一道，保证瓷砖与瓷砖之间要有一定的、均匀的缝隙，防止热胀冷缩对瓷砖造成损坏，用刮刀在两块瓷砖上纵向来回划拉，检查两块瓷砖是否平齐。

七、陶瓷锦砖地面镶嵌

陶瓷锦砖地面如图 8-13 所示。

图 8-13　陶瓷锦砖地面铺贴

在清理好的地面上找好规矩和泛水，扫好水泥浆，再按地面标高留出陶瓷锦砖厚度做灰饼，用 1:（3~4）干硬性水泥浆（砂为粗砂）冲筋、刮平厚约 2cm，刮平时砂浆要拍实。

刮平后撒上一层水泥，再稍洒水（不可太多）将陶瓷锦砖铺上。两间相通的房屋应从门口中间拉线，先铺好一张然后往两面铺，单间的从墙角开始（如房间稍有不方正时，在缝里分均），有图案的按图案铺贴。铺好后用小锤拍板将地面普遍敲一遍，再用扫帚淋水，约 0.5h 后将护口纸揭掉。

揭纸后依次用 1:2 水泥砂子干面灌缝拔缝，灌好后用小锤拍板敲一遍，用抹子或开刀将缝拔直，最后用 1:1 水泥砂子

（砂子均要过窗纱筛）干面扫入缝中扫严，将余灰砂扫净，用锯末将面层扫干净成活。

陶瓷锦砖宜整间一次镶铺。如果一次不能铺完，须将接槎切齐，余灰清理干净。

交活后第二天铺上干锯末养护，3、4d后方能上人，但严禁敲击。

八、预制水磨石、大理石镶铺

预制水磨石和大理石地面应在顶棚、墙面抹灰完工后进行，其构造如图 8-14 所示。

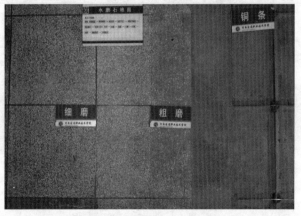

图 8-14 水磨石地面铺贴

首先，在房间四边取中，在地面标高处拉好十字线，扫一层水泥浆。在铺砖前，板块先浸水润湿，阴干后备用。操作时在十字线交接处铺上 1∶4 干硬性水泥砂浆，厚约 3cm（放在石板高出线 3～5mm）。先进行试铺，待合适后，将石板揭起，用抹子把底层砂浆松动，用小水壶洒水，均匀撒一层干水泥面，同时在板块背面洒水，正式铺砌。

铺砌时，板块要四周同时下落，并用木锤或橡胶锤敲击平实，注意随时找平找直。铺完第一块向两侧和退步方向顺序铺砌。凡有柱子的大厅，先铺砌柱子与柱子之间的部分。

铺砌中发现有空隙（砂浆不满），应将石板掀起用砂浆补实再进行铺装。

预制水磨石地面缝宽不得大于 2mm，大理石地面缝宽不得大于 1mm，安好后应整齐平稳，横竖缝对直，图案颜色应符合设计要求，厕浴间地面则应找好泛水。

板块铺贴后，次日用素水泥浆灌缝 2/3 高度，再用同色水泥浆擦缝，并用锯末和席子覆盖保护，在完工后 2～3d 内严禁上人。

九、缸砖、水泥砖地面镶铺

在清理好的地面上找好规矩和泛水，扫一道水泥浆，再按地面标高留出缸砖或水泥砖的厚度，并做灰饼。用 1：（3～4）干硬性水泥砂浆（砂子为粗砂）冲筋、装档、刮平，厚约 2cm，刮平时砂浆要拍实，如图 8-15 所示。

图 8-15 水泥砖地面铺贴

在铺砌缸砖或水泥砖前，应把砖用水浸泡 2～3d，然后取出干后使用。铺贴面层砖前，在找平层上撒一层干水泥面，洒水后随即铺贴。面层铺砌有两种方法：碰缝铺砌法和留缝铺砌法。

1. 碰缝铺砌法

这种铺法不需要挂线找中，从门口往室内铺砌，出现非整块面砖时需进行切割。铺砌后用素水泥浆擦缝，并将面层砂浆擦干净。

在常温条件下，铺砌 24h 后浇水养护 2～3d，养护期间不能上人。

2. 留缝铺砌法

根据排砖尺寸挂线，一般从门口或中线开始向两边铺砌，如有镶边，应先铺贴镶边部分。铺贴时，在已铺好的砖上垫好木板，人站在木板上往里铺，铺时先撒水泥干面，横缝用米厘条铺一皮放一根，竖缝根据弹线走齐，随铺随清理干净。

已铺好的面砖用喷壶浇水，在浇水前应进行拍实、找平和找直，次日后用 1：1 的水泥砂浆灌缝。最后清理面砖上的砂浆。

第八节　饰面板（砖）工程质量验收标准

本节主要适用于饰面砖镶贴、饰面板安装等分项工程的施工质量验收。饰面砖镶贴工程包括内墙饰面砖粘贴工程和高度不大于 100mm、抗震设防烈度不大于 8 度，采用满粘法施工的外墙饰面砖粘贴工程。饰面板安装工程包括内墙饰面板安装工程和高度不大于 24m、抗震设防烈度不大于 7 度的外墙饰面板安装工程。

一、一般规定

（1）饰面板（砖）工程验收时，应检查下列文件和记录：

①饰面板（砖）工程的施工图、设计说明及其他设计文件。

②材料的产品合格证书、性能检测报告、进场验收记录和复验报告。

③后置埋件的现场拉拔检测报告。

④外墙饰面砖样板件的粘结强度检测报告。

⑤隐蔽工程验收记录。

⑥施工记录。

（2）饰面板（砖）工程验收时，应对下列材料及其性能指标进行复验：

①室内用花岗石的放射性。

②粘贴用水泥的凝结时间、安定性和抗压强度。

③外墙陶瓷面砖的吸水率。

④寒冷地区外墙陶瓷面砖的抗冻性。

（3）外墙饰面砖粘贴前和施工过程中，均应在相同的基层上做样板件，并对样板件的饰面砖粘结强度进行检验，其检验方法和结果判定应符合《建筑工程饰面砖粘结强度检验标准》（JGJ/T 110—2017）中的规定。

（4）饰面板（砖）工程的抗震缝、伸缩缝、沉降缝等部位的处理，必须保证缝的使用功能和饰面的完整性。对防水层、连接节点及预埋（或后置埋件）等隐蔽工程项目应及时验收。

（5）验收时，各分项工程的检验批应按下列规定进行划分：

①相同材料、工艺和施工条件的室内饰面板（砖）工程每50间（大面积房间和走廊按施工面积$30m^2$为一间）应划分为一个检验批，不足50间也应划分为一个检验批。

②相同材料、工艺和施工条件的室外饰面板（砖）工程每$500\sim1000m^2$应划分为一个检验批，不足$500m^2$也应划分为一个检验批。

（6）工程验收时，各检验批的检查数量应符合下列规定：

①室内每个检验批应至少抽查10%，并不得少于3间；不足3间时应全数检查。

②室外每个检验批每$100m^2$应至少抽查一次，每处不得小于$10m^2$。

（7）验收时，各检验批的合格判定应符合下列规定：

①抽查样本均应符合主控项目的规定。

②抽查样本的80%以上应符合一般项目的规定，其余样本不得有影响使用功能或明显影响装饰效果的缺陷，其中有允许偏差的检验项目，其最大偏差不得超过允许偏差的1.5倍。

③质量观感符合各分项工程中一般项目的要求。

二、饰面砖粘贴工程

1. 主控项目

（1）饰面砖的品种、规格、图案、颜色和性能均应符合设计要求。

检验方法：观察；检查产品合格证书、进场验收记录、性能检测报告和复验报告。

（2）饰面砖粘贴工程的找平、防水、粘结和勾缝材料及施工方法应符合设计要求及国家现行产品标准和工程技术标准的规定。

检验方法：检查产品合格证书、复验报告和隐蔽工程验收记录。

（3）饰面砖粘贴必须牢固。

检验方法：检查样板件粘结强度检测报告和施工记录。

（4）满粘法施工的饰面砖工程应无空鼓、裂缝。

检验方法：观察；用小锤轻击检查。

2. 一般项目

（1）饰面砖表面应平整、洁净、色泽一致，无裂痕和缺损。

检验方法：观察。

（2）阴阳角处搭接方法、非整砖使用部位应符合设计要求。

检验方法：观察。

（3）墙面凸出物周围的饰面砖应整砖套割吻合，边缘应整齐。墙裙、贴脸凸出墙面的厚度应一致。

检验方法：观察；尺量检查。

（4）饰面砖接缝应平直、光滑，填嵌应连续、密实；宽度和深度应符合设计要求。

检验方法：观察；尺量检查。

（5）有排水要求的部位应做滴水线（槽）。滴水线（槽）应顺直，流水坡向应正确，坡度应符合设计要求。

检验方法：观察；用水平尺检查。

3. 允许偏差

饰面砖粘贴的允许偏差和检验方法应符合表 8-9 中的规定。

表 8-9　饰面砖粘贴的允许偏差和检验方法

项次	项目	允许偏差（mm）		检验方法
		外墙面砖	内墙面砖	
1	立面垂直度	3	2	用 2m 垂直检测尺检查
2	表面平整度	4	3	用 2m 靠尺和塞尺检查
3	阴阳角方正	3	3	用直角检测尺检查
4	接缝直线度	3	2	拉 5m 线，不足 5m 拉通线，用钢直尺检查
5	接缝高低差	1	0.5	用钢直尺和塞尺检查
6	接缝宽度	1	1	用钢直尺检查

三、饰面板安装工程

1. 主控项目

（1）饰面板的品种、规格、颜色和性能应符合设计要求，木龙骨、木饰面板和塑料饰面板的燃烧性能等级应符合设计要求。

检验方法：观察；检查产品合格证书、进场验收记录和性能检测报告。

（2）饰面板上孔、槽的数量、位置和尺寸应符合设计要求。

检验方法：检查进场验收记录和施工记录。

（3）饰面板安装工程的预埋件（或后置埋件）、连接件的数量、规格、位置、连接方法和防腐处理必须符合设计要求。后置埋件的现场拉拔强度必须符合设计要求。饰面板安装必须牢固。

检验方法：手扳检查；检查进场验收记录、现场拉拔检测报告、隐蔽工程验收记录和施工记录。

（4）饰面板粘贴工程的找平、防水、粘贴和勾缝材料及施工方法，应符合设计要求、国家现行产品标准和工程技术标准的规定。

检验方法：检查产品合格证书、复验报告和隐蔽工程验收记录。

（5）饰面板满粘法施工，应无空鼓、裂缝。

检验方法：观察；用小锤轻击检查。

2. 一般项目

(1) 饰面板表面应平整、洁净、色泽一致，无裂痕和缺损。石材表面应无泛碱等污染。

检验方法：观察。

(2) 饰面板嵌缝应密实、平直，宽度和深度应符合设计要求嵌填材料色泽应一致。

检验方法：观察；尺量检查。

(3) 采用湿作业法施工的饰面板工程，石材应进行防碱背涂处理。饰面板与基体之间的灌注材料应饱满、密实。

检验方法：用小锤轻击检查；检查施工记录。

(4) 饰面板上的孔洞应套割吻合，边缘应整齐。

检验方法：观察。

(5) 阴阳角处搭接方式、非整板使用部位应符合设计要求。

检验方法：观察。

(6) 墙面凸出物周围的饰面板应整块套割吻合边缘应整齐。墙裙凸出墙面的厚度应一致。

检查方法：观察；尺量检查。

(7) 有排水要求的部位应做滴水线（槽）。滴水线（槽）应顺直，流水坡向应正确。坡度应符合设计要求。

检查方法：观察；用水平尺检查。

3. 允许偏差

(1) 饰面板安装质量允许偏差及检验方法应符合表 8-10 中的规定。

表 8-10 饰面板安装质量允许偏差及检验方法

项次	项目	允许偏差（m）				预制水磨石板	检验方法
		大理石、磨光花岗岩石材					
		光面板	剁斧石	蘑菇石	火烧板		
1	立面垂直度	2	3	3	2	2	用 2m 垂直检测尺检查

续表

项次	项目	允许偏差（m）				预制水磨石板	检验方法
		大理石、磨光花岗岩石材					
		光面板	剁斧石	蘑菇石	火烧板		
2	表面平整度	2	3	—	2	2	用2m靠尺和塞尺检查
3	阴阳角方正	2	4	4	2	2	用直角检测尺检查
4	接缝直线度	2	4	4	2	3	拉5m线，不足5m拉通线用钢尺检查
5	墙裙勒脚上口直线度	2	3	3	2	2	拉5m线，不足5m拉通线用钢直尺检查
6	接缝高低差	0.5	3	—	0.5	0.5	用钢直尺和塞尺检查
7	接缝宽度	1	2	2	1	1	用钢直尺检查

（2）饰面板粘贴质量允许偏差及检验方法应符合表8-11中的规定。

表8-11 饰面板粘贴质量允许偏差及检验方法

项次	项目	允许偏差（mm）		检验方法
		外墙面砖	内墙面砖	
1	立面垂直度	3	2	用2m垂直检测尺检查
2	表面平整度	4	3	用2m靠尺和塞尺检查
3	阴阳角方正	3	3	用直角检测尺检查
4	接缝直线度	3	2	拉5m线，不足5m拉通线，用钢直尺检查
5	接缝高低差	1	0.5	用钢直尺和塞尺检查
6	接缝宽度	1	1	用钢直尺检查

第九节　花饰制作安装

花饰是一种外观美观的建筑装饰工艺品，必须与建筑物本身相和谐，并成为建筑物的一部分，安装于建筑物的某一高度和部位上。花饰的形式及各部分的比例尺寸应协调一致。

为了满足花饰试样的需要先做出一个假结构，其制作要求与真结构的形状、尺寸和标高完全相同。其长短、大小、尺寸可按花饰的尺寸灵活确定，一般以能衬托出花饰所具有的背景为目的。假结构可用木材作骨架和底衬，再在表面抹灰，一般使用石灰砂浆或水泥纸筋砂浆作底层和中层，用纸筋灰罩面。假结构一次用完后稍加修整，就可以重复轮换使用。

一、花饰的种类

花饰作为我国古老的建筑遗产，是使用于高级建筑物的室内外的装饰线、灯光、澡井、梁头、柱帽等部位的一种装饰工艺品，如图 8-16 所示。

图 8-16　石膏花饰

按其装饰部位不同，有室内花饰和室外花饰之分；

按所用材料不同，花饰可分为石膏花饰、水泥砂浆花饰、水泥石子浆花饰、斩假石花饰、水刷石花饰等。

近二十年来，又发展出了增强石膏花饰、玻璃钢复合材料花饰等新型产品。

目前，室内花饰主要是石膏花饰；而用作室外花饰的主要有水泥砂浆花饰、水泥石子浆花饰、水刷石花饰、斩假石花饰等。花饰作为建筑物的一种装饰品，其预制往往与结构施工同时进行。为了满足花饰的制作需要，宜先根据花饰的尺寸、样式及图案制作出其相应的阴模，然后用石膏、水泥砂浆等材料浇筑成型。所用阴模主要有硬模和软模两种，硬模的种类较多，主要适用于塑造水泥砂浆、水刷石、斩假石等花饰；软模主要指明胶阴模，适用于塑造石膏花饰。

二、花饰的制作施工准备

1. 材料

普通硅酸盐水泥（强度等级不小于 42.5）、石膏、纸筋、黏土、石粒、钢筋网、明胶、明矾、油脂等。

2. 工具与机具

装饰抹灰需用工具、塑花板、排笔、刷子、空压机、喷雾器等。

三、花饰的制作操作要点

1. 制作阳模

（1）刻花：

适用于精细、对称、体型小、线条多的花饰图案，常用石膏雕刻制作阳模。

方法：以花饰的最高厚度以及最大的长度、宽度（或直径）浇一块石膏板，然后将花饰的图案用复写纸描印在石膏板上。用钢丝锯锯去不需要和空隙部分，并把它胶合在另一块大小相同的底板上，再修雕成阳模（无底板的花饰只要锯好、修雕即可）。

（2）垛花：

通常是直接垛在假结构的所在部位上，经修整后，翻制水刷石花饰。

方法：用较稠的纸筋灰按花饰样的轮廓一层一层垛起来（按图放大 2%），再用塑花板雕塑而成。

垛花主要有以下 4 个步骤：

①描印花饰轮廓。在纸筋灰未干时，将花饰图案覆盖在花饰上，用塑花板按图刻画，将纸上花纹全部刻印在抹灰面上。

②捣草坯。用塑花板把纸筋灰（可加点水泥）垛在刻画的花饰表面，逐步加厚，使花饰的基本轮廓呈现出来。

③填花。在草坯上用塑花板进行立体加工，用纸筋灰添枝加叶，后加以修饰使花饰逼真，丰满有力。

④修光。用各种塑花板进行精细加工，使花饰表面光滑，达到逼真、清晰的效果。

（3）泥塑：

适用于大型花饰。使用质黏、柔软、易光滑的灰褐色黏土。利用泥的塑性，边塑边改。

方法：先将黏土浸水泡软，捣成一块底板，其厚度应与施工图纸中花饰底板厚度相同（也可不捣底板），后将图纸上的花饰图案刻画在泥底板上（无底板的刻在垫板上）。根据花饰形状大小，用泥团塑在底板上，其厚可先塑 3/5 为宜，后用小泥团慢慢加厚加宽，完成花饰的基本轮廓，后用塑花板消添、修饰成符合要求的泥塑的花饰阳模，但应注意保养，防止干裂。

2. 浇制阴模

制阴模的方法有两种：一种是硬模，适用于水泥砂浆、水刷石、斩假石花饰。另一种是软模，适用于石膏花饰。花饰过大，要分块制作，并需配筋。

由于花饰的花纹具有横凸或下垂的勾脚，如卷叶、花瓣等。因此，不宜采用整块阴模翻出，必须采取分模法浇制。

（1）软模制作。

将阳模固定在木底板上，在表面刷上三道虫胶清漆（泡立水），每次刷虫胶清漆必须待前一次干燥后才能进行，刷涂虫胶清漆的目的是为了密封阳模表面，使阳模内的残余水分不致因浇制明胶时受热蒸发而使阴模表面产生细小气孔。虫胶清漆干燥后，再刷上油脂一道（掺煤油的黄油调和油料或植物油均可），然后在周围放挡胶边框，其高度一般较阳模最高面高出 3cm 左右，并将挡胶板刷油脂一道，就可开始浇制明胶阴模。明胶（即树胶，又称桃胶）以淡黄色透明的质量为最好。熔化明胶时，先用明胶：水=1：1 放在煮胶锅内隔水加热（外层盛水，内层盛胶），加热时要不停地用棒搅拌，使明胶完全熔化成稀薄均匀的黏液体（如藕粉浆状），同时除去表面泡沫加入工业甘油（为明胶质量的 1/8），以增加明胶的拉力和黏性。明胶在 30℃ 左右时开始溶化，当温度达 70℃ 时即可停止加热，从锅内取出稍微冷却，调匀即可浇模。

浇模时，务必使胶水从花饰边缘徐徐倒入，不能骤然急冲下去。一般 1m² 左右的花饰浇模时间在 15min 左右效果较好。还应注意胶水的温度，温度较高的胶水浇模时要慢，因有热气上升容易使明胶发泡，而使虫胶清漆粘在浇好的阴模上；温度过低会使胶发厚，在花饰细密处不易畅流密实。一般冬季胶水的浇模温度宜控制在 50～60℃，夏季则温度可适当降低。胶模应一次浇完，中间不应有接头，浇同一模子的胶水稠度应均匀一致。阴模的厚度在该花饰的最高花面以上 5～20m 为宜，浇得太厚，使翻模不便，也增加了胶的用量，一般在浇胶 8～12h 以后才能翻模，先将挡胶板拆去，并事先考虑好从何处着手翻模不致损伤花饰，如花饰有弯钩呈口小内大等情况无法翻模时，可把胶模适当切开。在铸造花饰时，要把切开的几块合并起来加外套固定，即可使用。

用软模浇制花饰时，每次浇制前在模子上需撒上滑石粉或涂上其他无色隔离剂。

当浇较大石膏花饰或立体花饰时，因平模不能浇制，须加做套模，将阳模平放木底板上，用螺栓固定牢靠，在其表面涂刷 2～3 度虫胶清漆，干燥后将纸满盖花饰表面，在纸上满抹拌和好的大泥，压光抹平，厚约 2cm。待稍干硬后，将石膏浆涂抹在大泥表面，涂抹时根据花饰大小在石膏浆层里加进板条和麻丝加固，待石膏浆硬化后，取出大泥和阳模便成套模。将套模和阳模上的纸和大泥清除干净、修补完整后，涂虫胶清漆 2～3 度，油脂道，再将套模覆盖在阳模上（中间有 2cm 的缝隙），在底板四周缝隙处用石膏嵌密，以免浇胶时漏胶。在套模浇口处，用漏斗将明胶浇入模内，直到浇满为止。在胶水完全冷却后将套模翻去，再将胶模翻出用明矾水洗净，然后将胶模放于石膏套模内，即可铸造石膏花饰（软模）。

浇制和使用明胶软模应注意的事项是：一般每只明胶阴模在铸造 5 块花饰后应停止使用 30min 左右，每次使用后应用明矾水清洗，以使胶模光洁、坚硬，并除尽油脂。通常明胶阴模当天使用后即须重新浇模，但如保养较好，则第二天仍可使用。胶模安放需平整，不可歪斜，以免变形。新旧明胶或不同性质的胶不要掺混，否则使胶模脆软发毛，不能进行浇模。炖胶与浇胶要切实做到清洁，无杂物混入胶内，否则会引起胶的变质、变软、霉坏、发毛。炖化明胶加水不可过多，要正确掌握配合比，否则会使阴模变软而易变形。

(2) 硬模制作。

在阳模上涂一道油脂（起隔离作用），再在各勾脚部分先抹上水泥素浆，分好小块和埋置 8 号铅丝加固，并加以修光抹平（或抹圆），待其收水后，将这些小块（分模）的外露表面涂满油脂，然后放好套模的边框、把手和配筋，在其他部分浇上素水泥浆（水泥为 42.5 级），使整个花饰花纹高低部分灌满，待稍微收水后，再浇 1：2 水泥砂浆或细石混凝土（即整体大阴模，又称套模）。一般模子的厚度最少要比花饰的最高点高出 2cm，应具有足够的牢度，但也不必过厚，以便在铸造花饰时，操作轻便。大型的阴模要加把手，便于搬运。

待水泥砂浆凝固后取走套模边框，养护 3d，待其干硬后，先将套模拿下，再取下小块（分模），编好号，按顺序放在套模内，即成阴模。

阳模取出后，阴模要洗刷干净，油脂要用明矾水清洗，最后检查阴模花纹，如发现表面有缺陷、裂损等，应用素水泥浆修补，并将表面研磨光滑，然后在模子上刷三道虫胶清漆。通常还要进行试翻花饰，检查阴模是否有障碍，尺寸形状是否符合设计图纸要求。试翻成功后，方可正式进行翻制。

初次使用硬模时，需让硬模吸足油分。每次浇制花饰时，模子上需涂刷掺煤油的稀机油。

3. 浇制花饰制品

（1）水泥砂浆花饰。

将配好的钢筋放入硬模内，再将1∶2水泥砂浆（干硬性）或1∶1的水泥石粒浆倒入硬模内进行捣固，待花饰干硬至用手按稍有指纹但又不下陷时，即可脱模。脱模时将花饰底面刮平带毛，翻倒在平整处，脱模后应即时检查花纹并进行修整再用排笔轻刷，使表面颜色均匀。

（2）水刷石花饰。

水刷石花饰铸造宜用硬模。将阴模表面清刷干净，然后刷油不少于3遍，做水刷石花饰用的水泥石子浆稠度须稠些，用标准圆锥体砂浆稠度器测定，稠度以5～6cm为宜，配合比为1∶1.5（水泥∶色石屑）。为了使产品表面光滑，避免因石子浆和易性较差发生砂浆松散或形成孔隙不实等缺点，铸造时可将石子浆放于托灰板上用铁皮先行抹平，然后将石子浆的抹平面向阴模内壁面覆盖，再用铁皮按花纹结构形状往返抹压几遍，并用木锤轻敲底板，使石子浆内所含的气泡排出，密实地填满在模壁凹纹内。石子浆的稠度以10～12m为宜，但不得小于8mm，然后用1∶3干硬性水泥砂浆作填充料按阴模高度抹平，花饰厚度不大的饰件可全用石子浆铸造。

为了便于快速脱模，在抹填全部砂浆后，可用干水泥撒在表面吸水，直至砂浆成干硬状，即用手指按无塌陷、不泛水为止，然后抹压一遍，并将表面划毛，以增强花饰件在安装时的粘结性能。

高度较大且口径较小的花饰，用铁皮无法抹刮时，可采用抽芯的方法。即在阴模内先做一个比阴模周边小2cm的铁皮内芯，然后将石粒浆从内芯与阴模相隔的 2cm 缝隙中灌注，捣固密实后，立即在内芯中灌满干水泥，同时将铁皮内芯抽出，这样不但可防止石子下坠损坏花饰，而且起到吸水作用。然后将多余的干水泥取出，并用干硬性水泥砂浆或细石混凝土填心，填心时要用木锤夯打。根据花饰厚薄及大小，在中间均匀放置 $\phi6\sim\phi8$ 的钢筋或 8 号铅丝、竹条等加固。

体积较重的花饰，由于安装时须采用铁脚，所以在铸造花饰时应预留孔洞，一般在填心料捣至厚度 1/2 左右时，在花饰背面按设计尺寸放置木楔，然后继续浇捣至模口平，用铁板压实抹平，稍有收水后拔出木楔，即为铁脚的预留孔，用铁皮修整后，将花饰背面划毛。待其收水后，即可将花饰翻出，翻倒在平整的底板上。

翻模时，先将底板覆盖在花饰背面，底板要与花饰背面紧贴，然后翻身，并稍加振动，花饰即可顺利翻脱。弯形的花饰翻在底板上后，要用木条钉在底板两端，将弯形下口卡住。分块的硬模在翻模时，应先取下外套，然后将小块模（分模）按顺序取下。刚翻出的花饰表面如有残缺不齐、孔眼或裂缝等现象，应随即用小铁皮修补完整，并用软刷在修补处随水轻刷，使表面整齐。

花饰翻出后，硬模应立即刷洗干净，并刷油一遍，方可继续铸造花饰。

花饰翻出后，用手按其表面无凹印，即可用喷雾器或棕刷清洗。

清洗时，先用棕刷随水将花饰表面洗刷一遍，将表面水泥浆刷去，再用喷雾器喷洗，开始时水势要小，先将凹处喷洗干净，使石子颗粒露出。

为了使清洗的水能自行排泄，一般应将花饰的一端垫高。较厚的花饰，如垫高一端会发生花饰变形，则在翻花饰时在其底部预留排水孔洞。

清洗后的花饰需用软刷蘸清水将表面刷净。使石子显露出来，尤其要注意勾脚和细密处，做到清晰一致。花饰要符合原模式样，表面平整，无裂缝及残缺不齐等现象。

花饰要放置平稳，不得振动或碰撞。待养护达到一定强度后，方可轻敲底边，使其松动。

花饰的堆放要视其形状确定，一般不得堆叠，以免花饰碎裂。冬期施工时，花饰储存的环境温度应在 0℃ 以上，防止花饰受冻。

（3）石膏花饰。

石膏花饰的铸造一般采用明胶阴模。

先在明胶阴模的花饰表面刷上一道无色纯净的油脂。油脂涂刷要均匀，不得有漏刷或油脂过厚现象，特别要注意的是，在花饰细密处，不能让油脂聚积在阴模的低回处，这样，易使浇制后的花饰产生孔眼。涂刷油脂起到隔离层作用。

将刷好油脂的明胶阴模安放在一块稍大的木板上。

准备好铸造花饰的石膏粉和麻丝、木板条、竹片等。麻丝须洁白柔韧，木板条和竹片应洁净、无杂物、无弯曲，使用前应先用水浸湿。

然后将石膏粉加水调成石膏浆。石膏浆的配合比视石膏粉的性质而定，一般为石膏粉：水＝1：0.6～0.8（质量比）。拌制时宜用竹丝帚在桶内不停地搅动，使拌制的石膏浆无块粒、稠度均匀一致为止。竹丝帚使用后，应拍打清洗干净，以免有残余凝结的石膏浆在下次搅动时混入浆内，影响质量。

石膏浆拌好后，应随即倒入胶模内。当浇入模内约 2/3 的用量后，先将木底板轻轻振动，使花饰细密处的石膏浆密实。然后根据花饰的大小、形状和厚薄情况均匀地埋设木板条、竹片和麻丝加固（切不可放置钢筋、铅丝或其他铁件，以防生锈泛黄），使花饰在运输和安装时不易断裂或脱落。圆形及不规则的花饰放入麻丝时，可不考虑方向；有弧度的花饰，木板条可根据其形状分段放置。放置时动作要快。放好后，再继续浇筑剩余部分的石膏浆至与模口平，并用直尺副平。待其稍硬后，将背面用刀划毛，使花饰安装时容易与基层粘结牢固。

石膏浆浇筑后的翻模时间应视石膏粉的质量、结硬的快慢、花饰的大小及厚度确定，一般控制在 5～10min，习惯是用手摸略感有热度时，即可翻模。翻模的时间要掌握准确，因为石膏浆凝结时产生热量,其温度在 33℃左右。如果翻模时间过长,胶膜容易受热变形,影响胶膜周转使用;时间过短,石膏尚未达到一定强度,翻出的成品也容易发生碎裂现象。

翻模前,要考虑从何处着手起翻最方便,不致损坏花饰。起翻时应顺花饰的花纹方向操作,不可倒翻,用力要均匀。

刚翻好的花饰应平放在与花饰底形相同的木底板上。如发现花饰有麻眼、不齐、花饰图案不清及凸出不平等现象,须用工具修嵌或用毛笔蘸石膏浆修补好,直到花饰清晰、完整、表面光洁为止。

翻好的花饰要编号并注明安装位置,按花饰的形状放置平稳、整齐,不得堆叠。储藏的地方要干燥通风,要离地面 300m 以上架空堆放。

冬季浇制和放置花饰要注意保温,防止受冻。

(4)斩假石(剁斧石)花饰。

斩假石花饰的铸造方法基本与水刷石花饰相同。铸造后的花饰经一周以上的养护,并具有足够的强度后,即可开始斩剁。

斩假石花饰的斩剁方法根据制品的不同构造和安装部位可分为以下两种:

第一种是块件造型简单,饰件数量较大,一般采用先安装后斩剁的方法。这种方法可以避免安装后增加大量的修补和清洗工作。

第二种是花饰造型细致、艺术性要求较高的饰件,采取先斩剁后安装的方法。这是因为便于按饰件花纹不同伸延卷曲的方向和设计刃纹的要求进行操作,既能提高工效,又能确保质量。但安装时应注意采取成品保护措施。

斩剁时,要随花纹的形状和延伸的方向剁凿成不同的刃纹,在花饰周围的平面上应斩剁成垂直纹,四边应斩剁成横平竖直的圈边,这才能使刃纹细致清楚,底板与花饰能清晰醒目。

采取先斩剁后安装的花饰必须用软物(如麻袋等)垫平,并先用金刚石将饰件周围边棱磨成圆角,以避免饰件受斩时因振力而破裂、坠落,特别是体大面薄的饰件,更应注意。

（5）预制混凝土花格饰件。

一般在楼梯间等墙体部位砌筑花格窗用。其制作方法是按花格的设计要求，采用木模或钢模组拼成模型，然后放入钢筋，浇筑混凝土。待花格混凝土达到一定强度后脱模，并按设计要求在花格表面做水刷石或干粘石面层，继续养护至可砌筑强度。

混凝土花格饰件采用 C20 细石混凝土预制，立面形式有方形、矩形、多角形等，边长一般为 300～400mm。花格饰件的周边上留设 $\phi20$ 的孔洞以便相邻两花格饰件连接，把若干个花格饰件组合起来即成为混凝土花格漏窗。

预制混凝土花格饰件应采用 1：2.5 水泥砂浆砌筑。相邻两花格饰件间应对准孔洞，在孔洞中插入 $\phi8$ 钢筋，并用 1：3 水泥砂浆流实孔洞中的空隙。花格饰件与墙体连接应先在墙体打 $\phi20$ 的墙洞，在墙洞内激入 1：3 水泥砂浆，花格饰件砌上后，用 $\phi8$ 钢筋穿过花格饰件上孔洞，插入墙洞内水泥砂浆层中，再用 1：3 水泥砂浆灌实钢筋与饰件上孔洞之间的空隙。

四、花饰的安装

花饰的安装方法一般有三种：粘贴法、木螺丝固定法、螺栓固定法。

1. 粘贴法

一般适用于质量轻的小型花饰安装。其具体操作方法如下：

（1）首先在基层面上刮一道水泥浆，厚度为 2～3mm。

（2）将花饰背面稍洒水湿润，然后在花饰背面涂上水泥砂浆，也可用聚合物水泥砂浆，如果石膏花饰可在背面涂石膏浆或水泥浆粘贴。

（3）与基层紧贴后，再用支撑进行临时固定，然后修整接缝和清除周边余浆。

（4）待水泥砂浆或石膏达到一定强度后，将临时支撑拆除掉。

2. 木螺丝固定法

适用于质量较大、体型稍大的花饰。其具体操作方法如下：

（1）与粘贴方法相同，只是在安装时把花饰上的预留孔洞对准预埋木砖，然后拧紧铜丝或镀锌螺丝（不宜过紧）。如果是石膏花饰在其背面需涂石膏浆粘贴。

（2）安装后再用 1∶1 水泥砂浆或水泥浆把螺丝孔眼堵严，表面用花饰一样的材料修补平整，不露痕迹（如是石膏花饰就需用石膏浆来修补螺丝孔眼）。

（3）花饰如果安装在顶棚上，应将顶棚上预埋铜丝与花饰上的铜丝连拉牢固。其他的要求同前。

3. 螺栓固定法

其适用于质量大的大型花饰，其具体操作方法如下：

（1）将花饰预留孔对准基层预埋螺栓。

塑料膨胀螺栓固定法适用于安装轻型水泥类花饰件。安装时，先在基面上找出装饰件的固定点，用电钻钻孔，在孔内塞进塑料膨胀管，而后将花饰件对准位置与基面贴合，用木螺钉穿过装饰件上的预留孔洞，拧紧膨胀管内，孔洞口用同色水泥砂浆（或水泥石子浆）填补密实。

钢膨胀螺栓固定法适用于安装重型水泥类花饰件。安装时，先在基面上找出装饰件的固定点，用电钻钻孔，在孔内塞进钢膨胀螺栓杆，而后将花饰件对准位置与基面贴合，使膨胀螺栓杆进入花饰件上预留孔洞，在螺栓杆上套进垫板及螺帽，逐步拧紧螺帽即可。孔洞口用同色水泥砂浆（或水泥石子浆）填补密实。

（2）按花饰与基层表面的缝隙尺寸用螺母及整块固定，并进行临时支撑，当螺栓预留孔位置对不上时，应采取绑扎钢筋或用焊接的补救办法来解决。

（3）花饰临时固定后，将花饰与墙面之间的缝隙和底面用石膏堵严。

（4）用 1∶2 水泥砂浆分层进行灌筑，每次灌筑高度 10cm 左右，并随即用竹片插实，每次水泥砂浆终凝后，才能浇上一层。

（5）待水泥砂浆有足够强度后，拆除临时支撑。

（6）清理周边堵缝的石膏，再用 1∶1 水泥砂浆修补整齐。

五、花饰安装质量标准

1. 主控项目

（1）花饰制作与安装所使用材料的材质、规格应符合设计要求。

检验方法：观察；检查产品合格证书和进场验收记录。

（2）花饰的造型、尺寸应符合设计要求。

检验方法：观察；尺量检查。

（3）花饰的安装位置和固定方法必须符合设计要求，安装必须牢固。

检验方法：观察；尺量检查；手扳检查。

2. 一般项目

（1）花饰应表面光洁，图案清晰，接缝严密，花纹吻合，不得有歪斜、裂缝、翘曲及缺棱掉角等缺陷。

检验方法：观察。

（2）花饰工程安装质量的允许偏差及检验方法见表 8-12。

表 8-12　花饰安装的允许偏差及检验方法

项次	项目		允许偏差（mm）		检验方法
			室内	室外	
1	条形花饰的水平度或垂直度	每米	1	2	拉线和用 1m 垂直检测尺检查
		全长	3	6	
2	单独花饰中心位置偏移		10	15	拉线和用钢直尺检查

第十节　灰线抹灰、石膏装饰件安装

一、灰线抹灰

灰线抹灰，也称扯灰线。灰线抹灰是在公共建筑和民用建筑的墙面檐口、顶棚、梁底、柱端、门窗口、灯座、舞台口等周围部位，设置一些灰线。灰线的式样很多，线条有繁有简，形状大

小不一，各种灰线使用的材料也根据灰线所在部位的不同而有所
区别，一般分为简单灰线和多线条灰线的抹灰。

简单灰线，也称出口线角，一般多在方、圆柱的上端，即与
平顶或梁的交接处抹出灰线以增加线角美观，如图8-17所示。

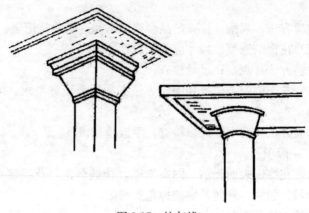

图 8-17　柱灰线

室内抹灰中，有时在墙面与顶棚交接处，根据设计要求抹出
1～2条简单的装饰线条，以增强空间的美感，如图8-18所示。

图 8-18　墙面与顶棚接处的简单灰线图

多线条灰线，一般是指3条以上、凹槽较深、形状不一的灰
线。较复杂的灰线常见高级装修的房间的顶棚四周、灯口周围、
舞台口等处。线条呈多种式样，如图8-19所示。

图 8-19　多线条灰线

1. 灰线抹灰专用模具

灰线抹灰前，应先按设计的灰线形式和尺寸，制作木质灰线模具，模具里面宜包 26 号铁皮，模具应成型准确、模面平滑。灰线模具分死模、活模、圆形灰线活模、合叶式喂灰板和灰线接角尺等。

（1）死模。

死模适用于顶棚与墙面交接处设置的灰线，以及较大的灰线抹灰。

死模中间的一块木板称模身，上口有灰线处称模口，在模口包以白铁皮以减少抹灰的摩擦阻力。顶面的一块木板称为模侧板，在模侧板上钉金属或长方形小木块称模头，在抹灰线时模头紧靠上靠尺，底面的木板条称模底板，底板下面钉有一根小木条，抹灰线时，小木条坐在下靠尺上。死模是利用上下两根固定的靠尺作轨道，推拉出线条。

（2）活模。

活模适用于梁底及门窗角灰线。活模一般由模身和模口组成，模口也包白铁皮。活模使用时，它是靠在一根靠尺上，用两手握住模具捋出线条来。

（3）圆形灰线活模。

适用于室内顶棚上的圆形灯头灰线和外墙面门窗洞顶部半圆形装饰等灰线。它的一端做成灰线条模型，另一端按圆形灰线半径长度钻一钉孔，操作时将有钉孔的一端用钉子固定在圆形灰线的中心点上，另一端的模子可在半径范围内移动，形成圆形灰线。

（4）合叶式喂灰板。

合叶式喂灰板是配合死模抹灰线时的上灰工具。它是根据灰线大致形状，用铅丝将两块或数块木板穿孔连接，能折叠转动。

（5）灰线接角尺。

灰线接角尺是用于木模无法抹到的灰线阴角接头（合拢）的工具。

接角尺用硬木制成，有斜度的一边为刮灰的工作面，它的大小长短以合拢长度来确定，两端呈斜角45°。其优点是既便于操作时能伸至合角的尽端，又不致碰坏另一边已镶接好的灰线。

2. 灰线抹灰分层材料与配比

一般灰线抹灰都是采用四层做成。分层材料与配比如下：

（1）第一层。

粘结层用1：1：1的水泥混合砂浆薄薄地抹一层，使其与基体粘结牢固。

（2）第二层。

垫灰层用1：1：4的水泥混合砂浆并略掺一些麻刀（或纸筋），其厚度要根据灰线尺寸来定。

（3）第三层。

出线灰用1：2石灰砂浆（砂子过3mm筛孔），也可掺一些水泥，薄薄地抹一层。这层灰是为了灰线的成型，棱角基本整齐。

（4）第四层。

罩面灰其厚度为2mm，应分遍连续涂抹，第一遍用普通纸筋灰，第二遍用过窗纱筛子的细纸筋灰。表面应赶平、修整、压光。

3. 简单灰线抹灰

（1）方柱、圆柱出口线角。

方柱、圆柱出口线角，应在柱子基层清理完毕，弹线找规矩、底层及中层抹灰完成后进行。一般不用模型，使用水泥混合砂浆或在石灰砂浆里掺石膏抹出线角。

方柱抹出口线角的方法：首先按设计要求的线条形状、厚度和尺寸的大小，在柱边角处和线角出口处，卡上竖向靠尺板和水平靠尺板。一般应先抹柱子的侧面出口线角，将靠尺板临时卡在前后面，做正面的出口线角时，把靠尺板卡在侧面。抹灰时，应分层进行，要做到对称均匀，柱面平整光滑，四边角棱方正顺直，出口线角平直。棱角线条清晰，并与顶棚或梁的接头处理好，看不出接槎。

圆柱抹出口线角的方法：应根据设计要求按圆柱出口线角的形状厚度和尺寸大小，制作圆形样板，将样板套固在线角的位置上，以样板为圆形标志，用铜皮抹子分层将灰浆抹到圆柱上。也可以用薄靠尺板弯成圆弧形状，进行抹灰。当大致抹圆之后，再用圆弧抹子抹圆，出口线角柱面要做到形圆，线角清晰，颜色均匀，并与平顶或梁接头处理好，看不出接槎。

（2）门窗口、梁底阳角简单灰线。

在室内抹灰时，常在门窗口阳角或架底阳角抹出一条直线条，一般为凸圆线条，如图8-20所示。

图8-20 门窗阳角灰线操作

4．顶棚灰线抹灰

（1）施工准备。

①材料。普通硅酸盐水泥，强度等级不低于32.5，复检凝结

时间和安定性合格。砂子要求中砂需过筛，细砂过 3mm 筛子，含泥量不得大于 3%。石灰膏、纸筋灰和桩光灰（细纸筋灰）已过"陈伏"不得受污染。

②工具与机具。一般抹灰所需工具和机具，抹灰机、砂浆搅拌机及专用灰线模具。

③作业条件。上层结构和地面已做好防水。顶面管线已埋设完毕，底子灰已完毕，+50cm 线已测定。

（2）施工工艺顺序：

弹线、找规矩→粘贴靠尺→扯灰线→灰线接头。

（3）操作要点：

①弹线、找规矩。根据设计图样要求的尺寸和灰线木模的尺寸，从室内墙上+50cm 的水平准线，用钢皮尺或尺杆从 50cm 的水平准线向上量出弹线的尺寸，房间四角都要量出，然后用粉线包在四周的立墙面上弹一条水平准线，作为粘贴下靠尺依据。

②粘贴靠尺。在立墙面上水平线弹好后，即用 1∶1 的水泥纸筋混合灰粘贴或用石膏粘贴下靠尺，也可以用钉子把靠尺钉在砖缝里。下靠尺粘贴牢固后，将死模坐在下靠尺上，用线坠挂直线找正死模的垂直平正角度，然后靠模头外侧定出上靠尺的位置线。房间的四角都用这种方法定出上靠尺的位置线。按在四角定出的位置线用粉线包在顶棚弹出上靠尺的粘贴线，然后按线将上靠尺粘贴牢固。

上、下靠尺在粘贴时要注意两点：一是上下靠尺要粘贴牢固，并要留出进出模的空余尺寸，即靠尺的两端不能粘贴到头；二是上下靠尺的粘贴要将死模放进去，试着推拉一遍，要求死模推拉时以不长不松为宜。

③扯灰线。灰线扯制要分层进行，以免砂浆一次涂抹过厚而造成起鼓、开裂。操作时要待粘贴靠尺的灰浆干硬后，先抹粘结层，接着一层层地抹垫灰层，垫灰层厚度根据灰线尺寸决定。死模要随时推拉，超过灰线面的多余砂浆要及时刮掉，低凹的地方应添加砂浆，直至灰线表面砂浆饱满平直。成型时，要把死模倒拉一次，以便抹第三道出线灰和第四道罩面灰时不卡模。

垫灰层抹完后第二天，先用 1：2 石灰砂浆抹一遍出线灰，再用普通纸筋灰罩面。扯制罩面灰的方法与出线灰基本相同，但上灰使用喂灰板。扯制罩面灰时，一般都是两人配合操作，一人在前，将罩面灰放在喂灰板上，双手托起使灰浆贴紧灰线的出线灰上，并将喂灰板顶住死模模口进行喂灰，一人在后推死模，等基本推出棱角时，再用细纸筋石灰（桩光灰）罩面推到使灰线棱角整齐光滑为止（两遍罩面厚度应不超过 2mm）。然后将模取下，刷洗干净。

如果扯石膏灰线，应待底层、中层及出线灰抹完后，在六七成干时，稍洒水湿润后罩面。用 4：6 的石灰石膏灰浆，而且要在 7～10min 内扯完，操作时，两人配合一致，动作轻快，罩面灰推抹扯到光滑整齐为止。

④灰线接头。灰线接头也称"合拢"。其操作难度较大，它要求与四周整个灰线镶接互相贯通，与已经扯制好的灰线棱角、尺寸大小、凹凸形状成为一个整体。为此，不但要求操作技术熟练，而且还须细心领会灰线每个细小组成部位的结构，掌握接角处的特点。

接阴角：当房间顶棚四周灰线扯制完成后，拆除靠尺，切齐甩槎，然后进行每两对应的灰线之间的接头。先用抹子抹阴角处灰线的各层灰，当抹上出线灰及罩面灰后，用灰线接角尺，一边轻抹已成活的灰线作为规矩，一边刮接阴角部位的灰浆，使之成型。一边完成后再进行另一边。镶接时，两手要端平接角尺，手腕用力要均匀，用成活的灰线作为规矩，进行修整。灰线接头基本成型后再用小铁皮勾划成型，使接头不显接槎，最后用排笔蘸水清刷，使之挺直光滑。

阴角部位接头的交线要求与墙阴角的交线在一个平面内。

接阳角：在接阳角前，首先要找出垛和柱的阳角距离，来确定灰线的位置，统称为"过线"。

"过线"的方法是用方尺套在已形成灰线的墙面上，用小锤按在顶棚线的外口。吊在方尺水平线的上端，接着用铅笔划在方尺水平线上，就成为垛、柱靠顶棚上面所需的尺寸，再将方尺按在垛、柱上，紧挨顶棚划一条线，然后用方尺一头与已形成灰线的上端放平，一头与短线对齐，再用铅笔划一长条直至成型灰线，一头至垛、柱最外处。在垛、柱的另一面，用同样的方法求出所需要的线。（总称灰线上口线），过下口线是将两边的成型线下口用方尺套在垛、柱上，与成型灰线最下面划齐。在操作时首先将两边靠阳角处与垛柱结合齐，并严格控制，不要越出上下的划线，再接阳角。抹时要与成型灰线相同，大小一致。抹完后应仔细检查阴阳角方正，并要成一直线。

5. 圆形灰线与多线条灰线抹灰

（1）圆形灰线抹灰。

一般常见圆形灰线多用于顶棚灯头圆形灰线。使用活模扯制。其操作准备应根据顶棚抹灰层水平，将顶棚底层及中层灰抹好，留出灯位灰线部分。灯位灰线外圈的顶棚中层灰要压光找平一致。找出灯位中心，钉上十字木板撑，并找准中心点。依中心点，最好先轮出灯灰线的外圆铅笔线，作为活模运行的控制标准线。然后将活模钉在中心点上，使其能灵活转动，先空转一圈，看是否与已划好的控制线吻合。

圆形灰线抹灰操作分层做法与上述基本相同。但如板条、板条钢板网顶棚，则底层及中层抹灰应使用纸筋石灰或麻刀石灰砂浆。与顶棚抹灰一样，应将底层灰压入板缝形成角，使其牢固结合，再使用活模绕中心来将灰线抹成型。

在外墙面装饰灰线中也常碰到门、窗洞顶部半圆形灰线，这类半圆形灰线的扯制方法与顶棚灯头圆形灰线的扯制方法基本相同，在半圆的半径上固定一根横摆，找好中心点用圆形灰线活模扯制。

（2）多线条灰线抹灰。

多线条灰线根据其部位不同，分别使用死模和活模进行扯制。其施工准备、操作要点等与前述相同。但较复杂的灰线抹灰一般应在墙面、柱面的中层砂浆抹完后，顶棚抹灰没抹之前进行。

多线条灰线具体操作时，墙面与顶棚交接处灰线，也是采用死模操作，其推拉轨道可采用双靠尺死模法，也可采取单靠死模法。

梁底、门窗阳角等部位，一般采用活模操作。

多线条灰线抹灰，常使用纯石膏掺水胶做罩面灰，其操作方法与纸筋石灰罩面扯制方法相同，但要掌握下列操作要点：

①因石膏凝结很快，操作前应认真做好施工准备。石膏要随拌随用，最好由专人负责，用两个小灰桶轮换拌和使用。

②灰线扯制动作要快，慢了石膏硬化而无法进行，整条灰线一次扯制完，不要留痕迹。阴角、转角等部位的罩面层的镶接仍用接角尺完成。

③灰线成型后，立即拆除靠尺。

二、室外装饰灰线抹灰

室外装饰灰线一般布置在柱顶、柱面、檐口、窗洞口或墙身立面变化处。灰线线角的变化除能增加建筑物外立面的美观、丰富立面的层次外，还能通过灰线的分隔处理，使建筑物各部比例更为协调匀称。

室外装饰灰线的抹灰施工方法与室外其他部位相同材料的施工方法基本相同。当装饰灰线有时凸出墙面或柱面很多时，其基体一般需在砌筑墙身时用砖逐皮扯出，砌筑成所需的轮廓或由结构主体浇筑时，一起浇筑出细石混凝土基本线条轮廓，再进行装饰灰线抹灰。

当采用粗骨料如水刷石、干粘石、斩假石等做室外装饰灰线时，为了操作灵活方便，应采用活模。对于室外较宽大的挑檐与墙面交接处的装饰灰线，可用死模扯制。大型灰线角可用相同木模从上面分段扯制后，再进行分段衔接。

1. 扯抹水刷石圆柱帽

（1）施工准备。

①材料。采用普通硅酸盐水泥，强度等级不小于32.5，复核合格。中砂，其含泥量不大于3%，石粒为2mm的米粒石，品种由设计选定。要求一次进料，冲洗干净晾干装袋备用。

②工具与机具。装饰抹灰常用工具外，还需用扯灰线用活模及柱帽套板，柱身套板。活模为木制扯制面包镀锌铁皮，如

图 8-21 所示。

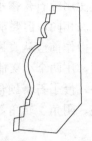

图 8-21　柱帽木板

上套板为木制的相当于死模的上靠尺，为活模上口做线角的轨道，是一外圆与圆柱设计尺寸相同的圆形木板。如柱顶为顶棚时，则套板可做成内圆套板，其作用相同。下套板其作用是确定活模在柱身的下轨道是否正确。

③作业条件。柱身结构复验合格。柱身底层灰已抹好，标高，尺寸符合要求。

（2）施工工艺顺序：

柱身顶部复核→固定上套板→柱帽基层复核→扯制毛坯灰线→扯制水刷石面层→喷刷→养护。

（3）操作要点：

①柱身顶部复核。先用下套板复核柱身顶部的尺寸，并进行修整，该处即为柱帽活模的下轨道。

②固定上套板。根据柱顶中心位置尺寸及柱帽放样宽度将上套板放平定。

③柱帽基层复核。将垫层活模上部靠在套板上，下部靠在柱身顶部，对基层逐段校核，必须以套模与基层面保持 20mm 左右的间隙作为抹灰层厚度。基层偏差过大需修凿整理，对孔洞进行填补。

④扯制毛坯灰线。用 1∶2.5 水泥砂浆分层抹在柱帽基层上，并随时用垫层活模上靠套板，下靠柱身来回扯制，直至柱帽垫层毛坯成型并扯毛。扯制时，用力要均匀，并注意保持模身垂直。

⑤扯制水刷石面层。毛坯水泥砂浆终凝后即可抹水刷石石粒浆面层，抹前先浇水湿润，然后刷一层薄薄的水泥素浆。并立即用铁抹子将石粒浆抹压上去。抹完后用面层木模上靠套板，下靠柱身且保持垂直，逐段检查水泥石粒浆的盈亏，高于线角的刮去，低于线角的补上。待水泥石粒浆稍干后，即用面层木模轻击石粒浆面层，要求将石粒尖棱拍入浆内，并再次检查石粒浆线角的盈亏及圆度，随时修补拍平。然后将活模靠在上套板和柱身上轻轻地扯动，此时用力要均匀，扯到石粒浆稍出浆即可。当水泥石粒浆表面无水光感时，先用软刷刷去表面一层的水泥浆，然后用面层木模放在石粒浆面层上，并轻击木模背部，使其击出浆水来，再稍提起木模一边轻轻扯动，将石粒浆线角面层拍密、压实。

⑥喷刷。待石粒浆面层开始初凝，即用手指轻轻按捺软而无指痕时，即可开始刷石粒。刷时应先刷凹线，后刷凸线，使线角露石均匀。先用刷子蘸水刷掉面层水泥浆，然后用毛刷子刷掉表面浆水后即用喷壶或喷雾器冲洗一遍，并按顺序进行冲洗使石粒露出 1/3 后，最后用清水将线角表面冲洗干净。

⑦养护。石粒浆面层冲刷干净 24h 之后洒水进行养护，一般要求养护期不少于 7d。

2. 扯制水刷石抽筋圆柱面

抽筋圆柱是在柱面上嵌有凹槽的圆柱，如图 8-22 所示。

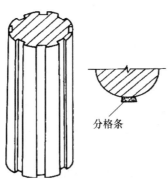

图 8-22 抽筋圆柱及分格条

室外抽筋圆柱面层一般采用水刷石做法。

（1）施工准备：

①材料的要求与做水刷石圆柱帽相同。

②工具与机具与做水刷石圆柱帽基本相同，但需要按设计要求尺寸做垫层套板和面层套板各一块。另外，还要做一块缺口板和一些分格条。要求分格条用收缩性小的木材制成，其截面为梯形，外面为圆弧形，并与套板的圆弧相符，尺寸应根据设计要求而定。

③作业条件要求与上节水刷石圆柱帽相同。

（2）施工工艺顺序：

找规矩→贴灰饼→基层处理→冲筋→抹底子灰→弹线→粘垫层分格条→抹垫层→起分格条→抹筋内水刷石→抹面层石粒浆→起分格条→喷洗→养护。

（3）操作要点：

①找规矩。将柱子用托线板或缺口板进行挂线，检查其垂直度和平整度，并找出柱子的中心位置；先在楼、地面上弹线定位，然后在柱子的 4 个方向的立面弹出柱中心位置线。

②贴灰饼。在上柱面的 4 个方向各做一个灰饼，其大小为 30mm，厚度为 10mm，再利用套板做其他 3 个方向的灰饼。最后用缺口板线锤检查每组上下两个灰饼垂直度，并以 1.5～2m 间距做柱中间的灰饼。

③基层处理。对柱子各面进行剔凿补平，用套板检查圆弧，用托线板检查垂直度，修整到位为止。

④冲筋。在同一水平高度的灰饼间抹水平冲筋，然后用中层套板进行刮平。

⑤抹底子灰。先在柱面上薄薄抹一层水泥素浆，后用 1：3 水泥砂浆抹底子灰，要求薄而匀，麻面交活。

⑥弹线。根据设计要求的间距，在柱面底层上弹出分格线的位置，并用线锤吊直。

⑦粘垫层分格条。把用水浸透并沥干的分格条用水泥素浆粘贴在分格线上，要求粘贴平直，接缝严密。

⑧抹垫层。在分格条间抹1:2.5水泥砂浆，并用垫层套板刮平分格条面，并将表面划毛。

⑨起分格条。垫层抹完，即起出分格条。起分格条时，应先用铁皮嵌入分格条面轻轻摇动，将分格条摇离抹灰层，然后起出，如有损坏应随即修补。此时，抽筋圆柱已初步形成。

⑩抹筋内水刷石。当垫层凝结后，可抹水泥石粒浆。并酌情洒水湿润，先薄刷一层水泥素浆。然后将1:2.5水泥石粒浆（半干硬性）用铁抹子抹在分格条的柱筋内，抹平两边柱面，并立即拍平拍实。如石粒浆太湿，可用干水泥吸湿后刮再拍平拍实。最后对筋内石粒面层进行刷洗，刷至石粒露出1/3即可。

⑪抹面层石粒浆。首先在刚冲刷好的凹条筋内水刷石面层格条上用水泥素浆粘贴面层分格条，并用线锤挂直。粘贴分格条后筋泥素浆要适量，分格条两边的余浆要刮去。面层分格条粘完后，即可抹1:1.25水泥石粒浆面层。先抹平分格条面，并要抹出圆弧面，并随时用面层套板检查，凹凸处补平、压实，使柱面的圆弧与套板相符为止，当表面已无水光即用抹子溜抹，压出浆水使面层压密，并清理好分格条。

⑫起分格条。面层压密、压实后，即可起分格条。用铁皮嵌入分格条内轻轻摇动，分离了两边石粒面层后起出。如面层有了裂缝，即用抹子压实，以免分格缝棱边掉角。

⑬喷洗。石粒浆面层开始凝结，手指按捺软而无痕，就可喷洗石粒浆面层。用鸡腿刷先刷柱筋底面，将嵌分格条的余浆刷掉，使石粒显露后，再刷凹筋内两个侧面，石粒显露后，清水冲洗干净。最后喷洗柱面，先用刷子刷掉面层水泥浆，后用喷雾器喷洗，从上而下，缩短喷洗时间，减少流淌，防止坍塌，待石粒露出1/3，即用清水从上至下冲洗一遍。

⑭养护。喷洗完待24h后，洒水养护，一般要求养护时间不少于7d。

（4）室外装饰灰线质量通病及防治：

①灰层粘结不牢发生空鼓的原因。基层面没有清理干净，没有浇水湿润，每层灰跟得太紧，混凝土柱面太光滑没有处理。

②防治灰层粘结不牢发生空鼓的措施。处理基层严格要求，经过检查合格才可开始操作。其操作要按工艺要求去做，重视每一抹灰层跟进的时间和养护措施。

③柱基烂根产生原因。一般发生在柱与地面及腰线的交接处。杂物没有清理干净。下边没有操作面，压活困难，造成灰层不密实。

④防治柱基烂根措施。柱基操作必须将杂物清理干净，并应同时创立一个适宜的操作面。

⑤阴角刷石污染不清晰的原因。做阴角处没有分次做。喷头的角度不对直接影响了另一面，造成污染。

⑥防治阴角刷石不清晰的措施。分两次做，先做好一个平面后，再做另一个平面。并在靠近阴角处，按罩面厚度在底子灰上弹一条垂直线，作为阴角抹直的依据，做完一面再弹线，作为另一面抹直的依据。并要在刷一面时注意保护另一面不要受到污染。

三、石膏装饰件安装

传统的预制花饰线角，多为石膏预制，在室内装饰中，石膏装饰件运用更为广泛。由于石膏装饰件是脆性材料其安装施工由原建设部与国家质量监督检验检疫总局联合发布《住宅装饰装修工程施工规范》（GB 50327—2001）中对其制作安装有下列规定：

装饰线安装的基层必须平整、坚实、装饰线不得随基层起伏。

装饰线、件的安装应根据不同基层，采用相应的连接方式。

石膏装饰线、件安装的基层应干燥、石膏线与基层连接的水平线和定位线的位置、距离应一致，接缝应 45°角拼接。当使用螺钉固定花件时，应用电钻打孔，螺钉钉头应沉入孔内，螺钉应做防锈处理；当使用胶粘剂固定花件时，应选用短时间固化的胶粘材料。

1. 施工准备

（1）材料。石膏装饰线角、采用市场成品料：石膏粉、木螺钉、石膏粘结剂等。

石膏装饰线角示例如图 8-23 所示。

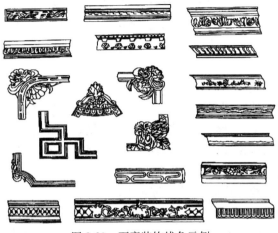

图 8-23　石膏装饰线角示例

（2）工具与机具：

冲击钻、手电钻、锤子、凿子、平尺、靠尺、铁抹子、尼龙线、角尺、方尺、小灰桶等。

（3）作业条件：

①顶棚与墙体饰面已完成。各种湿作业工序已竣工。屋内清理已完成。水平基准线已找好。

②对现场的装饰线角数量、质量逐一检查。将有严重损伤的线角拣出，对损伤较轻进行修补。其方法：扫去损伤处的浮尘，清水湿润。调石膏粉与水成膏状。用钢片批灰刀（扁状）把石膏浆抹嵌在损伤处。固结后，用 0 号砂布打磨平齐。如一次不行，等 20min 再抹一次，后打磨，直至达到质量要求。

2. 施工工艺顺序

施工工艺顺序：定位弹线→固定线角→整理。

3. 操作要点

（1）定位弹线。

对各种顶棚阴角线、艺术花角、直线厚雕线角、浮雕艺术灯圈及独立装饰花饰做精确定位，弹出限位线。

　　弹限位线的目的有两个，一是保证石膏线板固定在同一水平上（以室内水平基准线为准），二是可保证对碰角度一致。具体施工时可以根据石膏线板设计要求的安装角度来定限位线，然后根据安装角度做靠模槽，靠模槽上锯路槽的两个角度要相同。

　　（2）固定线角。

　　固定方法采用预埋件或打孔塞入木榫，然后将装饰线背面用水湿润并抹上石膏浆，将线脚贴于基层做临时固定，然后在预埋件或木榫的位置处用手电钻打孔，用木螺钉拧入固定，随即将花饰线周边挤出的余浆清理干净。

　　在做阴角部位安装时，两条线板在 90°角处对碰时，要在两条线板对碰端先开出 45°的对碰口，开碰口需用靠模板并把线板正面向上，内靠模槽，再用细齿锯沿靠模板上的锯路槽开出，靠模槽用厚木板钉成，靠模槽的宽根据石膏线板宽度，靠模槽上的锯路槽有两个 45°，制作时必须注意，否则开出对碰口因角度不对而碰不上口。靠模槽上锯路槽的两个角度要相同。

　　如果靠横槽的宽度按照线木板实际安装的位置宽度来定，锯路槽可以按正常的 90°来做。

　　很多石膏线板不以 45°固定安装，通常把石膏线板的安装角定为 20°、30°和 40°。在这种情况下安装固定，需在安装的角位立面上弹出一条限位线，石膏线板的下沿沿着该限位线固定。

　　当安装的石膏线板上有浮雕花纹时，在两线板对口和对角时应注意花纹的一致性和完整性。

　　在檐口位的线角安装，石膏柱位的安装、石膏花盘的安装工艺过程均同线角安装。

　　（3）整理。

　　石膏装饰件经安装固定后，表面会留下钉眼、碰伤和对接缝等缺陷。对这些缺陷应分别进行处理。一般钉枪的钉眼较小，可不做处理，但对钉眼较集中的局部和用普通铁钉的钉眼就必须修补处理。

修补处理是用石膏调成较稠的浆液，涂抹在缺陷处，待干后再用 0 号细砂布打磨平。如浮雕花纹处有明显的损伤，就需用小钢锯片细致地修补，待干后再用 0 号砂布打磨。

待修补工作完成后，便可进行饰面工作。石膏装饰件的饰面通常采用乳胶漆，刷乳胶漆时，可将乳胶漆加 1/2 的水稀释，再用毛刷涂刷 2～3 遍成活。

第九章　其他抹灰施工

第一节　常见的雕刻工艺与操作

雕刻（Carving），在雕塑中是指把木材、石头或其他材料切割或雕刻成预期的形状皆可称为雕刻。服务于这一目的的工具有刀、凿子、圆凿、圆锥、扁斧和锤子。在最常见的雕刻方法中，一只手拿着凿子，另一只手拿木槌，然后用木槌将凿子敲入木头或石头中。尽管一些金属加工技术如焊接和装配，在过去的一个世纪中逐渐变得重要，但是雕刻和制模仍是两种主要的雕塑技法。一个雕刻完成的作品可以被称为雕刻，但雕塑一词通常被用来指具有严肃艺术意涵或美学意涵的作品。

一、木工雕刻技术

木工雕刻技术是木工制作与雕刻工艺紧密结合，以木材为质地进行加工刻制的工艺。这种技术有广义和狭义之分。广义的木工雕刻技术包括木工建筑雕刻技术、木工家具雕刻技术、木雕工艺品或传统供奉神像、神器的雕刻技术等方面。狭义的木工雕刻技术专指从事雕花工艺的某一方面；或是利用木材雕刻一些花板及艺术品的技术；或是专指建筑木工制作的雕刻技术；或是专指家具木工制作的雕刻技术。

二、木工雕刻技术的特点

木工雕刻技术的特点大致有如下几个方面：

1. 技术性

人们往往通过双手来表现技能，然而这种技能都是基本功和智能的相互融合。技能来源于勤学苦练，手脑并用，融会贯通，

238

精于创造。

2. 艺术性

雕刻是一种艺术，木工雕刻技术有木结构的技术美、木质的质地美、雕刻的形式美。木工雕刻通过阴刻阳雕、透雕、圆雕的各种形式，用巧妙的刀功，精雕细刻出人们生活中的人物、动物、飞鸟鱼虫、花果树木、山川风景、生活娱乐、名人戏曲等方面耐人寻味的图形。

3. 益智性

从事木工雕刻，是手脑并用的过程。社会的存在决定人们的社会意识，雕刻艺术并不例外。业精于勤、心到手到，从木结构部件的巧妙组合到制作构件的产品形式，直到设计构思的画线技能，可以随意造型，创造性地按主观意志发挥自我特长，又可以根据客观条件，按样、按图展现结构和产品的再现艺术。

4. 规矩性

俗有"凿四方眼不带弯处"之说。说明木工雕刻技术有其自身技术的规范性、规矩性。其一，以方为规，即方正。四边方正、棱角齐正，横竖方正，斜坡严谨。旧时木工雕刻制作中木质的根梢还应分清才符合规矩。其二，以圆为矩，即轨迹。内圆外方、内方外圆，曲线均匀圆凸大方。建筑方面的上梁、竖柱、搁檩、斗拱的坐斗插飞都应符合一定的规律。家具制作更是如此，比例协调，线形圆方规律，方正匀称，高低大小适中。雕刻时还要按其实用造型的大小，用精美的刀功表现物件的图样。

5. 统一性

各种建筑造型，或是家具雕刻制作材料和加工都具有统一的造型组合方式。例如，选配材料尺寸时竖横较统一，选配材料宽窄也较统一。画线组合时应根据宽窄大小面的变化情况颠倒使用即可。又如，画线时按各种线型要求及规定一人画线众人施工也很少出错。

6. 规律性

这里的规律性指使用寿命的规律性和结构制作的规律性。如生活中活动的雕刻品技术结构要求严、加工难度大，而固定物技术要求则相对容易些。如建筑物的稳固几百年不动，室内陈设的柜子一般好几年不动。而建筑方面的门一用几十年不容易损坏；家庭用的椅子东搬西放用几十年不被损坏。这样木雕产品的制作就需要遵循结构制作的规律达到使用寿命。

7. 健身性

木工雕刻制作是一种健身技术，好处是常在室内工作，体力轻重适当。如木工加工制作的整个过程是一种无规则的多种运动，站立、蹲下、锯木、刨料就是全身的多姿态运动。如体力感觉累时，还可以自行调节进行雕刻、画线或做榫。有些雕刻艺人虽已年长但仍能继续从事制作。

8. 体系性

木工雕刻技术是一种系统工程，如一座木结构建筑物，其梁、柱以及檩、橡、垫、板、斗、枋等就有上千个部件，简易的一把清式官帽椅，就有大小件42根木料组合而成，曲线造型17个部位，榫眼结合20多处，所以传统木工雕刻是构件和体系的结合。

三、木工雕刻技术的内容

1. 木工雕刻技术的材质

材质是雕刻技术的重要内容。只有认识木材，运用木材，懂得材质的变化规律，才能保证雕刻质量的提高。不仅要从生态学认识，从形态方面区分，从木质好劣进行辨别，还要从软硬方面，雕刻选配材的加工去理解，把材料选好、用好、搭配好。分析木材的优劣取决于匠心的挖掘。要从心材、中材、边材区分，又要从梢材、中材、根材分析，大到每种树木的材质，小到每块木料的好劣，应懂得最好的木质在什么地方。

木工雕刻的选材、配料取决于雕刻作品的用途，决定做建筑物构件用什么材，怎么用。决定做家具用什么材，怎么用。这样就能在锯割凿刻加工中，最大限度地降低和缩小变形。

2. 雕刻画线技术

传统雕刻画线技术是很规范的，因为画线必须达到制作精度和制作目的。小到一个部件，大到一个建筑物构件，画线最终还是要达到组合与装配的效果。画线工具的自制、使用和精度，一定要严格掌握。随着科学技术发展，目前已实现锯、刨、凿、刻机械化，有些画线程序可以省略，但画线的要求必须懂，这样才能丰富自己制作的技能。

3. 雕刻锯割、刨削、凿刻基础

新的机械代替了很多手工工具，但是由于雕刻工艺的多样性，加工制作的变化性，还要求手工工具的使用。一个好的雕刻工匠无几件得心应手的工具，是不能保证技艺的自我表现的，同样也难以完成制作任务。

雕刻锯割、刨削、凿刻的熟练程度有待于技能训练和工具维护。高技术的人才有动手动脑能力，即实践和理论运用能力。想加工一件好的雕刻品，必须始终如一，坚持勤学苦练，循序渐进提高自己。过去常被人们看不起的木工"雕虫小技"，殊不知其基础的、理论的、专业的知识是极其丰富和深奥的。

4. 雕刻制作技术

雕刻制作技术是加工质量的保证。"看线是木匠的眼"，衡量面的平直与否，成品规矩匀称与否是靠人们自身的眼力。会看、会做、会运用，横竖平直、圆方曲直，是制作的基本功。初学时较难掌握，只要常练习就会掌握其规律。

吃线与留线也称误差的配合，是加工技术的质量保证。拼缝、做、胶合是个人技巧的表现。技能差的工匠，虽也能从样式方面完成，但是质量和使用寿命较差。技能好的工匠在实践中还会看其物，懂其理，治其艺，除能完成样式制作，还能保证使用寿命。

5. 加工实例和油漆

按照制作实例练习，不仅从样式和形式组合的实践中学习和熟悉操作技术，而且还能提高其技能训练水平。

油漆技术是雕刻技术的互补技巧。如能在实践中掌握，懂其油漆原理及效果，就能从样式、材质、齐正、干净、光洁、审美等方面提高技能。

总之，木工雕刻技术的内容是多方面的，要提高自己的技术水平，必须在勤学苦练中，吸收各方面营养，丰富自己，完善自己。这样才能从材质的内容上。从雕刻艺术的形式上和木结构技术本身去构建一种雕刻美，从而服务于社会，服务于人民。

四、木雕艺术造型

木雕的艺术造型是雕刻画线基础的关键环节。好的造型表现效果准确，达到精雕的艺术效果，并给人以神情画意，大小均衡，点线形真的感染力，使其耐看耐用。

木雕造型分为人物造型、建筑造型和家具造型。

1. 人物造型

人物造型原指佛像造型、戏曲人物造型。但艺术源于生活，还得根据现实生活来构思人物造型。

人物造型要了解人物的背景，熟悉人物的生活，突出人物的性格，这虽然是文学的要求，但这里同样能指导木雕艺术的加工。

背景的不同，立意构思不同，造型就有差别。例如，木工推木料和锯木料的动作，始终保持同样的往返推拉姿势，是身姿活动和巧妙用力形成的，也是很规则的技巧动态。而婴儿初学走路东倒西歪则是不规则的动态。又如，古人物全身站立一般是七头半高，全身坐姿一般是五头高，半身坐姿一般为四头高，全身蹲姿一般为三头半高，头的下巴至乳头处的高度等于一头高，乳头至肚脐或腰带处也等于一头高，坐姿腰带至坐底盘还等于一头高。这种造型尺寸的普遍性一直在加工技术中得以运用，如图9-1所示。

人的生活、人的性格决定形象的典型特点。人有其情，又有其质，并有其形，还有其口。木工雕刻同样需要表现人物的形象。实践中掌握其规律的一面了解其个性的特征，用艺术的手法绘制，用精巧的刀功进行刻画，就能敏感而准确地把握其特点。例如，人的表情变化是由面部表情肌肉牵动五官，就产生了表情特征。俗有"画人笑，眼角下弯嘴上翘；画人哭，眉皱垂眼嘴下落；画人怒，眼圆落嘴眉皱吊；画人伟，风度严谨眼神好"。这种人的表情特点常常运用于制作艺术中。

图 9-1　人物造型

　　人物造型除高度外还要掌握其他部位的比例。例如，以鼻子长为标准，人的脸形长度一般是鼻子高度的 3 倍；例如以眼的宽为标准，脸形的宽度常常是 5 只眼睛的宽度，如图 9-2 所示。脸的四点常保持一样高平，即前额、下巴和左右两个额骨还常常呈现为一样高平，不凸不凹的情况。胳臂的长度一般是肩头至手腕处两头长，手长和脸长相仿。个子高大的人物只把腿稍加长即可，发型还要高低分明。

图 9-2　人头在脸部的比例

　　木工雕刻的造型艺术一定要立意深、构思巧妙、刀功灵活。从心灵深处潜移默化勾画出雕像大致轮廓。经过大脑在日常生活中对人物形态、神形的观察和概括，采用分散处理、综合加工、重新创新的艺术手法，有感情地着意刻画，使思想性、艺术性和形与神融为一体，使深邃的意境，巧妙的慧眼和高超的技艺以及协调的刀功让人物造型有活力、有生命。

　　当然雕刻人物造型画线时还要选定木料的粗细配合。有的人物造型身体和四肢不同部位连接的加粗和加长，以及加弯等方面还需画线加工合理、结构合理、经久耐存。

　　2. 建筑造型

　　建筑造型一般以清式营造传统方式为例。除了解建筑中木作的构造，连接方式的画线，还要根据其造价的多少进行雕刻镶嵌，或者略施雕花画线。

　　建筑的造型一般为三种。用于宗教膜拜或先贤之用的殿庭，结构复杂，雕饰华丽。用于富豪、商贾、名人的楼厅和厅堂，其雕饰较繁，镶嵌装修应有尽有。用于民居的平房、富裕之家垂花门楼、墙门、飞罩等多加雕饰。

　　建筑造型的雕饰表现在斗拱的部分。以流空花卉的吉祥图案表现于民居和祠堂角拱处，以凤头昂的吉祥图案表现于门楼、照墙、牌楼的斗拱处，以鞋头昂表现于庙宇正殿式牌楼的斗拱处。

　　建筑造型雕饰部位主要表现在以下部分：

　　亮拱处的鞋麻板流空雕花；

　　承梓檩拱端的麻叶云头（图9-3）；

　　水戗竖带三寸岩下回纹花饰；

　　墙门上下枋中央锦袱垫木雕刻部分；

　　斗拱延伸下垂的昂端雕鞋脚状、凤头状、金鱼及鱼龙状、花卉等；

　　梁垫的前部雕花卉、植物等图案，如龙头、牡丹、兰花、吉祥物等；

　　雀替。对称镶于柱与枋两角间。雕虎头图案、宝瓶如意、二龙戏珠、凤凰戏牡丹等图案；

挂芽。荷花柱头上端两旁的耳形饰物雕花板，常雕有宝瓶、文房四宝、八仙器物等；

麻叶云头

雀替

图 9-3 雀替和麻叶云头

落地罩。柱间和枋下的网络镂空处，两端下垂落地的棱花、方、圆、八角等形状；

挂落。柱间和枋下似网络镂空，两端下垂不落地，装饰一定的雕花图案；

柱头。墙门枋子两端下垂雕花状短柱的端头，也可镂空雕饰；

门、窗下裙板、中夹堂板和大梁底两旁蒲鞋头的雕花。

用于栏杆及窗的空档需雕的花结（北方称色垫），如图 9-4 所示；

垛头的中部兜肚雕刻花纹；

两牌科间雕刻镂空花卉的垫拱板。

建筑造型雕饰应根据建筑的施工要求和设计制作雕刻饰品图案，还要考虑雕饰取样新颖、符合传统要求、符合技术要求、符合结构尺寸。刀工表现技巧要线条清晰、深浅均匀、图像有艺术感染力，给人以神奇美。

图 9-4 花结

3. 家具造型

家具造型要按照人们的习惯、人们的环境条件和实际需求，雕刻加工画线前必须按照利用材料和设计规范考虑其表现效果，达到选材与用材的统一，结构与造型的统一，实用性与艺术性的统一。

家具造型达到选材与用材的统一，是为了既要发挥材料性能，又要表现材料质地的纹美和本色。如红木家具、花梨木家具、核桃木家具、楠木樟木等家具，要表现材质坚实和色泽鲜润的特色。

在用材上，选取看面进行粗细尺寸恰如其分的随形处理。要求严实的榫卯结构、严丝合缝装心板和棱角结构，发挥材料性能的自然美。

家具造型表现在框架结构方面。主体轮廓合理优美，而在结构上或是勾挂榫结合，或是牵连支托加固，或是半隐式支撑，从造型上应不失其结构的受力强度，衬托出家具的稳定和秀气感，并要体现结构与造型统一。

家具造型要充分掌握人体的合理尺寸。家具的使用对象是人，家具的高低、宽窄无一不与人体的合理使用有关，这就需要比例适中以及实用性与艺术性的统一。

家具的造型还要充分掌握环境的合理尺度。环境指人们的活动场所，也就是住房和娱乐、学习和办公的场所，这些地方存放物品合理使用的状况。

合理的比例要满足舒适程度和结构造型的加工，才能使实用和美观有机地相结合。追求实用而不讲美观的家具无意义，但只讲美观而妨碍使用也不可取。木工雕刻家具属传统雕刻艺术，木雕图案的优美装饰仍然要与使用上的舒适以及结构造型的合理相联系。

家具造型画线必须考虑繁简得当。我国传统风格的木雕家具繁而有雅，简洁而协调，其艺术风格、造型及色彩等，应该同周围环境建筑物协调一致，统一起来。

如果是古典风格的庭园房屋，制作的木雕艺术造型应繁简得当，与环境相吻合。如果是现代风格的楼房，就应考虑点、线、面风格的简洁，恰到好处。例如，圆柔的腿柜，简雕的镶板。又如，配以朴实大方的雕座镜屏，给人以典雅别致和庄重之感。如果是单件木雕家具，就应该注意现代气派的流行，又有艺术雕功的美感。这就是木雕造型在某种情况下，艺术价值将远远大于使用价值的说法。

五、雕刻的种类

1. 平面雕刻

平面雕刻是指只在平整木料的表面进行的雕刻。不要认为平面雕刻很简单，它涵盖了从相对简单的阴雕到稍有难度的凿雕和浮雕。

（1）阴雕。

阴雕是只在木料的表面雕刻物体的线条轮廓，木料的其余部分通常保持原样不被刻。常用的工具有V形凿、U形凿和不同尺寸的雕刀。较宽、较深的刻痕能突出重点。阴雕常被用于家具装饰、木版水印以及在木板上刻字等（图 9-5）。

图 9-5　一只精致的阴雕海豚

工具：可用来雕刻线条轮廓的工具。

常用领域：家具装饰、木版水印、刻字。

（2）凿雕。

凿雕是最古老的装饰雕刻技法之一，世界各地普遍采用这种技法装饰房屋、日用品和器皿等。凿雕是通过移除特定位置的木料来创作图形。这种技法雕刻出的图形经常是重复的，它们可以是不规则的，如曲线，也可以是规则的几何图形，如三角形（图 9-6～图 9-8）。

图 9-6　凿雕的盒子

图 9-7 凿雕的礼品盒

图 9-8 凿雕的椴木碗

工具：凿雕刀。

常用领域：装饰各种物品。

（3）凹雕。

凹雕的特点是先在木料上雕刻一个凹槽，然后将图案雕刻在凹槽之中，凹槽周围的部分通常保持原状（图 9-9）。凹雕的效果正好和浮雕相反，它通常被用来装饰黄油模具、糖果模具、椅子靠背以及其他家具。创作知名雕刻作品"祈祷之手"的阿尔布雷特·丢勒就是一位非常著名的凹雕艺术家。

图 9-9　一个凹雕作品

工具：各种雕刻工具均可使用，长、短翘头工具尤其适合。

常用领域：模具、家具装饰、木刻版画。

（4）浮雕。

在浮雕中，图案周围的木料被移除，使雕刻的图案看起来有浮出木料表面的感觉。这种雕刻类型主要采用制底刻的技法来产生阴影和层次效果。浮雕可进一步被划分为如下 3 种：

①浅浮雕。在浅浮雕中，只需移除少量图案周围的木料，即可使图案有浮出表面的效果。浅浮很少采用掏底刻，但仍然可以表现大量的细节（图 9-10）。

图 9-10　浅浮雕作品

②高浮雕。高浮雕和浅浮雕大体相似，区别在于高浮雕需要移除更多图案周围的木料，而且会用到掏底刻技法以产生更多的阴影效果。通常，雕刻图案 1/2 以上的轮廓会凸出表面。这些区别之处也使得高浮雕比浅浮雕的效果更强烈（图 9-11）。

图 9-11　高浮雕作品

③透雕。在透雕中，图案周围的木料被完全移除形成一个镂空的状态。

浮雕的欣赏角度一般是作品的前方。浮雕的历史可以追溯到古埃及时代，并且一直被用于装饰房屋、家具、珠宝盒以及日用品。

工具：雕刀及其他雕刻工具，尤其是圆口凿、V 形凿、U 形凿。

常用领域：可用于装饰各种物品。

（5）建筑雕刻。

建筑雕刻通常是将图案雕刻到家具或建筑物表面上，或是将雕刻作品附着在上面（图 9-12 和图 9-13）。

图 9-12　乡村风格建筑雕刻

图 9-13　建筑雕刻壁炉台

叶形装饰雕刻是建筑雕刻中最流行的一种，同时也属于浮雕。这种华丽的装饰风格以观叶植物为原型，通过凹凸弯曲的曲线刻痕来呈现流动的、别具一格的效果。古希腊人和罗马人在哥特时期的艺术品和建筑中广泛使用了叶形雕刻，这种装饰雕刻风格一直延续到文艺复兴时期，并且在斯堪的纳维亚国家（挪威、瑞典、丹麦）变得非常流行。它至今仍被认为是具有斯堪的纳维亚风格的雕刻类型。叶形雕刻主要用于家具、画框的雕刻以及建筑装饰。

工具：不同尺寸的圆口凿、U 形凿以及 V 形凿。

常用领域：家具、建筑装饰。

（6）树皮雕刻。

用于雕刻的树皮应该是厚而结实的，如棉白杨树皮。每块树皮都有独特的大小和形状，所以要依照树皮自身的特点进行雕刻。树皮雕刻通常只在树皮的一侧进行雕刻，因此也只能在一侧进行欣赏，但有时它们也可以被局部镂空。除了雕刻材料上的明显差别外，树皮雕刻还有一些区别于实木雕刻的独特手法。童话建筑和树神是树皮雕刻中两种流行的主题（图 9-14）。

图 9-14　树皮雕刻

工具：雕刀和其他雕刻工具。

常用领域：具有想象色彩的装饰物品。

2. 立体雕刻

立体雕刻是指将雕刻主体四周的木料全部移除，使其完整呈现高度、宽度和厚度的一种雕刻类型。这类雕刻的作品可以从任何角度进行欣赏。

（1）写实雕刻。

写实雕刻要尽可能真实、生动地呈现雕刻主体。这类雕刻者在创作作品时会很高程度地依赖照片和对真实物体的观察。每块鳞片、每根羽毛、每道皱纹都要通过对木料的雕刻再现，后期需要同样细致地对雕刻作品上色。

鸟类雕刻有着对细节的惊人展示，雕刻对象涵盖了从体积最小的蜂鸟到最大的鹅（图9-15）。

图9-15 雪松太平鸟雕刻作品

哺乳动物雕刻作品通常是真实动物的微缩版，但每一个细节都不会被遗漏，从毛的姿态到眼睛里的亮光。

鱼类雕刻作品的大小各有不同，体型较小的鱼如淡水鳟鱼，通常按真实大小刻；体型较大的鱼如鲨鱼，通常缩小比例雕刻。有专门用于精细雕刻鳞片的雕刻工具。

人物雕刻包括真实大小的雕像、半身像和微缩雕像。人物雕刻师通常会努力捕捉人物的面部表情和肢体语言（图9-16）。

图9-16 人物雕刻

工具：雕刀、圆口凿、U形凿、V形凿、微型工具，有时还需要电动工具。

常用领域：雕像或装饰物。

（2）意象雕刻。

意象雕刻强调的是形态，而不是细节，这种雕刻手法并不通过每一个细节的呈现来表达主题。通常，这类作品的表面会被打磨，以使表面光滑、线条流畅。许多意象雕刻作品的表面并不上色，因此可以在作品的表面看到木料的自然纹理（图 9-17 和图 9-18）。

图 9-17　意象雕刻鸟类　　　　图 9-18　意象雕刻猫

工具：雕刀及其他雕刻用具。

常用领域：雕像、装饰物。

（3）夸张雕刻。

夸张雕刻是一种流行的雕刻方式，它以夸张刻画熟悉事物的突出特征或个性为特点。夸张雕刻大师埃米尔·简奈尔（1897—1981）将其描述为"夸张的现实主义"。欧洲的雕刻家对这种风格的雕刻都有一定程度的涉猎，而其中瑞典的艺术家对它有最深远持久的影响。夸张雕刻的木料多为椴木（图 9-19 和图 9-20）。

图 9-19 夸张雕刻作品（一）　　图 9-20 夸张雕刻作品（二）

工具：雕刀及其他雕刻工具。

常用领域：装饰性人物雕刻、一些瓶塞。

（4）平刨雕刻。

平刨雕刻产生于斯堪的纳维亚国家。这种雕刻的特点是收放有度的刻痕在作品的表面形成了一个个平面，雕刻题材多以人物和动物为主。平刨雕刻曾经几乎绝迹，但因为哈利·瑞福素一个人的努力而再次复苏。瑞福素在斯堪的纳维亚半岛居住了很长时间，他探访年长的雕刻师，学习这种即将消失的艺术形式。他还撰写图书记录这种艺术形式，并周游世界进行展览和教学（图 9-21）。

图 9-21 平刨雕刻作品

工具：各种雕刀。

常用领域：装饰性人物雕刻。

（5）实用雕刻。

一些实用的物品，如勺子、碗和抽屉拉手，都可以成为实用雕刻的题材。这类作品有时也可被归为其他类别，如意象雕刻或写实雕刻（图 9-22）。

图 9-22　实用雕刻作品

工具：雕刀及其他雕刻工具。

常用领域：既实用又有装饰作用的物品。

（6）异型雕刻。

异型雕刻通常没有实际用途，以娱乐为主要目的。雕刻的作品看似由各个部分相互连接而成，实际是由一块木头雕刻而成。一些异型雕刻作品会非常精细复杂。

工具：通常是雕刀。

常用领域：玩具。

六、雕刻的图谱

1. 图谱的作用

木工传统雕刻图谱是雕刻工艺制作中必不可少的图纹，而且与工匠们的制作技艺又是互为依存的。传统图谱又是传统文化的载体，具有象征意味与丰富内涵，具有民族艺术特色和民间气息。人们在应用中应加以区别地整理运用，并且使木雕技术与图谱在人们的生活环境和历史的发展中相得益彰，恰好相融，真正发挥其图纹美的作用。

（1）图谱为木雕技术创造制作的条件。既可用于一块板面框面雕刻，又可用于局部构件部分的雕刻，还可用于艺术品雕刻。浮雕、透雕、圆雕由木工自己选择。无图不能雕，无图不能画，只有能工巧匠独具匠心的选择才能体现物的内在美。

（2）图谱是精神构思，是美对物的表现形式。图谱在一定的环境中或者在自身的表现中让人产生美的韵味。

（3）图谱是审美艺术。当然也是实用性与艺术性的价值表现。美是无价的，但美也有价值，美可以实现更高的价值。

（4）图谱具有传统性。当然也是工匠艺术的财富，在人类历史发展的长河中，图谱其形和物的结合记载了人类的生存、发展、向往和特点。同时又沉淀了我国有特殊意义的国宝珍品，而且还使传统艺术起到了审美、开拓、发展的作用。

（5）木工雕刻传统图谱有陶冶和美育作用。一个美的图谱代表一定的环境，代表一定的历史和民族传统，经过多少代匠人提炼和创新，是美的精华。

（6）图谱有价值观。好的图谱蕴藏着特殊的匠心，并具有历史、科学和昂贵的经济价值。

2. 传统图谱的配制

传统图谱的配制常常服从于雕刻物的附着面与面的大小空间，或圆或方，或长或短；又要服从于经济条件的需求，或简或繁；还要服从于特定的环境与结构和特定的审美情趣。传统图谱的配制多用于雕刻艺术的浮雕、透雕和局部圆雕制作中。木雕在建筑中常见的有墙面、地面、天花顶、箍头、藻井、门扇、梁柱、栏杆、台阶、池板、窗棂等古老民情的题材。木雕在家具中更是题材广泛，如桌、椅、凳、柜、床、屏、架等艺术品。传统图谱的配置在石雕、瓷器的釉画和彩绘彩画中也是大量采用的。

木工传统雕刻图谱的配制分为平面构图、格律构图、立体构图。平面构图是平视，视点分散，图纹不重叠，层次前后不区分。就是用平面形式展开，画面自由的平视体构图多见于木刻画。格律构图是方中有圆，圆中显图，对称排列，图纹填圆，如木雕屏风图、柜门图、窑洞天窗图。立体构图实际上相当于机械制图中的轴图，是把物像画面统一地有意倾斜成 10°、20°、30°、60°，再经过画面的点、线、动、静，构画成为立体感的图纹。当然，立体构图配制后还得由加工者在制作中，从立体的四周找出形体的部位点。从大到小，从高到低，从整体到局部；由细到粗，由简而繁步步深入透底地雕刻加工，即匠心的悟性和技巧。

3. 图谱的内容和分类

木工雕刻传统图谱的艺术内容广泛，包罗万象。其画中有诗，诗中有画，构思巧妙，情意相融，寓意深刻，有趣味，且爱憎鲜明，加上精雕细刻，玲珑雕镂，千姿百态，真是美不胜数。

木工传统雕刻图谱可以从不同角度分类，实际制作技艺中常以图谱纹样的具体内容分类。其可以分为龙、凤图谱；狮、麒麟图谱；人物类图谱；动物类图谱；鹤、蝙蝠图谱；祥云山水图谱；文字器物图谱；花鸟鱼虫图谱等多种。如人物类图案中的"受天福禄""天官赐福""指日高升""三娘教子"等。动物类图案中的"太平有象""麒麟送子""鹿同春""辈辈封侯""三羊开泰""龟齐龄"等。花鸟鱼虫图谱中的"丹凤朝阳""榴开百子""喜鹊登梅""鱼跃龙门""一品清莲（廉）""天地长春""藤蔓绵延"等。其他还有龙纹、云纹、文字器物等图谱。

图谱是人以自然现象和自由想象寓意希望、纯真、刚劲、高洁、雅趣的艺术特点。当然，木工传统雕刻图谱不能一味的临摹，应该用其所长，避其所短，用时代的观点去认识，去了解，达到适用与发展的目的。

4. 建筑构件图谱

建筑雕刻的图谱表现在斗拱的部分。一般情况下以镂空花卉的寿头、月季、荷花、金鱼等吉祥图案表现于民居和祠堂角拱处；以凤头昂的吉祥图案表现于门楼、照壁（墙）牌楼的斗拱处；以鞋头昂表现于庙宇正殿式牌楼的斗拱处。

建筑雕刻还应按如下部位选取图谱：

（1）亮拱处的鞋麻板一般选镂空雕花图谱；承梓檩拱端一般选麻叶云头图谱；水戗竖带三寸岩下一般选回纹花饰图谱；墙门

上下枋中央锦袱雕刻部分和斗拱延伸下垂的昂端一般选雕鞋脚状、凤头状、金鱼及鱼龙状花卉等图谱。

（2）梁垫的前部一般选雕花卉、植物等图谱，如牡丹、兰花、吉祥物等。

（3）落地罩——柱间和枋下的网络镂空处。一般选雕两端下垂落地的棱花、方、圆八角等形状的图谱。

（4）挂落——柱间和枋下似网络镂空处，一般选雕挂落两端下垂不落地，且有一定装饰的雕花图谱。

（5）雀替——对称镶于柱与枋两角间，一般选雕虎头、宝瓶如意、二龙戏珠、凤凰戏牡丹等图谱。

（6）挂芽——荷花柱头上端两旁的耳形物雕花板，常选雕宝瓶，文房四宝，八仙器物等图谱。

（7）柱头——墙门迁檐枋子两端下垂雕花状短柱的端头可镂空雕饰。

（8）门、窗下裙板、中夹堂板和大梁底两旁蒲鞋头可雕花。

（9）垛头的中部兜肚可雕刻花纹。

（10）栏杆及窗的空档处可雕的花结（北方叫色垫）；两牌楼间的垫拱板可雕镂花卉；其他部位可选用浑面木角线，或亚面木线条等。

5. 家具雕刻图谱

家具雕刻图谱的内容大致包括如下几个方面：

（1）表现在腿脚形状上的图谱。有老虎腿、狮子腿等的兽腿脚形；有罗锅腿、圆线并行腿、天鹅脚腿、曲线弯雕腿、竹节纹等雕饰的腿脚形。

（2）表现在束腰形状上的图谱。多为富贵不断头的回纹、工字纹、如意纹、万字纹、云纹等。网板形状有花结、回纹托角牙板、骨嵌和玉嵌点缀的浮雕等图形。还有卷草雕花和寿桃佛手等枝叶穿插的吉祥图。但是这些图形选用时必须符合加工中的托角、网板、束腰的拉接作用和榫卯结构上的严谨，以及使用功能上的比例得当。

（3）表现在椅子靠背和扶手上的图谱。整体造型骨格应多样化和着意刻画。要求结构符合力学要求，尺寸得体，并易于榫卯连接。按实有的需要进行点缀雕刻和造型设计，并且应与腿脚的部位图形协调，疏密相间。

（4）表现在镜屏上的图谱。有穿衣镜、托月镜、大屏风镜、坐屏等。其座底图宜选简练壮实的；座身的立柱、站牙、托角和单瓶座的图谱应多使用玲珑雕刻；顶帽和楣板宜选用浮雕或剔透雕刻。

（5）表现在柜子上的图谱。镶装板、抽屉板、柜门柜面板多做浮雕图形。但柜顶和腿脚网板或者牙板雕刻，应不拘一格的选用。总之，家具雕刻在配制图谱上还应联系受力状况，在横竖交接支撑点部位，制作一些必要的卷口、牙板、牙条等装饰配件，达到实用和艺术美。

6. 人物图谱

人物类木雕图谱包括佛像、神人、戏曲人物等，具有象征寓意。

（1）佛像。佛像多出现在寺庙中，象征神灵保佑，降福人间，积善积德，普救人生。如北方的五台山千手佛，洪洞广胜寺的释迦像和文殊像，平遥镇国寺、万国寺的木雕像。

（2）天官。天官为三官之尊，执掌赐福，民间以福星相称，常与禄星、寿星并列。经常见于旧时官衙或民居的照壁上。有"天官赐福""受天福禄""指日高升""加官晋爵"等。

（3）飞仙。多用团纹配图，雕于床头、落罩、框门等，象征飘然自由纳福祥瑞。

（4）八仙。八仙为民间传说道教中的八位仙人。有铁拐李、汉钟离、张果老、吕洞宾、何仙姑、曹国舅、蓝采和、韩湘子。八仙图谱常见于建筑、家具上。

（5）寿星。民间常见于门楣、神龛、挂落和家具雕刻。象征长寿、吉祥之意。

（6）神农、童子。民间常见于门楣、窗棂之上，常用"神农采药""耕读之家""麒麟送子"等。

（7）戏曲人物。多根据各戏剧片断某一场面，形成雕刻图谱。象征生活美好、四季平安、风调雨顺、名人名曲等。

（8）组合图纹。人物坐于麒麟称"麒麟送子"，人物坐于象背称"太平如意图"。

第二节　古建筑修复

修复古建筑前，必须对古建筑的历史状况进行充分研究，摸清底细，然后进行深入、细致的勘查、测量，在此基础上，制订修复方案，并编制工程预算。

一座古建筑遇有不同程度的损毁时，在维修之前首先要对它的损毁情况进行详细地观测和检查，然后依据检查的结果，根据经济、技术力量、材料、施工机具等条件，并结合"利用"的要求来制订维修方案，编制工程预算和施工计划，最后按照有关规定进行审批和验收。

一、损毁情况的勘查与观测

进行古建筑的保护维修工作，首先需对它现存的情况进行了解，这项工作就是损毁情况的勘查与观测。通常情况下，在损毁情况勘查前或同时，先对将要维修的古建筑的构造、工程做法等进行复查，这是因为在维修前虽然大部分古建筑都有勘查报告，但大多很少提及工程做法。此外，在勘查损毁情况时，如遇有整体歪闪，或是重要梁枋弯垂劈裂、砖石结构中承重墙体裂缝等情况，当时不能确定其安危程度时，就应进行科学的观测工作，根据观测的结果，判定结构是否稳定和病害是否继续发展等情况，再研究它是否需要维修或如何进行维修。

1. 建筑构造的复查

在勘查一座建筑物时，必须对它建筑构造有比较清楚的认识与了解。虽然许多要维修的古建筑，在维修前都有一些勘查报告之类的文字或图纸、照片资料，但这些报告和资料多半是介绍它的"法式"和历史、艺术、科学等方面的价值。对于它的详细构造则较少涉及，如梁枋木材的树种、砖墙的砌筑形式、灰浆的成分，特别是基础的探查工作就更少进行。为此，在进行损毁情况勘查之前或同时，对此应进行补充勘查。

另外，在一般的调查报告中所绘的图纸，其中所注尺寸都是经过详测后统一而来的，这是为了研究它原来设计的情况而绘制的，是扣除在施工中的误差而取得的数据，但在维修时仍应按现存尺寸不能改变，因为任何改变都会引起一系列的不适应而影响整体构架。例如，一座建筑物东西两次间的面阔，实测时东次间为 501cm，西次间为 505cm，考虑它设计时就很少有可能是这样的，为此在绘图时需统一尺寸，一般是根据它的材分数或是上面额枋、檩子的长短，求出一个比较合理的统一尺寸，因而图纸中注尺寸很可能就是这两个的平均数，或是以某一间为准。但在实际施工时，若按平均数字，由于施工误差所造成的现存情况，那么两间的构件都要发生或长或短的问题，为此，在勘查损毁情况之前或同时，必须对主要尺寸的面阔、进深、柱高、举架高度等项进行复测，如有原来测绘时的草稿，这道工序就可以省略。

另外，在重要建筑物中，若遇有严重歪闪、地基下沉的情况，还应对基础做法、地质情况进行勘测，一般要邀请专业的部门进行此项工作。古建筑维修工作部门要提出意见和要求。

2. 损毁情况的勘查方法

损毁情况是决定进行保护维修的重要依据之一。必须仔细认真地进行工作，任何勘查中的失误，都会给维修工作造成不必要的浪费或漏项。勘查的步骤如下：

第一，勘查一座古建筑的损毁情况时，首先要注意它的整体情况。以木结构建筑为例，首先，它的整座建筑是否歪闪，歪向那个方向，具体尺度，都要搞清楚。过去的勘查报告只写"某某建筑物歪闪严重"这种词句是不能说明问题的，严重不严重是有界限的。对于整体建筑的歪闪，一定要量出它的数字，这种情况在维修砖、石佛塔时更为重要。中国有句俗话，"十塔九歪"，许多塔由于古代施工时的误差，往往它的塔刹尖与基座的中心点都不是严格对中的。但是如果歪闪到一定程度就将会发生倒塌现象。这种情况下的歪闪数字就更显得重要。

观察了整体情况后，就要检查主要构件，如木结构中的主要梁、枋和柱子，是否弯垂和糟朽，明确损毁的部位、范围大小、裂缝和糟朽的深度。对于梁、柱内部糟朽的检查，还需借助于一些简易的工具，如麻花钻或手摇钻等。一般情况下，柱子多在根部，梁枋多在有明显漏雨痕迹处。如遇包镶梁柱更应特别注意，往往是中心木糟朽，但从外表的包镶板看可能还很完整，故在重要建筑物中，对包镶梁柱都要进行仔细的检查，检查结构除用文字记录外，还应辅以草图。

如为砖石结构的建筑物，首先应注意墙身的裂缝情况，并应记清裂缝的部位、宽度、裂缝的走向、延伸的长度和裂缝起止的位置等。此外，发券券洞更是不能忽视的重要部位，这也是检查拱桥时最重要的部位。

第二，围护结构的勘查是不可缺少的工作。围护结构中首先应检查屋顶是否生草、漏雨，瓦件的残存情况，包括瓦件的时代、质量、损毁数量都要详细检查，如果准备做修复工程时，对构件的制作时代更应特别留意研究。然后检查装修、檐墙、地面的残存情况。

第三，建筑物的附属艺术作品如彩画、壁画、塑像、碑刻等，也是勘查中不能忽视的部分。以彩画为例，不仅要记录彩画的绘制的题材、地仗的做法，还应注意色彩、地仗保存的情况，记录其残破的部位、范围，对于壁画的勘查应对其空鼓、裂缝、颜色是否脱胶等进行检查。对于空鼓的检查，还必须使用医用橡皮槌轻轻击打，不得使用任何金属物接触画面。

第四，用文字和草图记录的同时，最好应有照片记录，这种照片的艺术性要求不高，只要求画面清楚，能说明问题即可。经验不多的人员，更应多利用照片记录的方式，以便勘查后向经验较多的人征求意见。经验证明，在向各方面说明损毁情况及维修意见时，照片的作用有时比图纸、文字说明更为有力。此外，这一类的照片，在维修工作的宣传上，也是新旧对比的好材料。近代兴起的录像设备，在忠实记录损毁情况和新旧对比的宣传上，更是有利的工具。

　　第五，勘查损毁情况时，最好能同时考虑初步维修的意见，并清楚地写在记录本上。这样做的好处是，当检查时面对损毁情况的印象最深。经验多的人员往往在检查中就决定了维修的方案；但对于经验不多的人员，这样做也是对自己技术的一种考验。堪查回来后查阅参考资料或征求意见，如果自己的意见是对的，又取得大多数人的同意，说明自己的判断正确，增强信心；如果错了，可以总结自己的不足，今后可防止类似误差的发生。

　　3. 损毁古建筑的观测方法

　　任何物质都在不断地变化，而且由渐变发展到突变，用建筑的术语描述就是已达"破坏阶段"。许多物质的使用期限或保固期限，就是利用此规律而求得的。危险的古代建筑，其残坏情况由结构形式、建筑或维修时间的远近、工程质量（包括材料与施工技术）地理条件、地质条件以及其本身经历过的种种意外灾害（包括地震、雷击、暴风、暴雨等）等因素综合决定，这些不同的因素错综复杂地对建筑物的"健康"起着作用。每座建筑各不相同，因而很难确定其保固期限。例如，"某某塔歪了，会不会倒下来""某某建筑物坏了，还能维持几年不塌"都是极难回答的问题。要解决这些疑问，最正确的方法就是对已经发生危险情况的建筑物，进行经常性、定期的科学观测，寻求其残坏部分发展的具体规律，然后依据一定时期的观测结果，分析研究其危险程度，计算其保固期限。对损毁建筑的观测是非常有意义的工作，首先通过观测得出的结论，应能比较清楚地了解建筑物的危险程度。实际情况中，常常有些看来是危险的建筑，但经过观测得出结论并不那么严重。同时这个工作更为人们有计划、有步骤地进行古代建筑维修工作提供了科学依据，从而能合理地使用资金。需要急修的建筑，能及时地得到修缮与保护，避免了因不了解情况而造成的损失。

　　（1）简易的观测方法。

　　观测建筑物的危险情况，首先须将现存的情况了解清楚，然后观测损毁处结构"动"的方向与尺度。求"动"必须以"不动"为依据。因而无论用任何方法观测，每一观测处都要具备两个标点，即定点和动点。观测重点不同时，也可采取两个都是动点的做法，两点之间的水平距离或垂直距离尺度的变化，说明结构危险情况的动态。动点永远应置于危险构件变化最快的一端，定点不能置于容易活动的构件上，最妥当的方法是置于地面的砖、石上或建筑附近的砖石结构物上。

①简单观测。梁、枋弯垂时可以沿梁、枋侧面的底边，用线绳做出一条基线，然后依此基线用钢直尺（观测工作必须要求使用钢直尺）量出弯垂的尺度、距离梁任何一端的距离，同时还需量出梁、枋的长度（中线至中线的距离）以便于计算和分析情况。

木结构建筑梁架局部歪闪时，通常观察柱头的变化情况，柱根不易移动，多将定点置于柱础和柱根的中线上，将动点置于柱头中线的最顶端，然后用垂球自动点垂下，量出垂球距定点的尺寸，减去柱根、柱头的直径差，有侧脚时也应减去，求出柱歪闪的尺寸。连同上述梁枋弯垂可量的尺寸，都是第一次观测的尺寸，这些尺寸只能作为今后观察的基数，还不能就此得出保固期限的数据。因而，最简易办法也仍需定期观测，第一次观测以后每隔一个季度、半年或一年进行一次观测。时间长短应根据危险程度确定，可以延长或缩短。但最主要的是间隔均匀，不能随意变更。"持之以恒"才能得出科学的数据。

②仪器测定。砖、石塔歪闪时，由于体积大，通常使用经纬仪进行观测。虽用仪器，但方法却很简单，观测时先用眼睛观察，初步找出歪闪的方向。首先在地面上找出塔底平面的纵横中线，依据塔高和空地的情况在中线上各选一处观察点，也就是支放经纬仪的地方，距离塔中心30～50m。每个观察点必须装置牢固的标记，有条件时最好埋石桩或钢筋混凝土桩，以后的观测都应在此固定的观测点进行，不能随意挪移。布置妥当后，开始逐点进行观察，每次每个点的观测步骤简述如下：

a. 经纬仪的望远镜对准塔底边中线，即为观测中的定点，应做出明显的标记。

b. 将望远镜沿垂直度盘转动，对准塔顶，此处即为定点在塔顶的水平投影。塔身如不歪闪，此点应与塔顶中线相重合。

c. 望远镜沿水平度盘转动，对准塔顶歪闪后的中线，此点即为动点，其位置通常选在塔刹基座中线，或最上层塔檐的中线。一般情况下不能选在塔刹的尖顶上，否则，将会出现错误的结果，影响正确的判断。

d. 将望远镜沿垂直度盘转动，对准塔底边，得到动点在定点附近的水平投影。用钢直尺量出其水平距离的尺寸，就是该塔向某一方向歪闪的尺寸。

e. 自两个方向上的观测点所观测的结果，按比例绘成图纸，就可以求出歪闪的准确方向和尺度。这种观测一般应每年进行一次。进行此项工作如仪器等条件不具备时，可以委托当地勘测部门勘测人员进行。

③安置观测器。砖石结构建筑物上较细的裂缝，用钢直尺直接测量不方便时，或位置过高不易攀登时，可以在裂缝处安置若干个观测器。这种工具目前尚需自制，只用两片长度相同的薄铁皮，一般长 8~10cm，宽度各为 3cm 和 1cm，两片相叠，铁片在上，各自有一端固定在结构物上，铁片正中画上中线和 0 点，底片上自 0 点向两边划出尺度。裂缝继续发展时，两个铁片自然随之移动。观察时由上下两铁片中线 0 点的差，可以直接读出裂缝发展的数值，即使很微小的发展也能清楚地表现出来（两个铁片上的 0 点都是动点，如需明确知道究竟裂缝向哪个方向裂开多少，就需另在结构物本身以外寻求定点，观察方法也相当复杂）。使用这种方法可以节约观测时间，因而定期观测的时间都较短，可以每年、每月或每季进行一次。裂缝较大的地方，仍应使用钢直尺直接测量，但应在观测处画出明显的标志。

④记录与记录本。观测时的记录是非常重要的一项工作，因而对要观测的建筑物，最好每座建筑物各立专用的观测表。观测时，各种情况、数量必须书写清楚。记录时，一般应采取填表的方法，格式可依据具体情况绘制。记录本的最前页一般应详细记录下列几项主要内容：建筑物的名称、地址、时代、损毁情况、观测方法、目的、要求、观测期观测点等（必要时应用图表示）。记录表格应包括观察日期、观测结果、情况分析及观测人等。可

以每次用一个表，也可每个观测点用一张表，依需要而定。

（2）观测后的情况分析。

①情况分析。观测结果，大致会出现以下几种情况：

a."静止"的情况。观测的结果，每次的定点与动点的距离，都维持第一次观测的数字。一般情况下观测 5 次（但最少应不少于两年），连续得出上述结果，就可以认为损毁发展已呈"静止"状态，说明结构继续歪闪或裂开的因素已经基本消除。遇到这种情况，观测 5 次以后可以暂停。但重要的梁、枋如弯垂超过其长度的 1/100 以上，或砖、石建筑歪闪的尺寸自中心向外已经超出其底径的 1/6 时，仍应认为是危险状态。应继续进行观测，每次的观测时间可以相隔得更长一些。

b. 平均进展的情况。损毁情况发展的速度，若是逐渐增加的，有 5～10 次以上的记录，而且每次观测的结果都相近，即认为损毁情况的发展是平均进展的。这时已属于比较严重的时期，应依据平均发展的数字，求出还能维持的安全时间，与此同时，应做出适时的修缮计划。

c. 逐期累进的情况。每次观测数据逐渐增多时，说明已临近危险状态。在计算安全期的同时，应积极进行修理准备工作，或立即进行修理。

d. "突飞猛进"的情况。这种情况出现在建筑即将倒塌的时候。稍有较大的振动即可发生危险，遇有这种现象，应立即进行抢救。通常在已经进行观测的建筑物，不能允许发展到第四种情况，通常遇到的多为前三种。第一种"静止"的情况，可以认为是安全的建筑；第二种平均进展时是否危险，首先要看它进展的速度及依此速度计算出的安全期限而定。进展的速度很小，安全期在百年以上的，也可认为是比较安全的建筑；如安全期只有三五十年则应认为是比较危险的建筑；第三种逐期累进的情况，应认为是危险建筑；如累进数大时则是最危险的建筑，应立即进行抢救。

②计算安全期的一般依据。各个建筑物损毁部分的安全计算是相当复杂的，一般需由专业人员进行核算。在此，仅介绍一些

粗略的依据数字作为参考，梁、枋弯垂时，其危险程度应以弯垂尺寸与梁、枋长度的比例来观察。设梁长为 L，弯垂尺寸为 f，则 $f/L=1/200$ 时，可以认为是正常状态；当 $f/L=1/100$ 时，已接近危险状态；超过此规定应认为是已经危险状态。梁、枋槽朽超过其断面面积 1/6 以上时，应认为已达危险状态。砖、石砌体（塔、幢等）的危险程度，应以砌体重心的垂直线偏出原重心线的离与砌体底面直径的比例为依据。设底面直径为 a，偏心距为 a/L，则 $a/L=0.0554$，可认为是安全状态；$a/L=0.174$，已达危险期的边缘，但如不超过此限，应认为还是安全状态；$a/L=0.2034$，应是危险状态，超过此限就有倒塌的可能。

综上所述，对古建筑损毁情况的勘查，可能概括成这样几个字，即一望、二量、三记、四测：一望即观望整体结构损毁情况及主体构件损毁情况；二量即丈量构件损毁的长、宽和深度；三记即用文字、草图和照片详细记录构件损毁的部位、范围、损毁程度；四测即必要时应进行定期观测，依据观测结果研究是否需要维修，如果要维修，则要制订维修方案。

二、设计方案的拟定

众所周知，基本建设中新建的建筑物，一定要请工程技术人员进行建筑设计，画好图纸，写好说明书，才能交施工单位按设计图纸进行施工。对于古建筑的维修，有些人就认为，维修古建筑就是"依样画葫芦"，可以不进行设计，只要照原样维修就行了，这种认识是不正确的。因为任何一项维修工作，都要事先有一个详密的计划，修哪些部位，如何修，用多少人工、多少材料、多少费用等都要事先计划好。无论维修工程的规模大小，都应事先做好工程设计，这不仅是国家的规定，也是事实的需要。对于古建筑来说更重要的原因是，古建筑的维修是保护工作的重要手段之一，要使它完好地保存下来，流传下去，维修时，就必须严格遵守和掌握国家保护文物的政策，科学地分析其损毁的原因，合理地解决维修中的一切技术问题，与此同时还要贯彻节约的精神，少花钱，多办事，因而维修古建筑必须进行周密的设计。

1. 维修工程的分类

在研究制订维修方案之前，首先应介绍我国现在进行古建筑维修分类如前面已经谈及的，它大体上分为六种，即保养工程、抢救工程、修缮工程、修复工程、迁建工程和复原工程。

（1）保养工程。

保养工程指不改古建筑的内部结构、外貌、色彩、装饰等现状而进行的经常性的小型修缮。例如，屋顶拔草、补漏；庭院清理、排水；梁、柱、墙等的简易支顶；检修防潮、防腐、防虫措施及防火、防雷装置等。此类工程每次进行的工程量都不大，但需经常进行。对于损毁尚不十分严重的古建筑来说，经常性地进行保养维修，可以较长时期地保持不塌不漏。保养工程一方面避免了损毁情况的继续发展扩大，延长了建筑物的寿命；同时也为彻底维修所用材料、经费以及技术力量的筹集，赢得了时间。

保养与修缮，就是防与治的问题，加强日常的保养维护工作，就会减轻或延缓修缮的任务。因此人们提倡，在古建筑的维修方面，仅就全国范围而言，应是以"保养为主，修缮为辅"。这样做不仅节省了成本，而且由于古建筑长期的保留现状，为详尽的研究工作提供了更为有利的条件。

（2）抢救工程。

抢救工程又称抢险加固工程，是在古建筑发生严重危险的情况时，所进行的支顶、牵拉、挡堵等工程。此种工程的目的在于保固延年，以待条件成熟再进行彻底的修缮。因此抢救工程的任何技术措施都应该是临时性的措施，并应考虑不得妨碍以后的彻底修缮工作。因而一切技术措施都要做到既要安装方便，又要能比较容易地拆除，一定不能采用浇灌式的固结措施。

（3）修缮工程。

修缮工程又称重点维修工程，一般是指中型或大型的，按照保存现状的原则进行维修的工程。例如，翻修整个屋面，更换部分大木构件，或是全部落架重修等。修缮工程是当前我国大型古建筑工程中的主要类型，在保存现状的同时，在有充分科学根据而工程量又不大的情况下，也可能部分地予以复原。

（4）修复工程。

修复工程，过去习惯称为复原工程。有些年代较早的重要古建筑，由于年久，经过历史上多次修理，原来的面貌多被部分地改动，以致整体看来与它原建时期的风格面貌不够协调，在有充分科学根据的前提下，在维修工程中，将后代改动部分取消，恢复它的原貌。这种性质的工程，在未制订工程方案前，需要对它原来建筑时的面貌，做大量的科学研究工作。恢复原状是古代建筑维修的最高要求，必须慎重从事。这是这几十年的时间里，所占比例最少的工程项目，而且是带有试验研究性质的。

（5）迁建工程。

迁建工程是新中国成立后新兴的工程类别，指由于各种原因，要将古建筑全部拆迁至新址的工程。自新中国成立后，大规模的基本建设与古代地下、地上的文物保护单位，在建设用地方面产生了很大的矛盾。为解决这一矛盾，党中央和国务院制定了既对文物保护有利，又对基本建设有利的"两利方针"。根据具体情况，有时基本建设改选基址；个别情况下，古代建筑就需要搬迁重建，为基本建设让路。这种工程的性质，根据科学研究的结果，可以是恢复原状，也可以是保存现状。

在此应该说明，迁地重建的工作，对于古建筑的保护是有些不利影响的。因为一座古建筑与它原来所在的位置，已经形成了密切的关系，有些更是某一历史事件、某一重要历史人物功绩的实物例证。在一般情况下，古建筑的保存，应以在当地为最相宜，只有在迫不得已的情况下，才能采用迁建的办法。这种做法对保护古建筑来说不能说是最好的，但总比拆除扔掉要好得多。所以这种性质的工程数量不多，而且是国家严格控制的。

（6）复原工程。

复原工程又称复建工程，是指有时为了某种特殊的需要，将仅存遗址的重要古代建筑按它原来的式样、结构、质地和工艺重新建造起来的工程。近年来，由于旅游事业的发展，在重要古代建筑保护单位里，有选择地恢复一部分过去塌毁、仅存基址的古建筑在有充分科学根据和缜密研究的情况下，进行了一些试验性

的复原工程。对于这种性质的工程，必须强调，要在对基址进行
周密的考古发掘后才能进行。至于那些仅凭传说，或者不按原来
的式样、结构、质地和工艺而进行的所谓复原工程，虽然也沿用
了原来建筑物的名称，但这样的工程是新创造的，是不符合保护
古代建筑原则的；如果是在原基址上进行的，则不仅不是保护，
反而是对古建筑的破坏，这是要坚决反对的，这样的工程与所说
的复原工程是完全不同的。

2. 工程方案的确定

确定一座损毁古建筑的维修方案，最基础的条件是依据损毁
程度来确定。其原则是该小修的不要大修，可以修补继续使用的
构件不要轻易决定更换，这样做不是单纯为了节约工料费用，更
重要的是尽量保存原来建筑的历史、艺术价值。试想一座古代建
筑，过多地用新材料更换后，即使式样分毫不差，也仅是一个原
大模型，作为文物的价值将会大大地降低。当然，每次修理都必
不可免地要更换一部分构件，应该掌握在最小范围内的最小数
量，任何更换的构件要严格按照"法式"，不能随意变更，更不
能独出心裁，"画蛇添足"。

在此应该特别指出的是，维修方案的制订应力求使建筑坚
固，但不能无限制地加强对于材质力学性能不高的构件，如果施
以大强度的加固材料，反而会对原构件造成新的损害。另外，任
何修理都不能是一次性的，后代子孙还是会要修理的，因此制订
方案时还应考虑长远一点，为后代修理留有方便，因而制订的加
固措施应带有适当的可逆性。例如，维修墙体，有些地方会有古
砖重砌，如采用高强度的水泥砂浆来砌，当时似是非常坚固，但
过些年墙体因受其他影响需要重砌时，全部古砖就会因粘结太强
而损坏、报废，只能用新砖代替，这就大大有损于它的历史技术
价值。

维修方案的确定，除了残损情况外，还受到许多条件的制
约。例如，维修的目的是力保古建筑原貌，则根据"古为今用"
的方针，急需的先修，不急需的缓修。此外，还有经济条件、技
术条件（包括设计技术力量和施工技术力量）、施工机具、建筑

材料等，都是要综合考虑的内容。

（1）经济条件。

保护文物是国家重要的工作之一。国家每年都拨出相当数量的经费，对保护单位中的古建筑和历史纪念建筑进行不断的维修，但与实际需要还相差很多，因此必须分出轻重缓急，有计划、有步骤地进行。例如，由于地震或水灾造成古建筑严重歪闪，常常需要大修才能解决的情况，一时经费不足，则应改为抢救性的工程，先临时支撑，以待其他条件成熟后，再进行彻底的维修。有些古建筑虽有损毁，如先小修就可维持若干时日，也可暂缓进行大修。因而，按哪一种性质进行维修，经济是很重要的一个条件。

（2）技术条件。

维修古建筑是保护的手段之一，为保证维修的实际效果，保护维修过程中不损害建筑物的文物价值和科学价值，必须要由有相当经验的技术人员进行设计和施工。从事这项工作的技术人员不仅需懂得古建筑，还需十分热爱古建筑，才能达到预期的保护目的。施工人员是否有足够的经验，对于施工的好坏是十分关键的问题。遇到特殊的工程项目，更需慎重对待。现在出现这样一种情况，即仅凭热情去维修古建筑，热情是好的，但需要与科学相结合，对古建筑基本不懂的人或似懂非懂的人从事此项工作，往往会做出"画蛇添足"的事。这种使古建筑完全走样的例证也是不少的。由于无知，好心办坏事，对古建筑名为保护实为破坏，是应该特别注意防止的。应当采取的做法是，对于某一项维修工程，如果技术力量不足，宁可采取支撑保养的办法，待技术条件具备后再进行彻底维修，也决不能草率从事；一旦修坏了，将是无法弥补的损失，因为文物是不能再生产的。维修质量的好坏，技术力量十分关键。

（3）工具和材料。

"工欲善其事，必先利其器"，维修工程没有合适的工具是不行的。现在古建筑维修工程中最难解决的工具就是支搭脚手架需要的杉槁、脚手板，最难解决的材料就是木材，总之都是木材。

古建筑由于外形线条多变化，支搭脚手架还不能完全依靠钢架，必须使用相当数量的杉槁、脚手板。在对古建筑，特别木结构建筑物进行维修时，施工需要的木材数量按平方米计算，有时要超过基本建设中使用木材数量的几倍或几十倍。进行古建筑维修工程，如果未在施工前准备好施工使用的木料，一般情况下就要延误工期，造成窝工浪费。还有些古建筑中特需的材料，如油饰彩画的桐油、颜料、金箔、瓦顶上用的琉璃瓦等，都是不易解决的建筑材料。许多工程常因工具和材料的关系，一拖几年不能开工。因此在制订方案时，这也是不能忽视的重要条件之一。

　　总之，古建筑维修方案的确定，必须根据以上所述几个主要条件，即损毁程度、维修目的、经济、技术、工具和材料等项综合考虑，才能得出切实可行的维修方案，忽视了其中任一项，都不可能顺利地达到预期效果。当然，在确定方案时，需特别注意前面已经提到的维修方针，即能小修的不大修，能局部拆落的不要全部落架大修，尽量多保留原构件，维修的范围应尽量缩小，更换构件的数量要减少到最低限度。

三、设计文件的编制

　　设计文件，一般根据设计的性质、工程的性质不同而有所区别，但最主要的，也是必需的文件，至少应有工程做法说明书、设计图纸和工程预算书。

　　1. 工程做法说明书

　　工程做法说明书又称做工程计划书，用于说明维修意图、方法，它是施工中技术措施的重要依据之一，也是大小维修工程必备的文件之一。工程做法说明书没有固定格式，但必须包括以下几个内容：

　　(1) 指明维修目的。此项内容在一般保养或维修工程中只是简单说明即可，在修复、迁建和复原工程中就需比较详细地叙述，说明理由和要达到的目的。

　　(2) 指明古建筑物时代、法式特征和其他特征。此项内容主要是为了让设计者以外的有关人员，如审批和施工部门对预备修理的古建筑的价值和特征有所了解，对施工部门尤为重要，指明特征，以免施工中被忽略造成不应有的损失。

（3）指明损毁情况和修缮的技术措施。此项内容是工程做法说明书的最关键的部分，首先必须详细说明损毁的部位、范围大小、主体大型构件（如梁、枋、柱、檩）及瓦顶中大型瓦件（如大吻、垂兽等），还需指明损毁的数量，然后指明采取何种技术措施，对每项维修时的操作程度，技术要求，使用材料的规格、加工的程度，灰浆的配比等都要详细地说明，切忌用古代碑文中的"残者补之，朽者更之"的词句。在大型工程中，由于项目繁多，也可将损毁程度与维修技术措施，列成上下相对的表格，更为简明。然后将每项的技术措施、工艺要求、材料规格等另列条目详细说明。属于更换重要构件，或比较复杂的加固措施，应在工程做法说明书内附加结构计算书；属于迁建工程，应附新址地基勘察资料和试验报告。

2. 设计图纸

设计图纸是表达设计意图的最好工具，因而必须详细、准确。根据工程的性质、工程量的大小、技术的难易程度等决定设计图纸的数量、内容、比例尺等。

（1）一般保养工程。如瓦顶拔草勾抹、地面排水、整修甬路等项目，设计时只绘一张平面图，图中指明维修位置、损毁情况及维修措施即可。一般情况下单体平面的比例尺为 1/200～1/100，总体平面的比例尺为 1/500～1/200。

（2）抢救工程。如支撑大梁、柱子或翼角等，设计图纸除在平面上标明位置，必要时应有断面图，画出支撑物的形状、尺寸。

（3）修缮工程。这种性质的工程都是属于中型或大型工程，对设计图纸要求较多，大体上分为两种类型，即实测图和设计图。

①实测图。这是说明现存状况的图纸，通常是绘制古建筑健康面貌的图纸，残毁状况用照片辅助说明。一般情况下，实测图应包括平面图、正立面图、侧面图、背立面图、纵横断面图、梁架仰视图、瓦顶俯视图。以上图纸的比例尺为 1/100 或 1/50，总平面图比例尺为 1/1000～1/6500、其他大样图，如斗拱、装修、

石栏板等大样图的比例尺不应小于 1/20。

②设计图。这是表达维修后预期达到的式样图，在完全保存现状的修缮工程中，设计图可用实测图代替，但应补充施工大样图，包括复杂的加固措施图纸，比例尺一般不应小于 1/20，个别部位，如拱头分瓣、麻叶头等雕制构件的修配大样图，根据需要，还应绘制足尺大样。若在修缮工程中部分恢复原状，则应绘制设计图，不能用实测图纸代替。设计图的比例尺应与实测图一致，以便于对照研究。

(4) 修复工程。这是技术比较复杂的大型工程，一般情况下，除了绘制实测图外，设计图应分为两种，即初步设计和技术设计。

①初步设计，也称方案设计，一般要求至少提出两个以上的方案，供研究和审批时比较。初步设计图只要求平面、立面、断面的图纸，比例尺为 1/200～1/100。

②技术设计。待方案确定后，绘制技术设计图纸，种类、比例尺与实测图同。

③迁建工程。如为现状迁建，除实测图外，应补充迁建新址的总平面图和新筑基础图；如为恢复原状迁建，则应另绘复原图，包括新址总平面图和新筑基础图，不能用实测图代替。

④复原工程。这是仅存基址，依据科学资料在旧址上重新建筑的工程。这种工程的图纸与修复工程类似，只是没有实测图，按一般程序，分为方案设计和技术设计，图纸的数量、类型、比例尺也都与修复工程相似，但是为了施工方便，应增添大样图，特别是属于雕刻花纹的构件和有关法式特征的重要构件等都应绘制足尺大样。

3. 工程预算书

根据设计图纸、工程做法说明书，通过单方工程定额和工程数量计算，求出工程所需人工、材料和经费的数量，就是工程预算。其目的主要是合理使用资金，控制计划，提高设计质量，注意节约，改善施工管理，降低成本和加强财务监督。

一般小型工程可直接编制一次性的工程预算，大型工程应先编制工程概算，批准后，由设计单位编制设计预算，施工部门编制施工预算。工程预算书也是大小工程必需的设计文件之一。

四、一般古建筑抹灰

1. 现代建筑一般抹灰

一般饰面抹灰是指采用石灰砂浆、水泥砂浆、混合砂浆、聚合物水泥砂浆、麻刀灰、纸筋灰等对建筑物的面层抹灰罩面。

一般抹灰通常采用分层的构造做法，普通抹灰由底层、中层、面层或由底层、面层组成；高级抹灰由底层、数层中层和面层组成。

（1）底层抹灰。

底层抹灰又称刮糙，是对墙体基层进行的表面处理，其作用是与基层墙体粘结兼初步找平。底层抹灰的厚度根据基层材料和抹灰材料不同而有所不同，应根据实际情况进行厚度的设计。

（2）中层抹灰。

中层抹灰主要起找平、结合、弥补底层抹灰的干缩、裂缝的作用。中层抹灰所用材料与底层抹灰基本相同，根据设计和质量要求可以一次抹成，也可以分层操作，中层抹灰厚度一般为 5～9mm。

（3）面层抹灰。

面层抹灰又称罩面，面层抹灰主要起装饰作用，要求表面平整、无裂纹、颜色均匀，面层抹灰厚度一般为 2～8mm。由于建筑内外墙面所处的环境不同，面层材料及做法也有所不同。

一般抹灰饰面做法详见表 9-1。

表 9-1　一般抹灰饰面做法

抹灰名称	底层		面层		应用范围
	材料	厚度（mm）	材料	厚度（mm）	
混合砂浆抹灰	1:1:6 水泥石灰砂浆	12	1:1:6 水泥石灰砂浆	8	一般民用建筑内、外墙面

抹灰名称	底层		面层		应用范围
	材料	厚度（mm）	材料	厚度（mm）	
水泥砂浆抹灰	1：3 石灰砂浆	12	1：2.5 水泥砂浆	8	一般民用建筑外墙面
纸筋麻刀灰抹灰	1：3 石灰砂浆	13	纸筋灰或麻刀灰玻璃丝	2	
石膏灰罩面	(1：2)～(1：3) 麻刀灰砂浆	13	石膏灰	2～3	高级装修的室内顶棚和墙面抹灰的罩面
膨胀珍珠岩灰浆罩面	(1：2)～(1：3) 麻刀灰砂浆	13	水泥：石灰膏：膨胀珍珠岩＝100：（10～20）：（3～5）（质量比）的膨胀珍珠岩浆	2	保温隔热要求较高的建筑内墙面

2. 一般古建筑抹灰

古建筑常用的抹灰做法有靠骨灰、泥底灰、滑秸泥、壁画抹灰、纸筋灰等。通常也采用分层的构造做法。

（1）靠骨灰。

直接在砖墙表面抹 2～3 层麻刀灰的工艺做法。其施工操作过程为基层处理→打底灰→罩面灰→赶轧刷浆。

①基层处理，主要有润湿墙面、墙面填补、高等级抹灰，在砖缝处进行钉麻处理等。

②打底灰，大麻刀灰 100：4。

③罩面灰，大麻刀灰 100：3，普通建筑底灰层和罩面灰层总厚度不超 1.5cm，宫殿建筑不低于 2cm，面灰除了大麻刀灰外还可以采用月白麻刀灰、葡萄灰（红麻刀灰）、黄灰。可视墙面颜色要求而定。

④赶轧刷浆，即刷一次浆用铁抹子将抹灰墙面反复轧抹，可

以使表面密实度和光洁度提高。表面刷浆种类有青浆、红土浆（氧化铁粉）、土黄浆等。

（2）泥底灰。

泥底灰是指用素泥或掺灰泥打底，麻刀灰罩面的一种抹灰，多用于小型建筑或民居建筑上。

（3）滑秸泥。

滑秸泥俗称抹大泥，是底层与面层均采用滑秸泥的一种抹灰。滑秸泥是用素泥或掺灰泥内加麦秸拌和而成。打底层用泥以麦秸为主，罩面层用泥以麦壳为主，表面赶轧出亮后，可以根据需要刷不同的色浆。滑秸泥做法多用于民居和地方建筑。

（4）壁画抹灰。

①山西永乐宫元代壁画做法。

a. 基层为土坯墙，壁画分三层；

b. 底层采用短麦秸泥 25mm 厚，黄土：麦秸泥＝100：3：8；

c. 中层采用碎麦秸泥 4mm 厚，黄土：麦秸泥＝100：3：3，每隔 1.5m 左右，下竹钉缠麻；

d. 面层采用砂泥 2mm 厚，细砂：黄土：纸筋＝100：50：（5～6），面层采用砂泥，表面产生的裂缝较少，有利于壁画的保存。

②清代壁画做法。

a. 基层为砖墙，壁画分 2～3 层；

b. 打底层，可采用滑秸泥和掺灰泥，也可采用麻刀灰；

c. 罩面层，分为泥层做法和灰层做法两种。泥层做法，面层可以采用麻刀泥和棉花泥。麻刀泥，砂黄土：白灰：麻刀＝150：100：（5～6）；棉花泥，黏土：棉花绒＝100：3，泥层面层厚度不超过 2mm，表面必须涂刷白矾水，防泥底返色。灰层做法，面层可以采用蒲棒灰、棉花灰和麻刀灰。蒲棒灰，灰膏：蒲绒＝100：3；棉花灰，灰膏：棉花绒＝100：3；麻刀灰，灰：麻刀＝100：3。灰层做法面层厚度不超过 2mm，表面不用涂刷白矾水。

（5）纸筋灰。

纸筋灰是古建筑室内常用的面层抹灰方法，可采用现代方法代替，具体做如下：

底层：13mm 厚 1∶3 石灰砂浆。

面层：2mm 厚纸筋灰［灰膏∶纸筋＝100∶（5～6）］罩面。

（6）抹灰做缝。

抹灰做缝有抹青灰做假缝、抹白灰刷烟子浆镂缝、抹白灰描黑缝三种，其做法详见表 9-2。

表 9-2　抹灰做缝做法

做法名称	做法详解
抹青灰做假缝	又称假缝仿丝缝，它是先抹出青灰墙面，待干至六七成时，用竹片或薄金属片，按规定沿平尺划出灰缝槽
抹白灰刷烟子浆镂缝	又称"赞活""软活"，它是先抹好白麻刀灰，再用排笔刷上一层黑烟子浆，待浆干后用金属片等坚硬物镂出白色线条花纹图案
抹白灰描黑缝	又称"抹白描黑"，它是先用白麻刀灰或浅月白麻刀灰抹好墙面，用毛笔蘸烟子浆按砖的排缝形式，沿平尺描出假砖缝

五、复杂古建筑修复

1. 堆塑施工

堆塑是古建中常用的装饰手段，是在屋脊、檐口、飞槽和线角等处使用纸筋石一层一层堆起的立体装饰物，其造型多样，栩栩如生。其主要施工步骤有扎骨架、刮草坯、堆塑细坯和磨光等。

（1）扎骨架。

即用 6mm 钢筋或 8 号铅丝绑扎成主骨架。绑扎物可采用细铁丝、麻或铜丝，主骨架要与结构上预留钢筋绑扎牢固。主骨架应依设计要求的尺寸和形状进行绑扎，其整体或局部不得偏大或偏小，如主骨架某部偏大则可能减薄堆塑灰层的有效厚度，造成堆塑失败而返工；如主骨架偏小，则需加厚草坯层的厚度致使工期延长或出现裂纹等。

（2）刮草坯。

即在骨架上用1∶2灰膏纸筋灰在上面刮抹堆塑的底层灰浆。刮草坯用的纸筋应先用瓦刀或铡刀斩碎，在石灰水中浸泡数个月以上，待浸泡至柔软后方可使用。拌制纸筋灰时要控制好用水量，其配合比为1∶2（即用100kg灰和200kg粗纸筋制成）。刮草坯要分层进行，每层厚度为8~10mm，不要太厚，以免干缩过大变形开裂。由于纸筋灰的收缩较大，堆塑时可参照图样或实样按2%比例放大。部分较厚处，可多堆塑几遍。

（3）堆塑细坯。

即抹灰中的罩面，一般是用细纸筋灰按图样（或实样）进行堆塑。所用细纸筋灰的加工和配合比与前述相同，同时，掺入适量的青煤，以达到与屋面砖瓦同色为准。青煤要事先化开，加入牛皮胶，拌至均匀后使用。由于堆塑物是针对某种动物的某种动作姿态而产生的创意，所以在堆塑过程中要强调一个"活"字，以体现栩栩如生的效果。

（4）磨光

磨光是堆塑施工中的最后一道工序，是用铁皮或黄杨木加工的板形或条形溜子将塑造的装饰品从上至下压、挂、磨3~4遍，直至压实磨光为止。第一遍磨压时留下的痕迹，在第二遍磨压时将痕迹压平直至发亮为止，越压实磨光越不会渗水，经历的年代越长久。

2. 雕刻施工

雕刻是指运用各种雕刻工具在平、立面或各种几何体上雕刻出各种花饰图案、人物肖像、山水树木等具有立体效果的装饰艺术。其主要材料一般以木材为主，也可在灰浆、砂浆、石材或砖材上进行。

（1）打毛抹灰。

打毛抹灰也称筛子毛，是古建筑工艺的一种，多用于柱、壁画、庭院的影壁等部位。其运用部位不同，操作方法也不相同，下面以独立柱柱芯为例，简要叙述打毛抹灰的操作工艺。

①先用模具在柱头、柱墩处扯出线角，打好柱身底子灰，待底子灰干后，再浇水湿润，并用水泥砂浆（配合比1∶2，稠度

5~7cm）在相背两面的阳角处反粘八字靠尺，同时在另两面的阳角处和柱身上、下近柱头和柱墩处的柱面四周抹出 10mm 厚的镜边，然后翻尺把另两面的镜边也抹好。第二天浇水养护，养护好后即可抹打毛灰。

②打毛灰粘结层宜采用 1：0.5：1 的水泥石灰砂浆（砂过 3mm 筛，且略掺麻刀或纸筋）。打毛开始前，先将柱面适当洒水湿润，然后抹上一层厚约 5m 的粘结层；粘结层宜分两遍抹成，一般先薄薄抹一层，稍干后再抹至要求厚度，并刮平、搓平、压光，抹纹要浅，且要保证面层在操作中保持一定的含水率。抹好的面层应有较好的粘结力，如吸水较快，在搓抹时要洒水搓抹。

③待粘结层抹平、溜光后，操作人员应左手拿小筛子（边长 30cm×30cm×5cm，钉有窗纱）对准需要打毛的部位，右手抓起拌和好的 1：1 水泥砂（砂过 3mm 筛）干粉向筛底抛打，以便使干粉通过筛底而比较均匀地浮粘在粘结层上。

④一个面层全部打完，待干粉将粘结层的水分全部吸出，干粉变色产生粘结力并与粘结层融为一体时，即可用柳叶等小工具按照设计构思在浮绒表面上刻画出花、鸟、草、虫等图案。

⑤为了使色彩丰富，增加色彩感染力，在涂抹粘结层时宜采用彩色水泥砂浆抹制；或分几层色浆涂抹，且每层间隔时间不宜过长，各层要有较为协调的颜色变化。另外，也可根据面层刻画内容和对颜色需求的不同，分别在粘结层的不同部位涂抹不同色彩的砂浆。

（2）垛花、堆花施工。

抹好面层灰浆后，也可先贴上已画好的字或画的纸，再按纸上图案的轮廓进行刻画，然后去掉粘贴的纸样，再依照刻画的轮廓线挖掉中间的灰浆而成为阳文字画或花饰；也可依照刻画的轮廓线，用砂、灰浆等将中间部分堆抹成不同层次、厚度的阳文字画。阳文字画俗称垛花、堆花，室内宜采用纸筋灰，室外多采用水泥砂浆（砂过细筛）施工。其操作要求如下：

①描印花饰轮廓，即在面层灰浆尚有塑性时，把事先绘制好的纸样粘贴在相应的位置上，然后依照纸样用工具刻画出轮廓线。

②捣草坯，也称草坯打底，即用柳叶等工具将拌制好的纸筋灰或纸筋水泥灰浆依照刻画出的轮廓线堆出花饰全部厚度的 1/2，作为花饰雏形的垫层。打底用粗纸筋可事先在石灰水中沤制比较柔软后，再加入石灰膏或水泥捣制成干塑性灰浆。

③填花，即用较细的纸筋灰在捣草坯的基础上堆塑出花饰的真形来。填花时要细心看图，认真领会设计意图，观察细节部分的关键信息，堆塑出与设计意图相符合的花形花态。

④修光，即用杨木溜子或大小工具对所堆塑的花饰进一步修整和压光。要求花饰表面光滑，线条清晰流畅。

（3）砖雕施工。

砖雕在古建筑装饰中占有非常重要的地位，具有刻画细腻、形象逼真、布局匀称、构造紧凑、贴近自然的艺术效果。砖雕可以在一块砖上进行，也可由几块砖组合起来进行。

①砖雕一般是先预先雕好，再分块安装的。雕刻用砖多选用质地均匀、密实的砖，凡有裂缝、砂眼、缺角、掉边的均不得选用。砖雕的厚薄宜视装饰品的透视程度而定，一般有一层砖、二层砖及三层砖之分，目前常见的多为 1～2 层砖。

②挑好砖后，要刨平草坯，再凿边兜方，并检查砖的对角线长度，做到上下整齐严密，整齐吻合，然后按设计图样计算好用砖块数，并将其铺在平地上或工作台上。要求将砖缝对齐，四周固定挤紧，然后用复写纸将图样描在砖面上。如为双层砖，可照此方法重新做一遍，然后分层分块进行雕刻。

③雕刻前，要先检查砖的干湿程度，潮湿的砖必须晒干后再进行雕刻。雕刻的手法有平雕、浮雕等，平雕是雕刻的图案完全在一个平面上，通过图案的线条给人以立体感；浮雕又可分为浅浮雕和高浮雕，浅浮雕是少部分呈立体，而高浮雕是大部分呈立体甚至雕成多层立体。

④雕刻时，要遵循"先凿后刻，先直后斜，再铲、刷、刮平"的原则，用刀的手要低，凿时要轻，用力要均匀，并根据不同部位使用不同工具从浅到深逐步进行。遇到砂眼、缺角、掉边等情况时，可采用砖粉拌油灰（1∶4 桐油石灰）粘牢修补，待其

干后再用砂子摩擦，直至看不出修补痕迹时为止。

⑤砖雕雕好后，先用瓦片湿磨石澄清的浆液涂抹一遍，此称为"过浆"，待其干后再用细砂皮、砂头砖、油石或堆上砂子进行磨光。待砖雕磨光后，即可逐块粘贴。

⑥装贴前，应先将砖雕浸水无气泡冒出时为止，然后捞出晾干，同时将墙面找平，并弹出装贴线。装贴时，要先用油铲将油灰（其配合比为：细石灰：桐油：水＝10：2.5：1，拌和后放入石臼内舂 2h，再用桐油拌至可用稠度）满铺砖雕的背面，然后按照从下而上、从左向右的顺序进行粘贴。砖雕间的缝隙要用竹板刀披灰挤紧。

⑦双层砖装贴时，要用元宝榫连接，即从砖的侧面嵌入事先加工好的元宝榫，然后粘贴牢固。有砖刻花纹镶边的，则应按照上述次序先贴镶边，再粘贴中间部分。

3. 墙面抹灰修缮施工

古建筑的风格不同于现代建筑，所有材料也与现代建筑有差别，若要使所修复的对象能恢复原有风格，不仅要对古建筑的施工技术、材料性能及配合比等有所了解外，还要知晓现代材料在古建筑各部位使用应注意的问题。

在古建筑中，涉及抹灰工的工作大致可以分为软活和硬活两大类。所谓软活是指原部件生产制作时使用灰浆的堆塑、雕塑等工艺；所谓硬活是指为原部件生产制作时使用砖石的雕琢、砍磨类制品。软活的修复应依照部件损坏程度不同采用色彩相近的灰浆分层填平补齐，外形要与原部件相似；面层湿灰浆的颜色应比原部件深一些，以便干燥后与原部件颜色一致，一般可在施工前先调制色灰样板，然后根据色灰样板决定面层灰浆的色彩配合比。

硬活的修复，应根据部件的损坏程度决定是采用灰浆修补，还是采用灰浆做粘结层、砖雕榫接进行修复。通常，损坏程度不大的，可采用灰浆或砂浆分层修补，恢复原状即可；损伤稍大一些的，如砖雕，一般采用砖雕原件缺损部位吻合槎口后再用灰浆粘结，或用榫接后再用灰浆（原色浆）修补缝隙；如原件缺损更大时，可采用剔除剩余部分整件砖雕，更换新件的方法修缮，或者利用原件做内模，再翻制外模并扣制新部件的方法进行修缮。翻制外模的材料可依据使用次数多少分别采用溜制过的大泥、水泥砂浆石膏制硬模或明胶制软模。部件脱模后，须经整形、修色后再安装。

修复堆塑的花饰时，应先用麻刀石灰在损坏的部分打底，再用纸筋石灰按照原样堆塑，趁纸筋石灰未干时，先在上面洒上砖粉面，并用小压抹子压实、赶光。对于较复杂的花饰，如毁损，则应重新制作、安装。修复好的花饰，应保持原有风格不变。

4. 清水砌体勾缝抹灰

（1）砌体基面处理。

在清水砌体勾缝前应先安装钢木门窗框、护栏等，并用 1：3 水泥砂浆将门窗框周围与墙体之间的缝隙填嵌密实。同时，清除墙面上粘结的砂浆、泥浆和杂物等，并洒水湿润。

如墙面上留有脚手眼或施工孔洞时，必须堵塞密实。在堵砌脚手眼及施工孔洞时，应先将洞内的残余砂浆剔除干净，并用水润湿，冲去浮灰后，再用与墙面相同的砖补砌严密，使外观颜色一致。对缺棱掉角的部位，要用与墙面相同颜色的砂浆修补齐整。

（2）基面开缝与补缝。

砌体勾缝前，应先检查墙面上灰缝的宽窄、水平和垂直是否符合要求，如有缺陷，则应事先开缝或补缝。可先用粉线弹出立缝垂直线，把游丁偏大的缝开补找齐；如发现水平缝不平和瞎缝，则应弹线开缝，使缝宽达到 10mm 左右，且宽窄一致。如砌墙时划缝太浅，则必须将缝划深，其深度应控制在 10～12mm，并将缝内的残灰、杂质等清除干净。

对缺棱掉角的砖和游丁砖的立缝，应进行修补。修补前要浇水湿润，补缝砂浆的颜色必须与墙面砖的颜色近似。

（3）砌体勾缝施工。

①材料要求。水泥宜采用 42.5 级普通硅酸盐水泥或矿渣硅酸盐水泥，为了使灰缝颜色一致，要选用同品种、同等级和同批进场的水泥。

砂宜采用洁净的细砂，使用前过 2mm 孔径的筛。粉煤灰的细度过 0.08mm 方孔筛，其筛余量不大于 5%，可取代部分水泥，在拌和砂浆时按比例掺入。颜料应采用耐碱、耐光的矿物颜料。

堵砌脚手眼、施工孔洞用砖，应采用与墙面用砖是同品种、同规格、同批进场的砖，以保证墙面颜色一致。

②拌制勾缝砂浆。墙面勾缝宜采用细砂拌制的 1:1.5 水泥砂浆，砖内墙可采用原浆勾缝。勾缝用砂浆宜采用机械搅拌，要求配合比准确，拌和均匀，颜色一致，搅拌时间应不小于 2min，稠度为 3～5cm，以用勾缝溜子挑起不掉为宜。根据施工需要，也可在勾缝砂浆中掺加水泥用量 10%～15% 的磨细粉煤灰，可以调剂颜色，增加和易性。勾缝砂浆应随拌随用，下班前必须用完，不得使用过夜砂浆。

③勾缝操作要点。为了防止砂浆早期脱水，可在勾缝前 1d 先将砖墙浇水润湿；勾缝时再适量浇水，但不宜太湿。

普通清水砖墙宜采用凹缝或平缝，凹缝应凹进墙面 4～5mm；空斗墙、空心砖墙、多孔砖墙等宜采用平缝。勾缝时，要求深浅一致，粘结牢固，光洁整齐，且阳角方正，阴角处无上下直通缝和瞎缝。

勾缝时，应按照"先横后竖、从上而下"的顺序进行。先从砌体最上一皮开始，从上而下，自右向左，勾完横缝后勾竖缝直至砌体最底部。当砖内墙采用原浆勾缝时，必须随砌随勾，并使灰缝光滑密实。

勾缝有"叼缝"和"喂缝"两种，其操作要求如下：

叼缝。即勾缝时，用小溜子将托灰板上的砂浆挑起来，然后均匀塞入砌体灰缝中，嵌填密实。塞入砂浆时，要注意减少对墙面的污染，且要保持手劲均匀。

喂缝。即将托灰板顶在要勾的灰口下沿，并用小溜子将灰浆压入灰缝中。这种方法易污染墙面，待勾缝完稍干，即可用笤帚清扫墙面。在喂缝过程中，靠近墙面处要铺好板子或采取其他措施接灰，落下的灰浆要及时捡起拌和后再用。

每一操作段勾缝完成后，用笤帚顺缝清扫（一般先扫平缝，后扫立缝），并在扫缝时，不断抖落笤帚上夹带的灰浆粉粒，以减少对墙面的污染。

扫缝完成后，应先进行自检，检查有无漏勾（即丢缝）现象，尤其是勒脚、腰线、过梁上第一皮砖及门窗侧面等易被忽略和不易操作之处，如发现有漏勾之缝，应及时勾好。

（4）墙面清扫。

勾缝工作全部完成后，应将墙面全面清扫。对施工中污染墙面的残留灰痕应用力扫净，如难以扫掉时用毛刷蘸水轻刷，然后仔细将灰痕擦洗掉，使墙面干净整洁。

5. 施工质量检验标准

（1）一般规定。

①相同材料、工艺和施工条件的室外勾缝工程，宜每 500～1000m² 划分为一个检验批，不是 500m² 的部分也应划分为一个检验批。在每个检验批中，每 100m² 应至少抽查 1 处，且每处不得小于 10m²。

②相同材料、工艺和施工条件的室内勾缝工程，宜每 50 个自然间（大面积房间和走廊按抹灰面积 30m² 为一间）划分为一个检验批，不足 50 间的也应划分为一个检验批。每个检验批应至少抽查 10%，且不得少于 3 间；不足 3 间时应全数检查。

（2）主控项目。

①清水砌体勾缝所用水泥的凝结时间和安定性复验应合格，砂浆的配合比应符合设计要求。

检验方法：检查复验报告和施工记录。

②清水砌体勾缝应无漏勾。勾缝材料应粘结牢固、无开裂。检验方法：观察。

（3）一般项目。

①清水砌体勾缝应横平竖直，交接处应平顺，宽度和深度应均匀，表面应压实抹平。检验方法：观察；尺量检查。

②灰缝应颜色一致，砌体表面应洁净。检验方法：观察。

第三节　抹灰工程的新工艺

抹灰的种类较多，除了水刷石、斩假石、干粘结及聚合物砂浆抹灰外，随着建筑技术和材料的发展，还出现了很多新工艺，包括水磨石、假面砖、拉毛灰、拉条灰、甩毛灰、扒拉石、扒拉灰及仿假石抹灰、玻璃马赛克镶贴、彩色压型钢复合墙板、彩色涂层钢、聚合物砂浆、特种砂浆抹灰等多种类型。

一、水磨石施工

水磨石是水泥石子浆硬化后磨光而成的，按施工方法可分为现浇和预制两种，具有整体性好、耐磨、不起灰、光滑美观的特点，多用于建筑物内外墙裙及踢脚线等部位。

1. 材料要求

（1）白色或浅色的水磨石面层应采用白水泥，深色的水磨石面层应采用硅酸盐水泥或矿渣硅酸盐水泥，同颜色的面层应使用同一厂家、同一批号、同一强度等级、同一颜色的水泥，以保证面层色泽一致。

（2）石粒应采用质地密实，磨面光亮且硬度不太高的大理石、白云石、方解石加工而成，硬度过高的石英岩、长石、刚玉等不宜采用。石粒应洁净、坚韧，有棱角，其粒径大小一般为小八厘和中八厘（即 $4\sim6\,\mathrm{mm}$）。

（3）颜料应采用耐光、耐碱和着色力强的矿物颜料，但不得使用酸性颜料，以免其与水泥中的水化产物 $Ca(OH)_2$ 起作用，使面层产生变色、褪色现象。面层中颜料的掺入量不宜超过水泥质量的 3%。

（4）镶嵌条有铜条、铝条和玻璃条三种，其中，铜嵌条的规格为 $10\,\mathrm{mm}\times(1\sim1.2)\,\mathrm{mm}$（宽×厚）、铝嵌条的规格为 $10\,\mathrm{mm}\times(1\sim2)\,\mathrm{mm}$（宽×厚）、玻璃嵌条的规格为 $10\,\mathrm{mm}\times3\,\mathrm{mm}$（宽×厚）。

2. 抹灰施工

面层抹灰时，可先将 $1:3$ 水泥砂浆底层（或中层）洒水润湿然后抹一道厚 $1\sim2\,\mathrm{mm}$ 的素水泥浆，作为粘结层。找平后，按设计要求布置并固定分格镶嵌条，然后将不同色彩的水泥石子浆填抹入分格中，其厚度一般为 $8\,\mathrm{mm}$（比镶嵌条高出 $1\sim2\,\mathrm{mm}$），抹平压实。水泥石子浆的配合比一般为 $1:(1.25\sim1.5)$。待稍收水后再压实，并将浆压出，使石子大面显露，棱角压平，然后用毛刷蘸水上下刷一遍，以便将表面水泥浆轻轻刷去，切勿刷得太深，以免使全部石子均匀露出。

3. 面层磨光

待罩面灰浆达到一定强度时，即可用磨石机磨至光滑发亮，具体开磨时间一般以磨时石子松动、不脱落，表面不过硬为准。每次磨光后，用同色水泥浆填补砂眼，同时视环境温度不同每隔一定时间再磨第二遍、第三遍。要求面层磨光遍数不少于三遍补浆两次，即所谓"二浆三磨"法。

也可采用砂轮和油石磨光面层。初磨时，可先用 60 号粗砂轮边磨边浇水，先竖磨再横磨，待磨至露出石子后，再用 80 号或 100 号细砂轮研磨一遍，并用清水冲洗干净，然后用同颜色的水泥浆擦一遍，以填满砂眼；如有石子掉落，则应将其补上。养护 2～3d 后，再用 80 号或 100 号细砂轮磨第二遍，磨完后再擦一遍同颜色的水泥浆。隔 2～3d 后，再用 150 号或 180 号油石磨第三遍，最后用 220 号或 280 号油石磨光，再用清水冲净。

4. 面层打蜡

面层磨光后，可先用草酸擦洗石子表面，然后进行打蜡。擦草酸的目的是为了清除石子表面残存的水泥浆，使石子纹理显露清晰，以便打蜡时蜡能与石子面层较好地结合起来。

擦草酸时，可先将固体草酸加水稀释（或用沸水溶解草酸）成浓度为 5%～10% 的草酸溶液，为了使水磨石表面能呈现出一层光泽膜，可往草酸溶液中加入 1%～2% 的氧化铝。然后用小笤帚蘸取草酸溶液洒在水磨石表面，再用 280 号油石磨至出白浆后，用水冲洗干净，并用碎布擦干，待面层干燥发白后，即可打蜡。

配制上光蜡时，可先将蜡与煤油放入器具内加热至 130℃（冒白烟），并将其搅拌均匀，冷却后备用；使用时再加入适量的松香水、鱼油，并搅拌均匀。其配合比为：川蜡：煤油：松香水：鱼油＝1：4：0.6：0.1。打蜡时，可先用碎布将蜡在水磨石面层上薄薄地擦一遍，然后用干布擦匀，隔 2h 后再用干布擦光打亮。

二、拉毛灰施工

拉毛灰可用于室内，也可用于室外。在室内常用于礼堂、会议厅、影剧院等的墙、顶部位，取其隔声效果；在室外常用于墙、柱等部位，主要取其装饰效果。

1. 拉毛灰的种类

拉毛灰的种类较多，按拉毛的状态可分为挺尖拉毛和垂尖拉毛；按拉毛的形状可分为平尖拉毛和尖拉毛；按所用工具及其大小不同，可分为大拉毛、小拉毛和微拍拉毛等，一般使用铁、木抹子或鸭嘴一类硬工具，适于做大拉毛。而使用炊帚、硬毛棕刷一类软工具适于做小拉毛。此外，按拉毛的操作方法不同，也可分为用工具随浆在底层上拉毛和先抹灰后用抹子拍拉做拉毛两种。一个工程具体要选用何种工具和操作方法，做哪一种形式的拉毛，要依工程的具体情况而定。

2. 水泥石灰浆拉毛

水泥石灰浆拉毛有水泥石灰浆拉毛和水泥石灰加纸筋砂浆拉毛两种，一般前者多用于外墙饰面做大拉毛，后者多用于内墙饰面做中拉毛。

（1）外墙拉毛。

大拉毛具有粗犷、大方的特点，外墙罩面砂浆多采用水泥∶石∶砂＝1∶0.5∶1 的水泥石灰砂浆中略掺 108 胶拌成的聚合物混合砂浆。施工时，可先在基层上抹一层原 6～7mm 的 1∶3 水泥砂浆（或 2∶18 水泥石灰浆）底层和中层，待其六七成干时再浇水湿润墙面，然后抹一道水灰比为 0.37～0.40 的素水泥浆，以保证拉毛灰与中层砂浆粘结牢固。罩面时，可由两人配合操作，一人在前抹好罩面砂浆，另一人紧跟着用抹子（不蘸砂浆）平稳地压在罩面砂浆上，顺势轻轻拉起，形成毛头，待毛头稍干再用抹子将毛尖压下去或者用白麻缠成的圆形麻刷子（麻刷子的直径依拉毛疙瘩的大小而定）把砂浆向墙面一点一带，以便带出毛疙瘩来。

拉出的灰毛要求疏密、垂度、大小等尽量相同。同一墙面上的拉毛要一次完成，不要接槎。如是色浆要把所用的水泥和颜料一次拌好，并随用随加水搅拌，以免颜色发生变化，影响整体效果。

（2）内墙拉毛。

室内混合灰浆中拉毛宜采用1∶3石灰砂浆或用1∶0.5∶4水泥石灰砂浆打底。罩面拉毛时，先适当浇水湿润，再涂抹一层1∶2水泥石灰膏素浆粘结层，然后罩面。罩面时，宜先将1∶2∶1水泥纸筋灰砂浆（砂过3mm筛）放入小灰桶内，然后用炊帚蘸取砂浆垂直向墙面拍拉，要求疏密一致，毛长一致，垂度一致，颜色一致。也可采用1∶3水泥砂浆打底、抹中层灰。拉毛罩面用的水泥石灰浆，根据拉毛粗细程度，在一份水泥中分别掺入如下比例的石灰膏、纸筋和砂子：拉粗毛时，掺石灰膏5%和石灰膏质量3%的纸筋；拉中等毛头时，掺10%～20%的石灰膏和石灰膏质量的3%的纸筋；拉细毛时，掺25%～30%的石灰膏和适量的砂子。

拉粗毛时，可在基层上抹4～5mm厚的罩面砂浆，然后用铁抹子轻触表面用力拉回，要做到快慢一致。拉中等毛头时，可用铁抹子也可用硬毛刷拉起。拉细毛时，可用鬃刷蘸着砂浆拉成花纹。如需在拉毛灰中掺入颜料，则应在抹罩面砂浆前先做出色调对比样板，选好样后再统一配料。拉毛时，在同一个平面上应避免中断或留槎，以做到色调一致、不露底。

3. 纸筋灰小拉毛

纸筋灰小拉毛宜采用1∶3石灰砂浆打底。打底前要先将基层清理干净，并浇水湿润，然后做灰饼、挂线、冲筋、装档、抹底子灰。拉毛时，可由两人配合操作，一般一人在前抹纸筋石灰，另一人紧跟其后用硬毛鬃刷往墙上垂直拍拉，拉出毛头。罩面灰浆的涂抹厚度应以拉毛长度而定，一般为4～20mm。涂抹时应保持薄厚一致。

4. 条筋拉毛

待中层砂浆六七成干时，先挂一道水灰比为0.37～4.0的水泥浆，然后抹水泥石灰面层，随即用硬毛刷拉细毛面，并用专用条筋刷子（图 9-24）刷出条筋。条筋应比拉毛面凸出 2～3mm，稍干后用钢皮抹子压一下，最后按设计要求刷色浆（图 9-23）。刷条筋前，应先在墙上弹垂直线，线与线的距离以 40cm 左右为宜，以作为刷筋的依据。条筋一般宽约 20mm，间距约 30mm，刷条筋时宽窄不要太一致，应自然带点毛边。

小拉毛 条筋预先弹线

图 9-23　条筋刷子拉毛示意图

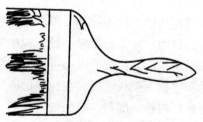

图 9-24　刷条筋专用刷子

三、甩毛灰施工

甩毛灰是在已打好底的底面上，用笤帚、炊骨、麻把等工具取灰浆甩出毛面的一种施工工艺，多用于室外对打底平整度要求不太严格的部位，尤其是较高的部位。

1. 甩毛灰的特点

甩毛灰与拉毛灰较为相似，而又各自有异。甩毛是用工具蘸取灰浆后甩向底层的，工具不接触墙面；而拉毛则是用工具蘸着灰浆在底层上拍拉，工具要接触墙面。拉毛时，由于工具的控制，所拉出的毛头较有规律，且分布均匀、有序；而甩毛更有着随意、自然、洒脱的风格。

2. 面层用浆

面层灰浆可采用1∶2水泥砂浆、1∶1∶4水泥石灰混合砂浆、1∶0.5∶4水泥石灰混合砂浆或1∶0.5∶1水泥石灰砂浆，且内部掺有一定量的108胶的聚合物灰浆；有时也可采用水泥石灰乳液砂浆等。

面层灰浆的稠度要依设计而定，如无设计要求，可按甩毛的毛头大小进行调整，一般在5～7cm范围内。甩毛的毛头越大，灰浆稠度值越小；甩毛的毛头越小，则灰浆稠度值越大。

3. 甩毛抹灰

甩毛前，可先用1∶3水泥砂浆打底，待底子灰六七成干后，再适当浇水湿润，并刮涂一道素水泥浆粘结层，然后用炊帚、笤帚等工具在灰桶内蘸上面层灰浆自然地甩在底灰上。甩毛时，工具离墙面要保持一定距离，且与墙面要保持90°，稍加用力，以增加其粘结力。如按设计要求需设分格缝时，要在甩面层前先在底子灰上粘好分格条，待甩完面层灰浆后再起出分格条，并用溜子勾好分格缝。甩面层灰浆时，要求毛头大小相间，疏密有致，薄厚错落，以便能给人一种自然、古朴、洒脱、天然之感。

四、拉条灰施工

拉条灰是采用专用模具在墙面上做出呈规则的细条、粗条、半圆条、波形条、梯形条和长方形条等形状的装饰抹灰。具有美观大方、不易积尘且成本较低的特点，多用于要求较高的室内装饰抹灰。

1. 常用灰浆

拉条灰的基层处理及底、中层抹灰与一般抹灰相同。拉细条灰时，粘结层和罩面灰浆均可采用1∶2∶0.5（水泥∶细砂∶细纸筋灰）混合砂浆；拉粗条形时，粘结层宜采用1∶2.5∶0.5（水泥∶中粗砂∶细纸筋石灰）混合砂浆，罩面灰浆宜采用1∶0.5（水泥∶细纸筋石灰）水泥纸筋灰浆。水泥应采用强度等级不小于 42.5 的普通硅酸盐水泥，但不得使用过期水泥；砂应洁净，使用前应过筛，含泥量不大于 3%。石灰膏应细腻洁白，不得含有未熟化的颗粒，其熟化时间不得少于 30d，已冻结、风化或干硬的石灰膏不得使用。配制细纸筋灰时，可按 100kg 石灰膏配 3.8kg 细纸筋的比例，用机械搅拌均匀。

2. 条形模具

拉条灰是通过条形模具的上下拉动在墙面上形成条形纹的。条形模具可按设计要求的条形用木板制成，为便于上下拉动，可在模具口处包以镀锌铁皮。也可采用特制的条形滚动模具进行施工，采用这种模具可以很方便地在墙面上滚压出清晰的条纹。

3. 拉条灰操作要点

拉条抹灰前，可先在底层砂浆上划出若干个竖格，并弹上墨线，竖格的宽度可按条形模具宽度而定，然后用纯水泥浆按所弹墨线粘贴 10mm×20mm 的木条子或常尺板，以作为拉条操作时的导轨。靠尺板应表面平整，可一侧粘贴于底层砂浆上，或粘贴于模具两侧。当层高在 3.5m 以上时，可从上至下加钉一条 18 号铁线用作滑道，以免中途模子遇到砂粒产生波动而影响施工质量。

待底层砂浆达到七成干时，先浇水湿润底灰，再涂抹水灰比为 0.37~0.40 的素水泥浆粘结层和罩面砂浆。粘结层与罩面砂浆的稠度要适宜，以便于拉动。底层、中层砂浆宜采用 1：3 水泥砂浆。

待粘结层抹好后，可先用模具由上至下沿导轨拉出线条，然后薄抹一层罩面灰，再拉线条。操作时应按竖格连续作业，一次抹完，上下端灰口平齐，且每一竖线必须一次成活，以保证线条垂直、光滑、平整、密实、深浅一致，不显接槎。一条拉条灰要一气呵成，不能中途停顿。

五、扒拉石、扒拉灰施工

1. 扒拉石

（1）扒拉石所用水泥最好采用普通硅酸盐水泥，其次是矿渣硅酸盐水泥。砂宜采用洁净的粗砂，但以中粗砂结合为好。绿豆砂使用前要去杂质并过筛，冲洗干净后晾干备用。小八厘色石渣也需经过挑选、过筛、冲洗及晾干等准备工作。

（2）施工时，要先用水湿润基层，再用 1∶3 水泥砂浆打底、划毛，并于第二天浇水养护，然后按设计要求分格、弹分格线、粘贴分格条。待中层砂浆六七成干时，即可涂抹罩面砂浆。罩面砂浆宜采用水泥∶绿豆砂＝1∶2 的水泥绿豆砂（直径不大于 5m）灰浆或水泥∶砂∶小八厘色石渣＝1∶0.5∶1.5 的水泥石渣砂浆。罩面砂浆厚度一般为 8～10mm。

（3）罩面可分两遍抹成。抹第一遍罩面灰浆前，应先抹一道厚约 1mm 的素水泥浆粘结层，然后薄抹一层罩面砂浆，稍等一会儿后，即可抹第二层灰浆。抹完一个分格块后，再依分格条用刮尺刮平，并补平低洼处，然后用抹子抹压出灰浆，要求抹压平整，溜出水光。

（4）待面层灰浆初凝时，再用抹子抹压一遍，以增强砂浆的密实度，同时将分格条上的灰浆刮净，并将分格条边的四周压光，然后按设计要求用墨斗在分格条边和阴阳角处弹出 4～6cm 的出镜边线。也有的在分格的 4 个角处套好样板，做成剪子股式弧形，以增加美感。

（5）当面层灰浆凝结程度适宜（即钉刷上去时，抹灰层内部无湿浆）时，即可进行面层机拉。用钉刷在抹灰层表面上扒拉时，要按照一定的方向或规律进行，以便使面层部分灰浆、石子被扒拉掉后能形成蜂窝状的麻面，产生极强的立体感，形成一种特殊的装饰效果。

（6）钉刷是用在长 15cm、宽 6～7cm、厚 1～1.5cm 的红松木板上钉满间距为 7～8mm 的小圆钉而制成的，小圆钉长 20mm，钉尖穿透板面，如图 9-25 所示。进行面层扒拉时，纹路方向、入墙划痕深度要一致，扒拉的行刷速度要均匀，同时，扒拉时钉刷不得碰坏镜边。为了不碰损镜边，可先用靠尺盖住镜边并与弹线平，用压子根斜着扎入面层镜边里侧，并顺着靠尺刮出一道斜面形小人字凹槽，然后用钉刷贴四周凹槽进行大面扒拉。如

图 9-26所示。

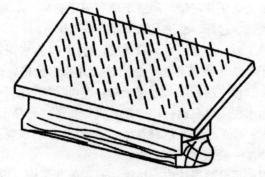

图 9-25 机拉石用钉刷

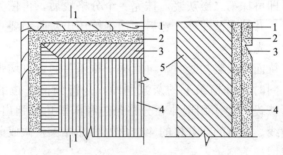

图 9-26 小八字装饰槽

1—分格条；2—镀边；3—小八字装饰槽；4—扒拉石面层；5—结构砖基层

（7）扒拉石完成后第二天，即可用笤帚清扫浮尘，并用水冲洗干净，同时起出分格条，勾好分格缝。为了提高工效，在窗间墙、窗盘心等处小面积扒拉时，无须提前打底和底层养护，可在基层浇水湿润后即进行打底、抹面层和面层机拉。

2. 扒拉灰

扒拉灰所用的材料只有水泥和砂，水泥宜选用普通硅酸盐水泥和矿渣硅酸盐水泥；砂宜选用粗砂，尤其是面层。扒拉灰底层一般采用1：3水泥砂浆打底，面层宜采用1：1或1：2水泥砂浆，其施工操作大致与扒拉石相同，只是扒拉灰时钉刷划入面层的深度要浅得多，且要求面层凝结时间稍长些后再扒拉。

罩面前要注意按设计要求弹线分格，并粘贴分格条；面层抹好后，要用铁抹子压实压平，以便砂浆与中层粘结牢固、密实，然后用钢丝刷子或钉刷进行扒拉。扒拉时，手的动作是画圈移动，手腕部要灵活，动作要轻，否则扒拉的深浅不一致，影响表面观感。

六、彩色压型钢板复合墙板安装

彩色压型钢板复合墙板是以波形彩色压型钢板为面板，轻质保温材料为芯层，经复合而成的轻质、保温墙板。

彩色压型钢板的原板多为热轧钢板和镀锌钢板，在生产中敷以各种防腐耐蚀涂层与彩色烤漆，是一种轻质高效围护结构材料，加工简单，施工方便，色彩鲜艳，耐久性强。

1. 特点

彩色压型钢板复合墙板具有质量轻、保温性好、立面美观、施工速度快等优点；由于所使用的压型钢板已敷有各种防腐耐蚀涂层，因此还具有耐久、抗腐蚀性能。

2. 规格类型

复合墙板的尺寸，可根据压型板的厚度、宽度及保温设计要求和所选保温材料制作不同长度、宽度、厚度的复合板。如图9-27所示，复合板的接缝构造有两种：一种是在墙板的垂直方向设置企口边，这种墙板看不到接缝，整体性好；另一种是不设企口边。按保温材料分，可选用聚苯乙烯泡沫板或矿渣棉板、玻璃棉板、聚氨酯泡沫塑料制成的不同芯材的复合板。

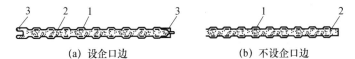

(a) 设企口边　　　　　　　　(b) 不设企口边

图 9-27　复合板的接缝构造

1—压型钢板；2—保温材料；3—企口边

3. 用途

彩色压型钢板复合墙板不仅适用于工业建筑物的外墙挂板，而且在许多民用建筑和公共建筑中也被广泛采用。

4. 规格、性能

彩色压型钢板复合墙板选材的规格、技术性能见表9-3。

表 9-3 彩色压型钢板复合墙板选材的规格、技术性能

品名	规格（mm）	技术性能
岩棉半硬质板（保温材料）	厚度：25～150 宽度：300、450、600、910、1820 长度：910～3500	松散堆积密度：100kg/m³ 导热系数：0.035W/（m·K） 不燃性：A级不燃 体积稳定性：工作温度200℃以下，长度、厚度无变化 酸度系数≥1.5
聚苯乙烯泡沫塑料板（保温材料）	厚度：25～100 宽度：400～1000 长度：1000～2000	松散堆积密度：20～220kg/m³ 抗压强度：0.15～0.20MPa 抗拉强度：0.12～0.5MPa 导热系数：0.023～0.046W/（m·K）
硬质聚氯乙烯泡沫塑料板（保温材料）	厚度：45～75 宽度：450～520 长度：300～520	松散堆积密度：≤45kg/m³ 抗压强度：≥0.18MPa 抗拉强度：≥0.4MPa 导热系数：≤0.043W/（m·K）

5. 制作

（1）标准复合板。

彩色压型钢板复合墙板是按设计图进行制作加工的。复合板由两层压型钢板，中间填放轻质保温材料构成。如采用轻质保温板材做保温层，在保温层中间要放两条宽50mm的带钢钢箍，在保温层的两端各放三块槽形冷弯连接件和两块冷弯角钢吊挂件，然后用自攻螺钉把压型钢板与连接件固定，钉距正常为100～200mm。

若用聚氨酯泡沫塑料做保温层，可以预浇筑成型，也可在现场喷雾发泡。

（2）异型复合板。

门口、窗洞口、管道穿墙及墙面端头处，板均为异型板。异型复合墙板用压型钢板与保温材料，按设计规定尺寸进行裁剪，然后按照标准板的做法进行组装。

6. 施工注意事项

（1）安装墙板骨架之后，应注意参考设计图样进行一次实测，确定墙板和吊挂件的尺寸及数量。

（2）为了便于吊装，墙板的长度应注意控制在 10m 以内。板材过大，会引起吊装困难。

（3）对于板缝及特殊部位异型板材的安装，应注意做好防水处理。

（4）复合板材吊装及焊接为高空作业，施工时应特别注意安全。

7. 复合板安装施工步骤

（1）复合板安装是用吊挂件把板材挂在墙身骨架檩条上，再把吊挂件与骨架焊牢，小型板材也可用钩形螺栓固定，如图 9-28 所示。

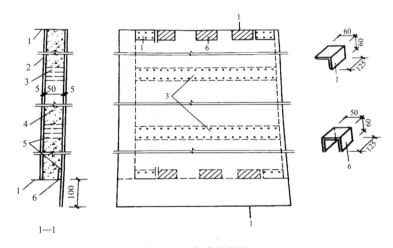

图 9-28　复合板构造

1—冷弯角钢吊挂件；2,7—压型钢板；3—钢箍；

4—聚苯乙烯泡沫保温板；5—自攻螺钉；6—冷弯槽钢

（2）板与板之间的连接，水平缝为搭接缝，竖缝为企口缝。所有接缝处，除用超细玻璃棉塞严外，还用自攻螺钉钉牢，钉距为 200mm。

（3）门窗孔洞、管道穿墙及墙面端头处，墙板均为异型板。女儿墙顶部、门窗周围均设防雨泛水板，泛水板与墙板的接缝处，用防水油膏嵌缝。压型板墙转角处，均用槽形转角板进行外包角和内包角，转角板用螺栓固定。

（4）安装墙板可采用脚手架，或利用檐口挑梁加设临时单轨，操作人员在吊篮上安装和焊接。板的起吊可在墙的顶部设滑轮，然后用小型卷扬机或人力吊装。

（5）墙板的安装顺序是从厂房边部竖向第一排下部第 1 块板开始，自下而上安装。安装完第一排再安装第二排。每安装铺设 10 排墙板后，吊线坠检查一次，以便及时消除误差。

（6）为了保证墙面外观质量，须在螺栓位置画线，按线开孔，用单面施工的钩形螺栓固定，使螺栓的位置横平竖直。

（7）墙板的外、内包角及钢窗周围的泛水板，须在现场加工的异型件，应参考图样，对安装好的墙面进行实测，确定其形状尺寸，使其加工准确，便于安装。

七、彩色涂层钢板饰面安装

彩色涂层钢板是以横（竖）向骨架（即墙筋）固定在承重结构上。当骨架与墙体连接时，在墙体内要先埋件，再立筋，然后安装板材和进行板缝处理。

1. 工艺流程

工艺流程：预埋连接件→立墙筋→安装板材→板缝处理。

2. 施工注意事项

（1）在开工前应先检查彩色涂层钢板型材是否符合设计要求，规格是否齐全，颜色是否一致。

（2）支撑骨架（即墙筋）应进行防腐、防火、除锈处理，特别是钢板的切边打孔处更应注意做防锈处理，以提高其耐久性，保证装饰效果。

（3）预埋件及墙筋的位置，应与钢板及异型板规格尺寸一致，以减少施工现场材料的二次加工。

（4）施工后的墙体表面应平整，接缝严密，连接可靠，无起、卷边等现象。

3. 预埋连接件

在砖墙体中可埋入带有螺栓的预制混凝土块或木砖。在混凝土墙体中可埋入 8～10mm 钢筋套扣螺栓，也可埋入带错筋的铁板。所有预埋件的间距应按墙筋间距埋入。

4. 立墙筋

在墙筋表面上拉水平线、垂直线，确定预埋件的位置。墙筋材料可选用角钢槽钢、木条。竖向墙筋间距为 900mm，横向墙筋间距为 500mm。竖向布板时可不设竖向墙筋，横向布板时可不设横向墙筋，而将竖向墙筋缩小到 500mm。施工时要保证墙筋与预埋件连接牢靠，连接方法为钉、拧、焊接。在墙角、窗口等部位必须设墙筋，以免端部板悬空。

5. 安装板材

为确保工程质量，施工时应特别注意按下述要求操作：

（1）安装板材要按照设计节点详图进行，安装前要检查墙筋位置，计算板材及缝隙宽度，进行排板、画线定位。

（2）要特别注意异型板的使用，在窗口和墙转角处使用异型板可以简化施工增加防水效果。

（3）板材与墙筋用铁钉、螺钉及木卡条连接。安装板的原则是按节点连接做法，沿一个方向顺序安装，方向相反则不宜施工。如墙筋或板材过长，可用切割机切割。图 9-29 所示为板材连接方法，图 9-30 所示为异型板使用方法。

6. 板缝处理

尽管彩色涂层钢板在加工时其形状已考虑了防水性能，但若遇到材料弯曲、接缝处高低不平，其形状的防水功能可能失去作用，在边角部位这种情况尤为明显，因此一些板缝填防水材料也是必要的。

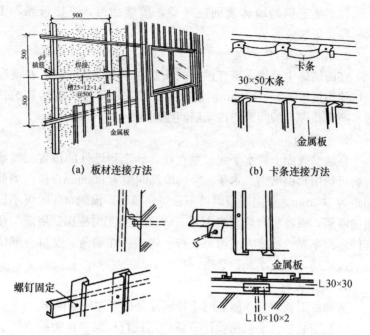

(a) 板材连接方法 　　　　　(b) 卡条连接方法

(c) 铁钉、螺钉连接方法

图 9-29　金属板材连接方法

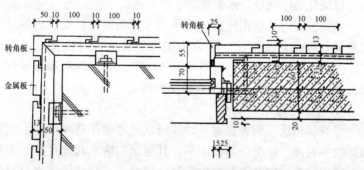

图 9-30　异型板使用方法

八、滚涂墙面施工

滚涂是将聚合物水泥砂浆抹在基层表面，用滚子滚出花纹，其构造如图 9-31 所示。滚涂操作工艺的特点是手工工效低，操作简单，不污染墙面及门窗，用来装饰小面积墙面效果好。

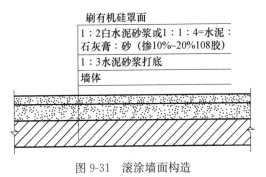

图 9-31 滚涂墙面构造

1. 使用材料及配合比

（1）材料。

普通硅酸盐水泥和白水泥，强度等级不低于 42.5 级，要求颜色一致。甲基硅醇钠（简称有机硅）含固量 30％，pH 值为 13，相对密度为 1.23，必须用玻璃或塑料容器运。砂子（粒径 2mm 左右）、胶粘剂、颜料等。

（2）配合比。

因各地区条件、气候不同，砂浆配合比也不同。一般用白水泥：砂＝1：2 或普通水泥：石灰膏：砂＝1：1：4，再掺入水泥量 10％～20％的 108 胶和适量的各种矿物颜料。砂浆稠度一般要求为 11～12cm。

（3）工具。

准备不同花纹的辊子若干，辊子用油印机的胶辊子或打成梅花眼的胶辊，也可用聚氨酯自做胶辊，规格不等，一般长 15～25cm。泡沫辊子用 015 或 030 的硬塑料骨架，裹上 10mm 厚的泡沫塑料，也可用聚氨酯弹性嵌缝胶浇筑而成。

（4）操作注意事项。

面层厚为 2～3mm，因此要求底面顺直平整，以保证面层取得应有的效果。

滚涂时若发现砂浆过干，不得在滚面上洒水，应在灰桶内加水将灰浆拌和，并考虑灰浆稠度一致。使用时发现砂浆沉淀要拌匀再用，否则会产生"花脸"现象。

每日应按分格分段做，不能留活槎，不得事后修补，否则会产生花纹和颜色不一致现象。配料必须由专人掌握，严格按配合比配料，控制用水量，使用时砂浆应拌和均匀。尤其是带色砂浆，应对配合比、基层湿度、砂子粒径、含水率、砂浆稠度、滚拉次数等方面严格掌握。

2. 滚涂墙面的施工步骤

滚涂墙面施工有垂直滚涂（用于立墙墙面）和水平滚涂（用于顶棚楼板）两种操作方法。滚涂前，应按设计的配合比配料，滚出样板，然后进行滚涂。

垂直滚涂的操作如下：

（1）打底。

用1∶3的水泥砂浆，操作方法与一般墙面的打底一样，表面搓平搓细即可。对预制阳台栏板，一般不打底，如果偏差太大，则须用1∶3水泥砂浆找平。

（2）贴分格线。

先在贴分格条的位置，用水泥砂浆压光，再弹好线，用胶布条或纸条涂抹108胶，沿弹好的线贴分格条。

（3）材料的拌和。

按配合比将水泥、砂子干拌均匀，再按量加入108胶水溶液，边加边拌和均匀，拌成糊状，稠度为10～12cm，拌好后的聚合物砂浆，以拉出毛来不流不坠为宜，且应再过一次筛后使用。

（4）滚涂。

滚涂时要掌握底层的干湿度，吸水较快时，要适当浇水湿润，浇水量以涂抹时不流为宜。操作时需两人合作。一人在前面涂抹砂浆，抹子紧压刮一遍，再用抹子顺平；另一人拿辊子滚拉，要紧跟涂抹人，否则吸水快时会拉不出毛来。操作时，辊子运行不要过快，手势用力一致，上下左右滚匀，要随时对照样板调整花纹，使花纹一致。要求最后成活时，滚动的方向一定要由上往下拉，使滚出的花纹有自然向下的流水坡度，以免日后积尘污染墙面。滚完后起出分格条，如果要求做阳角，一般在大面成活时再捋角。

为了提高滚涂层的耐久性和减延污染变色，一般在滚完面层24h后喷有机硅水溶液（憎水剂），喷量以其表面均匀湿润为原则，但不要雨天喷，如果喷完24h内遇有小雨，会将喷在表面的有机硅冲掉，达不到应有的效果，须重喷一遍。

水平滚涂的操作：水平滚涂基本上与垂直滚涂操作相同，由于楼板是水平的，辊子把短，不便操作。可将辊子把接长一些进行滚拉，在连续两次滚拉中间位置滚拉一遍，即可防止滚空或有"棱埂"等现象。

九、弹涂饰面施工

弹涂饰面是通过一种电动（或手动）筒形弹力器，将各种色浆弹在墙上，形成直径1～3mm大小不同的圆粒状色点。这些色点相互交错，并用深色、浅色及中间色的色点互为衬托，使其直观效果与水刷石、干粘石相似。

1. 使用材料与配合比

（1）材料。

①甲基硅树脂。生产硅的下脚料，通过水解与醇解制成。

②水泥。普通硅酸盐水泥或白水泥，108胶用作胶粘剂。

③颜料。采用无机颜料，掺入水泥内调制成各种色浆，掺入量不超过水泥质量的5%。

（2）配合比。

弹涂砂浆配合比见表9-4。

表9-4　弹涂砂浆配合比（质量比）

项目	水泥	颜料	水	108胶
刷底色浆	普通硅酸盐水泥100	适量	90	20
刷底色浆	白水泥100	适量	80	13
弹花点	普通硅酸盐水泥100	适量	55	14
弹花点	白水泥100	适量	45	10

（3）机具。

除常用抹灰工具外，还需有弹力器。弹力器分为手动与电动两种。手动弹力器较为灵活方便，适用于墙面需要连续弹撒少量深色色点时，构造如图 9-32 所示。电动弹力器适用于大面积墙弹底色色点和中间色点时，弹时速度快，效率高，弹点均匀。电动弹力器主要由传动装置和弹力筒两部分组成。

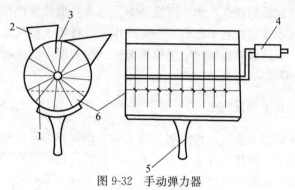

图 9-32　手动弹力器

1—弹棒；2—进料口；3—挡棍；4—摇把；5—手柄；6—容器

2. 操作注意事项

（1）水泥中不能加太多颜料，因颜料是很细的颗粒，过多会缺乏足够厚的水泥浆薄膜包裹颜料颗粒，影响水泥色浆的强度，易出现起粉、掉色等现象。

（2）基层太干燥，色浆弹上后，水分被基层吸收，基层在吸水时，色浆与基层之间的水缓缓移动，色浆和基层粘结不牢。色浆中的水被基层吸收快，水泥水化时缺乏足够的水，会影响强度的发展。

（3）弹涂时的色点未干，就用 108 胶或甲基硅树脂罩面，会将湿气封闭在内，诱发水泥水化时析出白色的氢氧化钙，即为析白。而析白是不规则的，所以，弹涂的局部会变色发白。

3. 弹涂饰面施工步骤

（1）打底。

用 1∶3 水泥砂浆打底，操作方法与一般墙面一样，表面用木抹子搓平。预制外墙板、加气板等墙面，表面较平整的，将边角找直，局部偏差较大处用 1：2.5 水泥砂浆局部找平，然后粘贴分格条。

（2）涂底色浆。

将色浆配好后，用长木把毛刷在底层刷涂一遍，大面积墙面施工时，可采用喷浆器喷涂。

（3）弹色点面层。

把色浆放在筒形弹力器内（不宜太多），弹点时按色浆分色每人操作一种色浆，流水作业，即一人弹第一种色浆后，另一人紧跟弹另一种色浆。弹点时几种色点要弹得均匀，相互衬托一致，弹出的色浆应为近似圆粒状。弹点时若出现色浆下流、拉丝现象，应停止操作，调整胶浆水灰比。一般出现拉丝现象，是由于胶液过多，应加水调制。出现下流时，应加适量水泥，以增加色浆的稠度。若已经出现上述结果，可在弹第二道色点时遮盖分解。随着自然气候温度的变化，须随时对色浆的水灰比进行相应调整。可事先找一块墙面进行试弹，调至弹出圆状粒点为止。

（4）罩面。

色点面层干燥后，随即喷一道甲基硅树脂溶液罩面。配制甲基硅树脂溶液，是先将甲基硅树脂中加入 1/1000（质量比）的乙醇胺搅拌均匀，再加入密闭容器中储存，操作时要加入 1 倍酒精，搅拌均匀后即可喷涂。

十、喷涂面施工

喷涂也是一项新施工工艺。施工速度快，节约劳动力，装饰效果好。喷涂抹灰，是把聚合物水泥砂浆用挤压式砂浆泵或喷斗将砂浆喷涂于墙体外表面形成的装饰抹灰，其构造如图 9-33 所示。

喷涂做法按材料分，有白水泥喷涂和普通水泥掺石灰膏喷涂。按质感分，有表面灰浆饱满、呈波纹状的波面喷涂和表面布满点状颗粒的粒状喷涂。白水泥喷涂可以掺入少量着色颜料或靠骨料的颜色形成浅色饰面，一般装饰效果较好。普通硅酸盐水泥喷涂颜色暗，装饰效果差，所以用普通硅酸盐水泥喷涂应掺入石灰膏以改善其装饰效果。

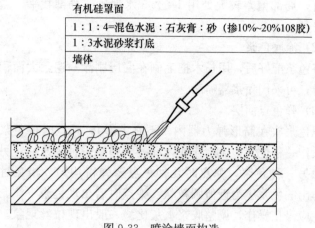

图 9-33　喷涂墙面构造

喷涂装饰抹灰，虽然比各种普通硅酸盐水泥装饰面的性能有所改善，但还是以普通硅酸盐水泥为主，故只能用于一般民用与工业建筑外墙。其中粒状喷涂只宜用于二层以上部位，首层及经常与人接触的部位不宜采用。

1. 使用材料与工具

（1）材料。

除备用与滚涂一样的材料外，还需备石灰膏（最好用淋灰池尾部挖取的优质灰膏）。

（2）工具。

除常备的抹灰工具外，还有 0.3～0.6m/min 空气压缩机一台；加压罐一台或柱塞小砂浆泵一台；3mm 振动筛一个；喷枪、喷斗、25mm 胶管 30m 长两条；乙炔气用的小胶管 30m 长两条；一条 10m 长的气焊用小胶管；小台秤一台；砂浆稠度仪一台；拌料、配料用具。

2. 砂浆拌和

拌料要有专人负责，搅拌时先将石灰膏加少量水化开，再加混色水泥、108 胶，拌到颜色均匀后再加砂子，逐渐加水到需要的稠度，一般以 13cm 为宜。

花点砂浆（成活后为蛤蟆皮式的花点）用量少，每次搅拌量视面积而定，面积较少时少拌，面积大时，每次可多拌一些。

3. 操作注意事项

（1）灰浆管道产生堵塞而又不能马上排除故障时，要迅速改用喷斗上料继续喷涂，不留接槎，直到喷完一块为止，以免影响质量。

（2）要掌握好石灰膏的稠度和细度。应将所用的石灰膏一次上齐，储存在不漏水的池子里拌匀，做样板和做大面均用含水率一样的石膏，否则会产生颜色不一的现象，使得装饰效果不够理想。

（3）基层干湿程度不一致，表面不平整。因此造成喷涂干的部分吸收色浆多，湿的部分吸收色浆少。凸出部分附着色浆少，凹陷部分附着色浆多，故墙面颜色不一。

（4）喷涂时要注意把门窗遮挡好，以免污染。

（5）注意打开加压罐时，应先放气，以免灰浆喷出造成伤人事故。

（6）拌料时不要一次拌得太多，若用不完变稠后又加水重拌，这样不仅使喷料强度降低，且影响涂层颜色的深浅。

（7）操作时，要注意风向、气候、喷射条件等。在大风天或下雨天施工，易喷涂不匀。喷射条件、操作工艺掌握不好，如粒状喷涂，喷斗内最后剩的砂浆喷出时，速度太快，会形成局部出浆，颜色变浅，出现波面、花点。

4. 喷涂墙面的施工步骤

（1）打底。

砖墙用1:3水泥砂浆打底。混凝土墙板一般只做局部处理，做好窗口腰线，将现浇时流淌鼓出的水泥砂浆去除，凹凸不平的表面用1:3水泥砂浆找平，将棱角找顺直，不甩活槎。喷涂时要掌握墙面的干湿度，因为喷涂的砂浆较稀，如果墙面太湿，砂浆会流淌、不吸水、不易成活。太干燥，也会造成粘结力差，影响质量。

（2）喷涂。

单色底层喷涂的方法，是先将清水装入加压罐，加压后清洗输送系统。然后将搅拌好的砂浆通过3mm孔的振动筛，装满加压罐或加入柱塞泵料斗,加压输运充满喷枪腔。砂浆压力达到要求后,打开空气阀门及喷枪气管扳机,这时压缩空气带动砂浆由喷嘴喷出。喷涂时喷嘴应垂直墙面,根据气压大小和墙面的干湿度,决定喷嘴与墙面的距离,一般为 15～30cm。要直视直喷,喷涂遍数要以喷到与样板颜色相同、并均匀一致为止。

在各遍喷涂时,如有局部流淌,要用木抹子抹平,或刮后重喷。只能一次喷成,不能补喷。喷涂成活厚度一般在 3mm 左右。喷完后要将输运系统全部用水压冲洗干净。如果中途停工时间超过了水泥的凝结时间,要将输送系统中的砂浆全部放净。

喷花点时,直接将砂浆倒入喷斗就可开气喷涂。根据花点粗细疏密要求的不同,砂浆稠度和空气压力也应有所区别。喷粗疏大点时,砂浆要稠,气压要小;喷细密小点时,砂浆要稀,气压要大。如空气压缩机的气压保持不变,可用喷气阀和开关大小来调节。同时要注意直视直喷,随时与样板对照,喷到均匀一致为止。

涂层的接槎分块,要事先计划安排好,根据作业时间和饰面分块情况,事先计算好作业面积和砂浆用量,做一块完一块,不要甩活槎,也不要多剩砂浆造成浪费。

饰面的分格缝可采用刮缝做法。待花点砂浆收水后,在分格缝的一侧用手压紧靠尺,另一只手拿铁皮做刮板,刮掉已喷上去的砂浆,露出基层,将灰缝两侧砂浆略加修饰就成分格缝,宽度以 2cm 为宜。成活 24h 后可喷一层有机硅,要求同滚涂。

十一、保温隔热砂浆抹灰

用膨胀珍珠岩、膨胀蛭石作为骨料的保温隔热砂浆抹灰,具有保温隔热吸声性能和无毒、无臭、不燃烧、质量轻、密度小的特点。

1. 膨胀蛭石砂浆抹灰

(1) 使用材料。

①水泥。42.5 级以上普通硅酸盐水泥或矿渣硅酸盐水泥。

②膨胀蛭石。颗粒粒径应在 10mm 以下,并应以 1.2～5mm 为主,1.2mm 的占 15％左右,小于 1.2mm 的不得超过 10％。

③塑化剂稀释溶液。掺量为 1%～3%以提高灰浆的和易性。

（2）配合比（表 9-5）。

表 9-5　膨胀蛭石灰浆配合比

做法	水泥	石灰膏	蛭石	塑化剂	备注
底层	1		4～8	适量	(1) 砂浆质量密度 74～105kg/m³
底层	1	1	5～8		(2) 导热系数：0.152～0.194W/(m・K)
面层		1	2.5～4		

（3）施工要点。

①须先清洗基层，然后喷刷石灰水一道或喷厚度为 2～3mm 水泥细砂砂浆 1:(1.5～3) 一道。

②抹灰分两层操作，底层厚度宜在 15～20mm，面层灰厚度宜在 10mm。

③为避免蛭石灰浆因厚度过厚而发生裂缝，在底层灰抹完后，须经一昼夜方可抹面层。

④抹灰时，用力应适当。用力过大易将水泥浆由蛭石缝中挤出，影响灰浆强度；过小不但使灰浆与基层结合不牢，而且影响灰浆本身质量。

⑤蛭石灰浆配好后，应在 2h 内用完，并边用边拌，使浆液保持均匀，否则将影响灰浆质量。

2. 膨胀珍珠岩砂浆抹灰

（1）使用材料。

①水泥。42.5 级以上普通硅酸盐水泥或矿渣硅酸盐水泥。

②膨胀珍珠岩。宜用 I 级（小于 80kg/m³）或 II 级（80～120kg/m³）。

③泡沫剂。掺量为 1%～3%，能提高砂浆的和易性。其配制方法如下：按 1:4.5（氢氧化钠:水）配成氢氧化钠溶液，将氢氧化钠溶液加热至沸点，然后按 1:0.36（氢氧化钠溶液:松香粉，松香粉需过 0.3mm 筛）缓慢加入松香粉，随加随搅拌，并继续熬煮 1～1.5h，至松香完全溶化、颜色均匀、没有颗粒沉淀为止，冷却备用（在熬煮过程中蒸发掉的水分应补充）。为了使

加气剂用量准确，在使用前可另加 9 倍水进行稀释后再用。

（2）膨胀珍珠岩砂浆的配合比（表 9-6）。

表 9-6 膨胀珍珠岩砂浆配合比

做法	水泥	石灰膏	膨胀珍珠岩	聚醋酸乙烯	纸筋	泡沫剂
用于纸筋灰罩面的底层灰（体积比）	—	1	4～5	—	—	适量
用于纸筋灰罩面的中层灰（体积比）		1	4		—	
（质量比）	1	1	6			
用于罩面灰（松散体积比）	—		0.1	0.003	0.1	
（质量比）	1	0.1～0.2	0.03～0.05	—	0.1	

（3）施工要点。

膨胀珍珠岩抹灰操作与一般石灰砂浆或石灰膏罩面不同的是：

①采用分底层、中层、面层抹灰时，基层需适当润湿，但不宜过湿，因为膨胀珍珠岩灰浆有良好的保水性。直接抹罩面灰时（一般用于加气混凝土条板、大模板混土墙面），基层涂刷 $1:(5～6)$ 的 108 胶或聚醋酸乙烯乳液水（如基层表面有油迹，应先用 $5\%～10\%$ 火碱水溶液清洗两三遍，再用清水冲刷干净）。

②抹底层灰浆厚度宜在 $1.5～2.0\text{cm}$，分层操作。中层灰厚度宜在 $0.5～0.8\text{cm}$。为免避干缩裂缝，在底层灰抹完后，须隔夜方可抹中层灰。灰浆稠度宜在 10cm 左右，不宜太稀。待中层灰稍干时用木抹子抹平，待六七成干时，方可罩纸筋灰面层。

③直接抹罩面灰时，要随抹随压，至表面平整光滑为止，厚度越薄越好，一般以 2mm 左右为宜。

十二、钡砂砂浆抹灰

钡砂也称重晶石，是天然硫酸钡，钡砂砂浆是一种放射性防护材料，用它作为接合料制成砂浆的面层，对 X 射线有阻隔作用，常用作 X 射线探伤室、X 射线治疗室、同位素实验室等墙面抹灰。

1. 使用材料

（1）水泥。

42.5级以上普通硅酸盐水泥（不宜用其他水泥）。

（2）砂子。

一般为洁净中砂，不宜用细砂。

（3）钡砂。

粒径0.6～1.2mm，无杂质。

（4）钡粉。

细度全部通过0.3mm筛孔。

2. 配合比

钡砂（重晶石）砂浆配合比见表9-7。

表9-7　钡砂（重晶石）砂浆配合比

材料名称	水	水泥	砂子	钡砂	钡粉
配合比（质量比）	0.48	1	1	1.8	0.4
用量（kg/m³）	252.5	526	526	947	210.4

3. 施工要点

（1）在拌制砂浆时水应加热到50℃左右。

（2）按比例先将重晶石石粉与水泥拌和，然后将砂子、钡粉拌和，加入50℃水拌均匀。

（3）抹灰前墙面基层要认真清除尘污，凹凸不平处预先用1∶3水泥砂浆补齐或凿平，并浇水湿润。

（4）抹灰厚度每层一般不得超过3～4mm，每天抹一层，一般应根据设计厚度分7～8次抹成。要一层竖抹一层横抹，分层施工。每层抹灰要连续施工，不得留施工缝。在抹灰过程中发现裂缝，必须铲除重抹。每层抹完后0.5h要再压一遍，表面要划毛，最后一层必须待收水后用铁抹子压光。

（5）阴阳角要抹成圆弧形，以免棱角开裂。

（6）每天抹灰后，昼夜喷水不少于5次。整个抹灰完毕后须关闭门窗一周。地面要浇水，使室内有足够的湿度，并用喷雾器喷水养护。

第十章　抹灰工程施工管理

第一节　施工管理的基本知识

一、施工现场管理的概念

施工现场指从事建筑施工活动经批准占用的施工场地。它既包括红线以内占用的建筑用地和施工用地，又包括红线以外现场附近经批准占用的临时施工用地。

施工现场管理就是运用科学的管理思想、管理组织、管理方法和管理手段，对施工现场的各种生产要素，如人（操作者、管理者）、机（设备）、料（原材料）、法（工艺、检测）、环境、资金、能源、信息等，进行合理的配置和优化组合，通过计划、组织、控制、协调、激励等管理职能，保证现场能按预定的目标，实现优质、高效、低耗、安全、文明地生产。

二、施工现场管理的意义

施工现场管理的意义主要表现在以下几个方面：

（1）施工现场管理是贯彻执行有关法规的集中体现。

（2）施工现场管理是建设体制改革的重要保证。

（3）施工现场是施工企业与社会的主要接触点。

（4）施工现场管理是施工活动正常进行的基本保证。

（5）施工现场是各专业管理联系的纽带。

三、施工现场管理的任务

施工员是现场施工的直接指挥员，应学习有关施工现场管理的基本理论和方法，合理组织施工，达到优质、低耗、高效、安全和文明施工的目的。施工现场管理的任务，具体可以归纳为以下几点：

（1）全面完成生产计划规定的任务（含产量、产值、质量、工期、资金、成本、利润和安全等）。

（2）按施工规律组织生产，优化生产要素的配置，实现高效率和高效益。

（3）搞好劳动组织和班组建设，不断提高施工现场人员的思想和技术素质。

（4）加强定额管理，降低物料和能源的消耗，减少生产储备和资金占用，不断降低生产成本。

（5）优化专业管理，建立完善的管理体系，有效地控制施工现场的投入和产出。

（6）加强施工现场的标准化管理，使人流、物流高效有序流转。

（7）治理施工现场环境，改变"脏、乱、差"的状况，注意保护施工环境，做到施工不扰民。

四、施工现场管理的内容

1. 平面布置与管理

（1）施工现场的布置，是要解决建筑施工所需的各项设施和永久性建筑（拟建和已有的建筑）之间的合理布置，按照施工部署、施工方案和施工进度的要求，对施工用临时房屋建筑、临时加工预制场、材料仓库、堆场和临时水、电、动力管线及交通运输道路等做出周密规划和布置。

（2）施工现场平面管理就是在施工过程中对施工场地的布置进行合理的调节，也是对施工总平面图全面落实的过程。

2. 材料管理

全部材料和零部件的供应已列入施工规划，现场管理的主要内容：确定供料和用料目标；确定供料、用料方式及措施；组织材料及制品的采购、加工和储备，做好施工现场的进料安排；组织材料进场、保管及合理使用；完工后及时退料及办理结算等。

3. 合同管理

现场合同管理是指施工全过程中的合同管理工作，它包括两个方面：一是承包商与业主之间的合同管理工作；二是承包商与分包商之间的合同管理工作。现场合同管理人员应及时填写并保存有关方面签证的文件。

4. 质量管理

现场质量管理是施工现场管理的重要内容，主要包括以下两个方面工作：

（1）按照工程设计要求和国家有关技术规定，如施工质量验收规范、技术操作规程等，对整个施工过程的各个工序环节进行有组织的工程质量检验工作，不合格的建筑材料不能进入施工现场，不合格的分部分项工程不能转入下道工序施工。

（2）采用全面质量管理的方法，进行施工质量分析，找出导致各种施工质量缺陷的原因，随时采取预防措施，减少或尽量避免工程质量事故的发生，把质量管理工作贯穿工程施工全过程，形成一个完整的质量保证体系。

5. 安全管理

安全管理贯穿施工的全过程，与各项专业技术管理密切相关，关系着现场全体人员的生产安全和施工环境安全。现场安全管理的主要内容包括安全教育；建立安全管理制度；安全技术管理；安全检查与安全分析等。

第二节　安全技术管理

一、抹灰工程的安全技术措施

（1）严禁脚手架超负荷使用，操作人员和材料不能太集中。

（2）零星抹灰、收尾、找补工程，不能用暖气管、上下水管道作为脚手架的支点，以免发生安全事故。

（3）机喷抹灰和砂浆中掺加的化学剂都应按规定处理，并配足劳保用品。

（4）施工现场的临时用电，按规定采用安全电压，线路出现故障，应由专职电工进行维修与检查。

（5）冬期施工中室内热作业要防止煤气中毒和火灾发生，外脚手架要经常打扫并注意防滑。

（6）雨期施工注意机具设备的防护，以免造成漏电事故，做好场地排水、防水工作，使整个工地道路畅通无阻。

二、高处作业安全的基本要求

按照《高处作业分级》（GB/T 3608—2008）中的规定：高处作业是指凡在坠落高度基准面 2m 以上（含 2m）有可能坠落的高处进行的作业。其中坠落高度基准面是指通过可能坠落范围内最低处的水平面，它是确定高处作业高度的起始点。例如，从作业位置可能坠落到最低点的楼面、地面、基坑等平面。

1. 高处作业人员的基本要求

（1）凡从事高处作业的作业人员必须身体健康，并定期体检，而患有高血压、心脏病、癫痫病、贫血病、四肢有残疾以及其他不适应高处作业的人员，不得从事高处作业。

（2）高处作业人员应正确佩戴与使用安全带和安全帽，安全带和安全帽应完好，并符合相关要求。

（3）高处作业人员衣着要便利，禁止赤脚，禁止穿硬底鞋、拖鞋、高跟鞋以及带钉、易滑的鞋从事高处作业。

（4）酒后严禁进行高处作业。

（5）所有高处作业人员应从规定的通道上下，不得在阳台、脚手架上等非规定通道进行攀登上下，也不得任意利用吊车悬臂架及非载人设备上下。

2. 高处作业的基本要求

根据《建筑施工高处作业安全技术规范》（JGJ 80—2016）中的规定，建筑施工单位在进行高处作业时，应满足以下基本要求：

（1）建筑施工中凡涉及临边与洞口作业、攀登与悬空作业、操作平台、交叉作业及安全网搭设的，应在施工组织设计或施工方案中制订高处作业安全技术措施。

（2）高处作业施工前，应按类别对安全防护设施进行检查、验收，验收合格后方可进行作业，并应做验收记录。验收可分层或分阶段进行。

（3）高处作业施工前，应对作业人员进行安全技术交底，并应记录。应对初次作业人员进行培训。

（4）应根据要求将各类安全警示标志悬挂于施工现场各相应部位，夜间应设红灯警示。高处作业施工前，应检查高处作业的安全标志、工具、仪表、电气设施和设备，确认其完好后，方可进行施工。

（5）高处作业人员应根据作业的实际情况配备相应的高处作业安全防护用品，并应按规定正确佩戴和使用相应的安全防护用品、用具。

（6）对施工作业现场可能坠落的物料，应及时拆除或采取固定措施。高处作业所用的物料应堆放平稳，不得妨碍通行和装卸。工具应随手放入工具袋；作业中的走道、通道板和登高用具，应随时清理干净；拆卸下的物料及余料和废料应及时清理运走，不得随意放置或向下丢弃。传递物料时不得抛掷。

（7）高处作业应按现行国家标准《建设工程施工现场消防安全技术规范》（GB 50720）的规定，采取防火措施。

（8）在雨、霜、雾、雪等天气进行高处作业时，应采取防滑、防冻和防雷措施，并应及时清除作业面上的水、冰、雪、霜。

当遇有 6 级及以上强风、浓雾、沙尘暴等恶劣气候时，不得进行露天攀登与悬空高处作业。雨雪天气后，应对高处作业安全设施进行检查，当发现有松动、变形、损坏或脱落等现象时，应立即修理完善，维修合格后方可使用。

（9）对需临时拆除或变动的安全防护设施，应采取可靠措施，作业后应立即恢复。

（10）安全防护设施验收应包括下列主要内容：

①防护栏杆的设置与搭设；

②攀登与悬空作业的用具与设施搭设；

③操作平台及平台防护设施的搭设；

④防护棚的搭设；

⑤安全网的设置；

⑥安全防护设施、设备的性能与质量，所用的材料、配件的规格；

⑦设施的节点构造，材料配件的规格、材质及其与建筑物的固定、连接状况。

（11）安全防护设施验收资料应包括下列主要内容：

①施工组织设计中的安全技术措施或施工方案；

②安全防护用品用具、材料和设备产品合格证明；

③安全防护设施验收记录；

④预埋件隐蔽验收记录；

⑤安全防护设施变更记录。

（12）应有专人对各类安全防护设施进行检查和维修保养，发现隐患应及时采取整改措施。

（13）安全防护设施宜采用定型化、工具化设施，防护栏应为黑黄或红白相间的条纹标识，盖件应为黄或红色标识。

三、临边作业

1. 临边作业的概念

临边作业是指在工作面边沿无围护或围护设施高度低于 800mm 的高处作业，包括楼板边，楼梯段边，屋面边，阳台边，各类坑、沟、槽等边沿的高处作业。

2. 临边作业的安全防护

（1）坠落高度基准面 2m 及以上进行临边作业时，应在临空一侧设置防护栏杆，并应采用密目式安全立网或工具式栏板封闭。

（2）施工的楼梯口、楼梯平台和梯段边，应安装防护栏杆；外设楼梯口、楼梯平台和梯段边还应采用密目式安全立网封闭。

（3）建筑物外围边沿处，对没有设置外脚手架的工程，应设置防护栏杆；对有外脚手架的工程，应采用密目式安全立网全封闭。密目式安全立网应设置在脚手架外侧立杆上，并应与脚手杆紧密连接。

（4）施工升降机、龙门架和井架物料提升机等在建筑物间设置的停层平台两侧边，应设置防护栏杆、挡脚板，并应采用密目式安全立网或工具式栏板封闭。

（5）停层平台口应设置高度不低于1.80m的楼层防护门，并应设置防外开装置。井架物料提升机通道中间，应分别设置隔离设施。

四、洞口高处作业

1. 洞口高处作业的概念

洞口作业是指在地面、楼面、屋面和墙面等有可能使人和物料坠落，其坠落高度大于或等于2m的洞口处的高处作业。

2. 洞口作业的安全防护要求

（1）洞口作业时，应采取防坠落措施，并应符合下列规定：

①当竖向洞口短边边长小于500mm时，应采取封堵措施；当垂直洞口短边边长大于或等于500mm时，应在临空一侧设置高度不小于1.2m的防护栏杆，并应采用密目式安全立网或工具式栏板封闭，设置挡脚板；

②当非竖向洞口短边边长为25～500mm时，应采用承载力满足使用要求的盖板覆盖，盖板四周搁置应均衡，且应防止盖板移位；

③当非竖向洞口短边边长为500～1500mm时，应采用盖板覆盖或防护栏杆等措施，并应固定牢固；

④当非竖向洞口短边边长大于或等于1500mm时，应在洞口作业侧设置高度不小于1.2m的防护栏杆，洞口应采用安全平网封闭。

（2）电梯井口应设置防护门，其高度不应小于1.5m，防护门底端距地面高度不应大于50mm，并应设置挡脚板。

（3）在电梯施工前，电梯井道内应每隔2层且不大于10m加设一道安全平网。电梯井内的施工层上部，应设置隔离防护设施。

（4）洞口盖板应能承受不小于1kN/m²的集中荷载和不小于2kN/m²的均布荷载，有特殊要求的盖板应另行设计。

（5）墙面等处落地的竖向洞口、窗台高度低于800mm的竖向洞口及框架结构在浇筑完混凝土未砌筑墙体时的洞口，应按临边防护要求设置防护栏杆。

五、交叉高处作业

1. 交叉高处作业的概念

交叉高处作业是指在施工现场的不同层次，在空间贯通状态下同时进行的高处作业，简称交叉作业。建筑物形体庞大，为加速施工进度，经常会组织立体交叉的施工作业，而上下立体的交叉作业又极易造成坠物伤人，所以，交叉作业必须严格遵守相关的安全操作要求。

2. 交叉作业的安全要求

交叉作业时，必须满足以下安全要求：

（1）支模、粉刷、砌墙等各工种进行上下立体交叉作业时不得在同一垂直方向上操作。下层作业的位置，必须处于依上层高度确定的可能坠落范围半径之外。不符合以上条件时，应设置安全防护层。

（2）钢模板、脚手架等拆除时，下方不得有其他操作人员。

（3）钢模板部件拆除后，临时堆放处离楼层边沿不应小于1m，堆放高度不得超过1m。楼层边口、通道口、脚手架边沿等处，严禁堆放任何拆下的物件。

（4）结构施工自二层起，凡人员进出的通道口（包括井架、施工用电梯的进出通道口），均应搭设安全防护棚，高度超过24m的层次上的交叉作业，应设双层防护，且高层建筑的防护棚长度不得小于6m。

（5）由于上方施工可能坠落物件处或处于起重机起重臂架回转范围之内的通道处，在其受影响的范围内，必须搭设顶部能防止穿透的双层防护棚廊。

第三节　工程量计算

工程量是以自然计量单位或物理计量单位所表示的各分项工

程量或结构构件的数量。

一、工程量计算的意义

（1）工程量计算是编制工程预算造价的主要环节，是工程预算书的重要内容。

（2）工程量是建筑企业编制施工作业计划，合理安排施工进度，组织劳动力和材料供应的重要数据。

（3）工程量是建筑企业进行财务管理、成本管理和经济核算的重要依据，也是抹灰班组进行班组核算的主要依据。

二、工程量计算的一般原则

工程量计算是一项工作量大而又十分细致的工作，计算结果的精确性关系到工程预算成本价格和材料管理的准确性。为了准确计算工程量，通常要遵循以下原则：

1. 计算口径要一致，避免重复列项

计算工程量时，依据施工图列出的分项工程的工序（指分项工程所包括的工作内容和范围），必须与预算基价中相应分项工程的口径相一致。

2. 工程量计算规则要一致，避免错算

按施工图纸计算工程量所依据的计算规则，必须与当地现行预算基价计算规则相一致。

3. 计算尺寸的取定要准确

在计算工程量时，首先要对施工图纸的尺寸进行核对，然后准确取定各子目的计算尺寸。

4. 计算单位要一致

按施工图纸计算工程量时，所列出的各分项工程的计量单位，必须与预算定额中相应项目的计量单位相一致。《全国统一建筑工程预算工程量计算规则》（土建工程）第一节第 104 条指出：除另有规定外，工程量的计算单位应按下列规定计算：

（1）以体积计算的为立方米（m^3）；

（2）以面积计算的为平方米（m^2）；

（3）以长度计算的为米（m）；

（4）以重量计算的为吨或千克（t 或 kg）；

（5）以件（个或组）计算的为件（个或组）。

5. 工程量计算准确度要统一

汇总工程量，其准确度取值：立方米（m^3）、平方米（m^2）、米（m）以下取两位；吨（t）以下取三位；千克（kg）、件取整数。

6. 计算工程量时要遵循一定的顺序

计算工程量时要遵循一定的顺序，依次进行计算，避免漏算或重复计算。

三、工程量计算步骤

（1）列出分项工程项目名称。

（2）列出工程量计算式。

（3）调整计量单位。

四、工程量计算的主要规则

1. 楼地面工程量的计算规则

（1）一般抹面工程。

①面层：各类面层均按主墙间净面积计算。应扣除凸出地面的构筑物、设备基础、室内铁道及不需做面层的地沟盖板所占的面积。不扣除柱、垛、间壁墙、附墙烟囱及 $0.3m^2$ 以内孔洞所占的面积，但门洞、空圈、暖气包槽、壁龛的开口部分，也不增加。

②抹楼梯面层，以水平投影面积（包括踏步和休息台）计算，基价内已包括踢脚板及底面抹灰，刷浆工料。楼梯外宽度在 500mm 以内的不扣除。

③散水按平方米（m^2）计算，长度按外墙外边线长度（不减坡道、台阶沟所占长度，四角延伸部分也不增加），宽度按设计尺寸。

④各类台阶均以水平投影面积计算，基价中已包括面层及全技术层以下的砌砖或混凝土的工料，不包括筋墙及相关项目，凡室内外地坪差超过 60mm 的台阶不适用本基价，应根据设计要

求，按图示尺寸计算各分项工程量，另套相应基价。

⑤水泥砂浆踢脚板，以延长米计算，不扣除门洞及空圈的长度，但门洞空圈和垛的侧壁也不增加。

⑥垫层：地面垫层面积同地面面积，应扣除沟道所占面积乘以垫层厚度以立方米（m^3）计算。

⑦防潮层：地面防潮层面积同地面面积，墙面防潮层按图示尺寸以米（m）计算，不扣除 $0.3m^2$ 以内的孔洞。

⑧伸缩缝：各类伸缩缝均以延长米计算，伸缩缝项目适用于楼地面、屋面及顶棚等部位。

（2）装饰工程。

①楼地面整体面层均按主墙间净空面积计算，应扣除凸出地面的构筑物、设备基础等不做面层的部分，不扣除柱、间壁墙以及 $0.3m^2$ 以内孔洞等所占的面积，但门洞空圈部分也不增加。

②楼地面块料面层均按图示尺寸实铺面积以平方米（m^2）计算，应扣除各种所占面层面积的工程量，但门洞、空圈、暖气包槽、壁龛的开口部分的工程量并入相应的面层内计算。

③楼梯面层均以水平投影面积（包括踏步及休息平台）计算，楼梯井宽度在 500mm 以内的不予扣除，基价内不包括楼梯踢脚板、侧面、底面抹灰。

④台阶按水平投影面积计算，不包括翼墙、花池等。如台阶与平台连接时，其分界线应按最上层踏步外檐加 300mm 计算。

⑤栏杆、扶手包括弯头长度按延长米计算，斜长部分的长度可按其水平长度乘以系数 1.15 计算。

⑥防滑条按楼梯踏步两端距离减去 30mm 以延长米计算。

⑦整体面层踢脚板以延长米乘以高度计算，不扣除门口，侧壁也不增加；块料面层踢脚板均按图示尺寸以平方米（m^2）计算。

2. 一般抹灰工程工程量的计算

（1）顶棚抹灰。

顶棚抹灰面积，以主墙间的净空面积计算，不扣除间壁墙、垛、柱、附墙烟囱、检查洞和管道所占的面积。带有钢筋混凝土的顶棚，梁的两侧面抹灰面积应并入顶棚抹灰工程量内计算。

（2）内墙面抹灰。

内墙面抹灰面积，应扣除门、窗洞口和空圈所占的面积，不扣除踢脚板、挂镜线、0.3m² 以内的孔洞和墙与构件交接处的面积。洞口侧壁和顶面不增加，但垛的侧面抹灰应与内墙面抹灰工程量合并计算，内墙面抹灰的长度以主墙间的图示净长尺寸计算，其高度确定如下：

①有墙裙的，其高度自墙裙顶点算至顶棚底面另增加 10mm 计算。

②有吊顶的，其高度算至顶棚下皮另加 10mm 计算。

③抹灰高度不扣除踢脚板高度。

第十一章 安全生产法规及安全生产操作

第一节 相关法律法规与安全常识

一、抹灰工涉及的法律、法规（摘录）

1. 建筑法

（1）建筑法赋予抹灰工的权利。

①有权对影响人身健康的作业程序和作业条件提出改进意见，有权获得安全生产所需的防护用品，对危及生命安全和人身健康的行为有权提出批评、检举和控告。

②对建筑工程的质量事故、质量缺陷有权向建设行政主管部门或者其他有关部门进行检举、控告、投诉。

（2）保障他人合法权益。

从事抹灰工作业时应当遵守法律、法规规定，不得损害社会公共利益和他人的合法权益。

（3）不得违章作业。

抹灰工在作业过程中，应当遵守有关安全生产的法律、法规和建筑行业安全规章、规程，不得违章指挥或者违章作业。

（4）依法取得执业资格证书。

从事建筑活动的抹灰工，应当依法取得执业资格证书，并在执业资格证书许可的范围内从事建筑活动。

（5）安全生产教育培训制度。

抹灰工在施工单位应接受安全生产的教育培训，未经安全生产教育培训的抹灰工不得上岗作业。

（6）施工中严禁违反的条例。

必须严格按照工程设计图样和施工技术标准施工，不得偷工减料或擅自修改工程设计。

（7）不得收受贿赂。

在工程发包与承包中索贿、受贿、行贿，构成犯罪的，依法追究刑事责任；不构成犯罪的，分别处以罚款，没收收受的财物。

2. 消防法

（1）消防法赋予抹灰工的义务。

维护消防安全、保护消防设施、预防火灾、报告火警、参加有组织的灭火工作。

（2）造成消防隐患的处罚。

抹灰工在作业过程中，不得损坏、使用或者擅自拆除、停用消防设施、器材，不得埋压、圈占、遮挡消火栓或者占用防火间距，不得占用、堵塞、封闭疏散通道、安全出口、消防车通道。人员密集场所的门窗不得设置影响逃生和灭火救援的障碍物。违者处 5000 元以上 50000 元以下罚款。

3. 电力法

抹灰工在作业过程中，不得危害发电设施、变电设施和电力线路设施及其有关辅助设施；不得非法占用变电设施用地、输电线路走廊和电缆通道；不得在依法划定的电力设施保护区内堆放可能危及电力设施安全的物品。

4. 计量法

抹灰工在作业过程中，不得破坏计量器具的准确度，损害国家和消费者的利益。

5. 劳动法、劳动合同法

（1）劳动法、劳动合同法赋予抹灰工的权利。

①享有平等就业和选择职业的权利；

②取得劳动报酬的权利；

③休息休假的权利；

④获得劳动安全卫生保护的权利；

⑤接受职业技能培训的权利；

⑥享受社会保险和福利的权利；

⑦提请劳动争议处理的权利；

⑧法律规定的其他劳动权利。

（2）劳动合同的主要内容：

①用人单位的名称、住所和法定代表人或者主要负责人；

②劳动者的姓名、住址和居民身份证或者其他有效身份证件号码；

③劳动合同期限；

④工作内容和工作地点；

⑤工作时间和休息休假；

⑥劳动报酬；

⑦社会保险；

⑧劳动保护、劳动条件和职业危害防护；

⑨法律、法规规定应当纳入劳动合同的其他事项；

⑩劳动合同除前款规定的必备条款外，用人单位与劳动者可以约定试用期、培训、保守秘密、补充保险和福利待遇等其他事项。

（3）劳动合同订立的期限：

根据国家法律规定，在用工前订立劳动合同的，劳动关系自用工之日起建立。已建立劳动关系，未同时订立书面劳动合同的，应当自用工之日起一个月内订立书面劳动合同。

（4）劳动合同的试用期限。

劳动合同期限3个月以上不满1年的，试用期不得超过1个月；劳动合同期限1年以上不满3年的，试用期不得超过2个月；3年以上固定期限和无固定期限的劳动合同，试用期不得超过6个月。

（5）劳动合同中不约定试用期的情况。

以完成一定工作任务为期限的劳动合同或者劳动合同期限不满3个月的，不得约定试用期。

（6）劳动合同中约定试用期不成立的情况。

劳动合同仅约定试用期的，试用期不成立，该期限为劳动合同期限。

（7）试用期的工资标准。

试用期的工资不得低于本单位相同岗位最低工资或者劳动合同

约定工资的 80%，并不得低于用人单位所在地的最低工资标准。

（8）没有订立劳动合同情况下的工资标准。

用人单位未在用工的同时订立书面劳动合同，与劳动者约定的劳动报酬不明确的，新招用的劳动者的劳动报酬按照集体合同规定的标准执行，没有集体合同或者集体合同未规定的，实行同工同酬。

（9）无固定期限劳动合同。

无固定期限劳动合同，是指用人单位与劳动者约定无确定终止时间的劳动合同。

（10）固定期限劳动合同。

固定期限劳动合同，是指用人单位与劳动者约定合同终止时间的劳动合同。抹灰工在该用人单位连续工作满 10 年的，应当订立无固定期限劳动合同。

（11）工作时间制度。

国家实行劳动者每日工作时间不超过 8h、平均每周工作时间不超过 44h 的工时制度。

（12）休息时间制度。

用人单位应当保证劳动者每周至少休息一日，在元旦、春节、国际劳动节、国庆节、法律及法规规定的其他休假节日期间应当依法安排劳动者休假。

（13）集体合同的工资标准。

集体合同中劳动报酬和劳动条件等标准不得低于当地人民政府规定的最低标准；用人单位与劳动者订立的劳动合同中劳动报酬和劳动条件等标准不得低于集体合同规定的标准。

（14）非全日制用工。

①非全日制用工，是指以小时计酬为主，劳动者在同一用人单位一般平均每日工作时间不超过 4h，每周工作时间累计不超过 24h 的用工形式。

②非全日制用工双方当事人不得约定试用期。

6. 安全生产法

（1）安全生产法赋予抹灰工的权利。

①抹灰工作业人员有权了解其作业场所和工作岗位存在的危险因素、防范措施及事故应急措施，有权对本单位的安全生产工作提出建议；

②抹灰工作业人员有权对本单位安全生产工作中存在的问题提出批评、检举、控告；有权拒绝违章指挥和强令冒险作业；

③抹灰工作业时，发现危及人身安全的紧急情况，有权停止作业或采取应急措施后撤离作业场所；

④抹灰工因生产安全事故受到损害，除依法享有工伤保险外，依照有关民事法律尚有获得赔偿权利的，有权向本单位提出赔偿要求；

⑤抹灰工享有配备劳动防护用品、进行安全生产培训的权利。

（2）安全生产法赋予抹灰工的义务。

①作业过程中，应当严格遵守本单位的安全生产制度和操作规程，服从管理，正确佩戴和使用劳动防护用品；

②发现事故隐患或者其他不安全因素，应当立即向现场安全生产管理人员或者本单位负责人报告；接到报告的人员应当及时予以处理；

③认真接受安全生产教育和培训，掌握本职工作所需的安全生产知识，提高安全生产技能，增强事故预防和应急处理能力。

（3）抹灰工人员应具备的素质：

具备必要的安全生产知识，熟悉有关的安全生产规章制度和安全操作规程，掌握本岗位的安全操作技能，了解事故应急处理措施，知悉自身在安全生产方面的权利和义务。

（4）掌握"四新"：

抹灰工作业人员在采用新工艺、新技术、新材料、新设备的同时，必须了解、掌握其安全技术特性，采取有效的安全防护措施；严禁使用应当淘汰的、危及生产安全的工艺、设备。

（5）员工宿舍：

生产、经营、储存、使用危险物品的车间、商店、仓库不得与员工宿舍在同一座建筑物内，并与员工宿舍保持安全距离。员工宿舍设有符合紧急疏散要求、标志明显、保持畅通的出口。

7. 保险法、社会保险法

（1）社会保险法赋予抹灰工的权利。

依法享受社会保险待遇，有权监督本单位为其缴费情况，有权查询缴费记录、个人权益记录，要求社会保险经办机构提供社会保险咨询等相关服务。

（2）用人单位应缴纳的保险。

①基本养老保险，由用人单位和抹灰工共同缴纳；

②基本医疗保险，由用人单位和抹灰工按照国家规定共同缴纳；

③工伤保险，由用人单位按照本单位抹灰工工资总额，根据社会保险经办机构确定的费率缴纳；

④失业保险，由用人单位和抹灰工按照国家规定共同缴纳；

⑤生育保险，由用人单位按照国家规定缴纳。

（3）基本医疗保险不能支付的医疗费：

①应当从工伤保险基金中支付的；

②应当由第三人负担的；

③应当由公共卫生负担的；

④在境外就医的。

（4）适用于工伤保险待遇的情况：

因工作原因受到事故伤害或者患职业病，且经工伤认定的，享受工伤保险待遇；其中，经劳动能力鉴定丧失劳动能力的，享受伤残待遇。

（5）领取失业保险金的条件：

①失业前用人单位和本人已经缴纳失业保险费满 1 年的；

②非因本人意愿中断就业的；

③已经进行失业登记，并有求职要求的。

（6）适用于领取生育津贴的情况：

①女抹灰工生育享受产假；

②享受计划生育手术休假；

③法律、法规规定的其他情形。

生育津贴按照抹灰工所在用人单位上年度抹灰工月平均工资计发。

8. 环境保护法

(1) 环境保护法赋予抹灰工的权利。

发现地方各级人民政府、县级以上人民政府环境保护主管部门和其他负有环境保护监督管理职责的部门不依法履行职责的，有权向其上级机关或者监察机关举报。

(2) 环境保护法赋予抹灰工的义务。

应当增强环境保护意识，采取低碳、节俭的生活方式，自觉履行环境保护义务。

9. 中华人民共和国民法通则

民法通则赋予抹灰工的权利。

抹灰工对自己的发明或科技成果，有权申请领取荣誉证书、奖金或者其他奖励。

10. 建设工程安全生产管理条例

(1) 安全生产管理条例赋予抹灰工的权利：

①依法享受工伤保险待遇；

②加强安全生产教育和培训；

③了解作业场所、工作岗位存在的危险、危害因素及防范和应急措施，获得工作所需的合格的劳动防护用品；

④对本单位安全生产工作提出建议，对存在的问题提出批评、检举和控告；

⑤拒绝违章指挥和强令冒险作业，发现直接危及人身安全紧急情况时，有权停止作业或者采取可能的应急措施后撤离作业场所；

⑥因事故受到损害后依法要求赔偿；

⑦法律、法规规定的其他权利。

(2) 安全生产管理条例赋予抹灰工的义务：

①遵守本单位安全生产规章制度和安全操作规程；

②接受安全生产教育和培训，参加应急演练；

③检查作业岗位（场所）事故隐患或者不安全因素并及时报告；

④发生事故时，应及时报告和处置。紧急撤离时，服从现场统一指挥；

⑤配合事故调查，如实提供有关情况；

⑥法律、法规规定的其他义务。

11. 建设工程质量管理条例

（1）建设工程质量管理条例赋予抹灰工的义务。

对涉及结构安全的试块、试件以及有关材料，应当在建设单位或者工程监理单位监督下现场取样，并送具有相应资质等级的质量检测单位进行检测。

（2）重大工程质量的处罚：

①违反国家规定，降低工程质量标准，造成重大安全事故，构成犯罪的，对直接责任人员依法追究刑事责任；

②发生重大工程质量事故隐瞒不报、谎报或者拖延报告期限的，对直接负责的主管人员和其他责任人员依法给予行政处分；

③因调动工作、退休等原因离开该单位后，被发现在该单位工作期间违反国家有关建设工程质量管理规定，造成重大工程质量事故的，仍应当依法追究法律责任。

12. 工伤保险条例

（1）认定为工伤的情况：

①在工作时间和工作场所内，因工作原因受到事故伤害的；

②工作时间前后在工作场所内，从事与工作有关的预备性或者收尾性工作受到事故伤害的；

③在工作时间和工作场所内，因履行工作职责受到暴力等意外伤害的；

④患职业病的；

⑤因工外出期间，由于工作原因受到伤害或者发生事故下落不明的；

⑥在上下班途中，受到非本人主要责任的交通事故或者城市轨道交通、客运轮渡、火车事故伤害的；

⑦法律、行政法规规定应当认定为工伤的其他情形。

（2）视同为工伤的情况：

①在工作时间和工作岗位，突发疾病死亡或者在48h之内经抢救无效死亡的；

②在抢险救灾等维护国家利益、公共利益活动中受到伤害的；

③抹灰工原在军队服役，因战、因公负伤致残，已取得革命伤残军人证，到用人单位后旧伤复发的。有前款第①项、第②项情形的，按照本条例的有关规定享受工伤保险待遇；有前款第③项情形的，按照本条例的有关规定享受除一次性伤残补助金以外的工伤保险待遇。

（3）工伤认定申请表的内容。

工伤认定申请表应当包括事故发生的时间、地点、原因以及抹灰工伤害程度等基本情况。

（4）工伤认定申请的提交材料：

①工伤认定申请表；

②与用人单位存在劳动关系（包括事实劳动关系）的证明材料；

③医疗诊断证明或者职业病诊断证明书（或者职业病诊断鉴定书）。

（5）享受工伤医疗待遇的情况：

①在停工留薪期内，原工资福利待遇不变，由所在单位按月支付。

②停工留薪期一般不超过 12 个月。伤情严重或者情况特殊的，经设区的市级劳动能力鉴定委员会确认，可以适当延长，但延长不得超过 12 个月。工伤职工评定伤残等级后，停发原待遇，按照本章的有关规定享受伤残待遇。工伤抹灰工在停工留薪期满后仍需治疗的，继续享受工伤医疗待遇。

③生活不能自理的工伤抹灰工在停工留薪期需要护理的，由所在单位负责。

（6）停止享受工伤医疗待遇的情况。

工伤抹灰工有下列情形之一的，停止享受工伤保险待遇：

①丧失享受待遇条件的；

②拒不接受劳动能力鉴定的；

③拒绝治疗的。

13. 女职工劳动保护规定

（1）女抹灰工怀孕期间的待遇：

①用人单位不得在女抹灰工怀孕期、产期、哺乳期降低其基本工资，或者解除劳动合同。

②女抹灰工在怀孕期间，所在单位不得安排其从事高空、低温、冷水和国家规定的第三级体力劳动强度的劳动。

③女抹灰工在怀孕期间，所在单位不得安排其从事国家规定的第三级体力劳动强度的劳动和孕期禁忌从事的劳动，不得在正常劳动日以外延长劳动时间；对不能胜任原劳动的，应当根据医务部门的证明，予以减轻劳动量或者安排其他劳动。怀孕 7 个月以上（含 7 个月）的女抹灰工，一般不得安排其从事夜班劳动；在劳动时间内应当安排一定的休息时间。怀孕的女抹灰工，在劳动时间内进行产前检查，应当算作劳动时间。

（2）产假的天数。

女抹灰工产假为 90d，其中产前休假 15d。难产的，增加产假 15d。多胞胎生育的，每多生育一个婴儿，增加产假 15d。女抹灰工怀孕流产的，其所在单位应当根据医务部门的证明，给予一定时间的产假。

二、抹灰工涉及规范（部分）

（1）《预拌砂浆》（GB/T 25181—2019）；

（2）《建筑装饰装修工程质量验收标准》（GB 50210—2018）；

（3）《建筑工程施工质量验收统一标准》（GB 50300—2013）；

（4）《房屋建筑制图统一标准》（GB/T 50001—2017）；

（5）《技术制图 字体》（GB/T 14691—1993）；

（6）《水泥标准稠度用水量、凝结时间、安定性检验方法》（GB/T 1346—2011）；

（7）《建筑砂浆基本性能试验方法标准》（JGJ/T 70—2009）；

（8）《建设用砂》（GB/T 14684—2011）；

（9）《用于水泥和混凝土中的粉煤灰》（GB/T 1596—2017）；

（10）《抹灰砂浆技术规程》（JGJ/T 220—2010）；

（11）《抹灰石膏》（GB/T 28627—2012）；

（12）《模塑聚苯板薄抹灰外墙外保温系统材料》（GB/T 29906—

2013）；

（13）《挤塑聚苯板（XPS）薄抹灰外墙外保温系统材料》（GB/T 30595—2014）；

（14）《机械喷涂抹灰施工规程》（JGJ/T 105—2011）；

（15）《建筑保温砂浆》（GB/T 20473—2006）；

（16）《通用硅酸盐水泥》（GB 175—2007）；

（17）《建筑石膏》（GB/T 9776—2008）；

（18）《建筑内部装修设计防火规范》（GB 5022—2017）

（19）《住宅装饰装修工程施工规范》（GB 50327—2001）；

（20）《建筑内部装修防火施工及验收规范》（GB 50354—2005）；

（21）《民用建筑设计统一标准》（GB 50352—2019）；

（22）《聚氨酯防水涂料》（GB/T 19250—2013）；

（23）《聚合物水泥防水涂料》（GB/T 23445—2009）；

（24）《地下防水工程质量验收规范》（GB 50208—2011）。

三、安全常识

施工人员要严格遵守各项安全生产和现场的各项安全生产规章制度。施工人员进入现场和进行抹灰作业时必须做到以下几点：

要戴好安全帽，高空作业要系好安全带。

高空作业时，工作人员必须对所使用的架子进行安全检查；架子的立杆下面要铺垫木脚手板或绑有扫地杆以防下沉，平杆与立杆之间的卡扣要拧紧拧牢。小横杆间距不得大于 2m，而且不能滑动。脚手板并排铺设不少于 3 块，不能有探头板。每步架要设有护身栏杆，并挂好安全网，下部要设挡脚板，架子必须牢固，不得摆动。单排架子要与结构拉结好，双排架子要有斜支撑，为了增加刚度要按规定加设剪刀撑。

架子上的料具堆放，要分散有序，不能集中堆放，一般不能超过 270kg/m²，使用的工具要放平稳，如大杠、靠尺等较长的工具不能竖立放置，以免坠落伤人。所使用的板材等，一定要码放平稳，防止滑落伤人。

运送料具时，要把脚下的路铺平稳，小推车不能装得过满，以免溢出，小推车不能倒拉，而且不能运行太快，转弯时要注意安全，不要碰到堆放的料具和操作人员。

施工人员在施工中不能在架子的某局部集中，以免超载，造成安全事故。

在零星抹灰时，不要为了省事而利用暖气管、片及输水管线条等作为搭设架子的支撑，以免造成安全事故。

在进行机械喷涂抹灰和砂浆中掺合物中有毒物的抹灰施工时，要配戴好眼镜、面具、手套、工作服及胶靴等劳动保护用品。

在搅拌灰浆和抹灰的操作中要注意防止灰浆溅入眼内。

在坡面施工时，操作人员要穿软底鞋，要有防滑措施。

在抹灰的操作中特别是在架子上，要防止因卡子滑脱，或躲闪他人及工具、小车等造成的失稳而引起的坠落，要防止有弹性的工具由于操作不慎弹出而造成的伤人事故。

在室外抹灰作业时，严格禁止私自拆除架子上任何部位及各种防护洞口位置的安全设施。必须拆除时，要上报工程安全主管人员，在征得同意后，一般由架子工负责拆除。

施工人员不得翻跃外脚手架和乘坐运料专用吊篮。

施工中照明的临时用电，应采用安全电压，如果电路上出现故障，要由专人负责检查、维修，无操作证的人员严禁私自乱动。

在抹灰作业中使用机械时，要做到以下几点：

遵守安全规程，经集中或单独培训，了解机械的性能和操作方法，持证上岗操作。

不该私自开动的机械要严禁使用，使用无齿锯、云石机、打磨机等操作时，面部不能直对机械，使用机械设备要戴防护罩。

使用砂浆机和灰浆机搅拌操作时，不要用手或脚伸进料口处直接送料，也不可在机械运转时，用铁锹、灰镐、木棒等拨、刮、通、送料物，在倒料时，要先拉电闸再加灰、铁锹等工具进行扒灰，不可在机械转动中用工具机，以免发生事故。

在冬期施工中，室外架子的脚手板要经常打扫，以防霜雪过滑造成失稳而发生事故。在室内要防范煤气中毒和防火等工作，如使用气体作燃料采暖时，要有防爆措施。在雨期施工中，要对机械设备做好防护,以免造成漏电事故。在室外施工时,要对架子进行防护和经常检查。如有下沉、变形现象,要及时修整。并且在雨期施工中,要做好排水准备和相应的排水措施,同时要注意防止雷电伤人,要有相应的准备和措施。

总之,每个施工和管理人员均应树立一定的安全意识,在安全和进度发生矛盾时,要考虑安全第一。每个操作者都不能违章作业,在发现有不安全隐患时,要及时向上级或越级汇报,并可依法规拒绝施工。

第二节 抹灰工防护用品的安全使用方法

安全帽、安全带和安全网被称为建筑工程安全"三宝",也是抹灰工用得最多的防护用品。安全帽是用来保护使用者的头部、减轻撞击伤害的个人用品;安全带是用来预防高处作业人员坠落的个人防护用具;安全网是用来防止人、物坠落而伤人的防护设施。经过多年的实践经验证明,正确使用、佩戴安全帽、安全带和安全网,是降低建筑施工伤亡事故的有效措施。

一、安全帽

通过对发生物体打击事故的分析,由于不正确佩戴安全帽而造成的伤害事故占事故总数的 90％以上,所以,选择品质合格的安全帽,并且正确地佩戴,是预防伤害事故发生的有效措施。

当前安全帽的产品类别很多,制作安全帽的材料一般有塑料、橡胶、竹、藤等。但无论选择哪一类的安全帽,都应满足相关的安全要求。

1. 安全帽的技术要求

任何一类安全帽,均应满足以下要求:

(1) 标志和包装。

①每顶安全帽应有制造厂名称、商标、型号,制造年、月,生产合格证和检验合格证,生产许可证编号四项永久性标志。

②安全帽出厂装箱,应将每顶帽用纸或塑料薄膜做衬垫包好

再放入纸箱内。装入箱中的安全帽必须是成品。

③箱上应注有产品名称、数量、质量、体积和其他注意事项等标记。

④每箱安全帽均要附说明书。

（2）安全帽的组成。

安全帽应由帽壳、帽衬、下颌带、后箍等组成。

①帽壳。安全帽的帽壳包括帽舌、帽檐、顶筋、透气孔、插座、连接孔及下颌带插座等。

帽舌：帽壳前部伸出的部分。

帽檐：帽壳除帽舌外周围伸出的部分。

顶筋：用来增强帽壳顶部强度的部分。

透气孔：帽壳上开的气孔。

插座：帽壳与帽衬及附件连接的插入结构。

连接孔：连接帽衬和帽壳的开孔。

②帽衬。帽壳内部部件的总称，包括帽箍、托带、护带、吸汗带、拴绳、衬垫、后箍及帽衬接头等。

帽箍：绕头围部分起固定作用的带圈。

托带：与头顶部直接接触的带子。

护带：托带上面另加的一层不接触头顶的带子，起缓冲作用。

吸汗带：包裹在帽箍外面的带状吸汗材料。

拴绳（带）：连接托带和护带、帽衬和帽壳的绳（带）。

衬垫：帽箍和帽壳之间起缓冲作用的垫。

后箍：在帽箍后部加有可调节的箍。

帽衬接头：连接帽衬和帽壳的接头。

③下颌带。系在下颌上的带子。

④锁紧卡。调节下颌带长短的卡具。

⑤插接。帽壳和帽衬采用插合连接的方式。

⑥拴接。帽壳和帽衬采用拴绳连接的方式。

⑦铆接。帽壳和帽衬采用铆钉铆合的方式。

（3）安全帽的结构形式。

①帽壳顶部应加强，可以制成光顶或有筋结构。帽壳制成无

沿、有沿或卷边。

②塑料帽衬应制成有后箍的结构，能自由调节帽箍大小。

③无后箍帽衬的下颚带制成 Y 形，有后箍的，允许制成单根。

④接触头前额部的帽箍，要透气、吸汗。

⑤帽箍周围的衬垫，可以制成条形，或块状，并留有空间使空气流通。

（4）尺寸要求。

①帽壳内部：长为 195～250mm；宽为 170～220mm；高为 120～150mm。

②帽舌：10～70mm。

③帽檐：0～70mm，向下倾斜度 0°～60°。

④透气孔隙：帽壳上的打孔，总面积不少于 $400mm^2$，特殊用途不受此限。

⑤帽箍：分 3 个型号，1 号为 610～660mm；2 号为 570～600mm；3 号为 510～560mm。帽箍，可以分开单做，也可以通用。

⑥垂直间距：塑料衬垂直间距为 25～50mm；棉织或化纤带垂直间距为 30～50mm。

⑦佩戴高度：80～90mm。

⑧水平间距：5～20mm。

⑨帽壳内周围凸出物高度不超过 6mm，凸出物周围应有软垫。

（5）质量。

①小檐、卷边安全帽不超过 430g（不包括附件）。

②大檐安全帽不超过 460g（不包括附件）。

③防寒帽不超过 690g（不包括附件）。

（6）安全帽的力学性能。

安全帽应当满足以下力学性能检验：

①耐冲击。检验方法是将安全帽在 50℃、－10℃的温度下，或用水浸处理后，将 50kg 的钢锤自 1m 高处自由落下，冲击安全帽，若安全帽不破坏即为合格。试验时，最大冲击力应不超过 5kN，因为人体的颈椎最大只能承受 5kN 的冲击力，超过此力就易受伤害。

②耐穿透。检验方法是将安全帽置于 50℃、－10℃ 的温度下，或用水浸处理后，用 3kg 的钢锥，自安全帽的上方 1m 的高处自由落下，钢锥若穿透安全帽，但不触及头皮即为合格。

③耐低温性能良好。要求在－10℃ 以下的环境中，安全帽的耐冲击和耐穿透性能不变。

④侧向刚度。要求以《安全帽测试方法》（GB/T 2812—2006）中的规定进行试验，最大变形不超过 40mm，残余变形不超过 15mm。

施工企业安全技术部门根据以上规定对新购买及到期的安全帽，要进行抽查测试，合格后方可继续使用，以后每年至少抽验一次，抽验不合格则该批安全帽报废。

（7）采购和管理。

①安全采购。企业必须购买有产品检验合格证的产品，购入的产品经验收后，方准使用。

②安全帽不应储存在酸、碱、高温、日晒、潮湿等环境，更不可与硬物放在一起。

③安全帽的使用期限。从产品制造完成之日计算，植物枝条编织帽不超过两年；塑料帽、纸胶帽不超过两年半；玻璃钢（维纶钢）橡胶帽不超过三年半。

2. 安全帽的正确佩戴

（1）进入施工现场必须正确佩戴安全帽。

（2）首先要选择与自己头型适合的安全帽，佩戴安全帽前，要仔细检查合格证、使用说明、使用期限，并调整帽衬尺寸，其顶端与帽壳内顶之间必须保持 20～50mm 的空间。

（3）佩戴安全帽时，必须系紧下颚系带，防止安全帽失去作用。不同头型或冬季佩戴的防寒安全帽，应选择合适的型号，并及时调节帽箍，注意保留帽衬与帽壳的距离。

（4）不能随意对安全帽进行拆卸或添加附件，以免影响其原有的防护性能。

（5）佩戴一定要戴正、戴牢，不能晃动，防止脱落。

（6）安全帽在使用过程中会逐渐损坏，所以要经常进行外观检查。如果发现帽壳与帽衬有异常损伤或裂痕，或帽衬与帽壳内顶之间水平垂直间距达不到标准要求的，就不能继续使用，应当更换新的安全帽。

（7）安全帽不用时，需放置在干燥通风的地方，远离热源，不要受日光的直射，这样才能确保在有效使用期内的防护功能不受影响。

（8）注意使用期限，到期的安全帽要进行检验，符合安全要求才能继续使用，否则必须更换。

（9）安全帽只要受过一次强力的撞击，就无法再次有效吸收外力，有时尽管外表上看不到任何损伤，但其实内部已经遭到损伤，不能继续使用。

二、安全带

建筑施工中的攀登作业、悬空作业、吊装作业、钢结构安装等，均应按要求系安全带。

1. 安全带的组成及分类

（1）组成。

安全带是预防高处作业工人坠落事故的个人防护用品，由带子、绳子和金属配件等组成，总称安全带。适用于围杆、悬挂、攀登等高处作业用，不适用于消防和吊物。

（2）分类。

安全带按使用方式，分为围杆作业安全带（代号 W）、区域限制安全带（代号 Q）和坠落悬挂安全带（代号 Z）三类。

围杆作业安全带适用于电工、电信工、园林工等杆上作业。其主要品种有电工围杆带单腰带式、电工围杆带防下脱式、通用Ⅰ型围杆绳单腰带式、通用Ⅱ型围杆绳单腰带式、电信工围杆绳单腰带式和牛皮电工保安带等。

区域限制安全带主要是指如汽车、悬索等使用的安全带。

坠落悬挂安全带适用于建筑、造船、安装、维修、起重、桥梁、采石、矿山、公路及铁路调车等高处作业。其式样较多，按结构分为单腰带式、双背带式、攀登式三种。其中单腰带式有架子工Ⅰ型悬挂安全带、架子工Ⅱ型悬挂安全带、铁路调车工悬挂安全带、电信工悬挂安全带、通用Ⅰ型悬挂安全带、通用Ⅱ型悬挂自锁式安全带等6个品种；双背带式有通用Ⅰ型悬挂双背带式安全带、通用Ⅱ型悬挂双背带式安全带、通用Ⅲ型悬挂双背带式安全带、通用Ⅳ型悬挂双背带式安全带、全丝绳安全带等5个品种；攀登式有通用Ⅰ型攀登活动带式安全带、通用Ⅱ型攀登活动式安全带和通用攀登固定式等3个品种。

2. 安全带的技术要求

按照《安全带》（GB 6095—2009）中的要求：

（1）安全带和安全绳必须用锦纶、维纶、蚕丝料等制成；电工围杆可用黄牛革带；金属配件用普通碳素钢或铝合金钢；包裹绳子的套则采用皮革、维纶或橡胶等。

（2）安全带、绳和金属配件的破断负荷指标应满足相关国家标准的要求。

（3）腰带必须是一整根，其宽度为40～50m，长度为1300～1600mm，附加小袋1个。

（4）护腰带宽度不小于80mm，长度为600～700mm。带子在触腰部分垫有柔软材料，外层用织带或轻革包好，边沿圆滑无角。

（5）带子颜色主要采用深绿、草绿、橘红、深黄，其次为白色等。缝线颜色必须与带子颜色一致。

（6）安全绳直径不小于13mm，捻度为（8.5～9）/100（花/mm）。吊绳、围杆绳直径不小于16mm，捻度为7.5/100。电焊工用悬挂绳必须全部加套，其他悬挂绳只是部分加套，吊绳不加套。绳头要编成3～4道加捻压股插花，股绳不准有松紧。

（7）金属钩必须有保险装置（铁路专用钩例外）。自锁钩的卡齿用在钢丝绳上时，硬度为洛氏HRC60。金属钩舌弹簧有效复原次数不少于20000次。钩体和钩舌的咬口必须平整，不得偏斜。

（8）金属配件圆环、半圆环、三角环、8字环、品字环、三道联等不许焊接，边沿应呈圆弧形。调节环只允许对接焊。金属配件表面要光洁，不得有麻点、裂纹，边沿呈圆弧形，表面必须防锈。不符合上述要求的配件，不准用。

3. 安全带检验

安全带及其金属配件、带、绳必须按照《安全带》（GB 6095—2009）中的相关要求进行测试，并符合安全带、绳和金属配件的破断负荷指标。

围杆安全带以静负荷 4500N，做 10mm/min 的拉伸速度测试时，应无破断；悬挂、攀登安全带以 100kg 质量检验，自由坠落，做冲击试验，应无破断；架子工安全带做冲击试验时，应模拟人形并且腰带的悬挂处要抬高 1m；自锁式安全带和速差式自控器以 100kg 质量做坠落冲击试验，下滑距离均不大于 1.2m；用缓冲器连接的安全带在 4m 冲距内，以 100kg 质量做冲击试验，应不超过 9000N。

4. 使用和保管

《安全带》（GB 6095—2009）中对安全带的使用和保管做了严格要求：

（1）安全带应高挂低用，注意防止摆动碰撞。使用 3m 以上长绳应加缓冲器，自锁钩所用的吊绳则例外。

（2）缓冲器、速差式装置和自锁钩可以串联使用。

（3）不准将绳打结使用，也不准将挂钩直接挂在安全绳上使用，应挂在连接环上使用。

（4）安全带上的各种部件不得任意拆除，更换新绳时要注意加绳套。

（5）安全带使用两年后，按批量购入情况，抽验一次。围杆安全带做静负荷试验，以 2206N 拉力拉伸 5mm，如无破断方可继续使用；悬挂安全带冲击试验时，以 80kg 质量做自由坠落试验，若不破断，该批安全带可继续使用。对抽试过的样带，必须更换安全绳后才能继续使用。

（6）使用频繁的绳，要经常进行外观检查，发现异常时，应立即更换新绳。

（7）安全带的使用期为 3～5 年，发现异常应提前报废。

三、安全网

安全网是用来防止人、物坠落，或用来避免、减轻坠落及坠物伤害的网具。

1. 安全网的组成

安全网一般由网体、边绳、系绳、筋绳等部分组成。

（1）网体：由单丝、线、绳等经编织或采用其他成网工艺制成的，构成安全网主体的网状物。

（2）边绳：沿网体边沿与网体连接的绳索。

（3）系绳：把安全网固定在支撑物上的绳索。

（4）筋绳：为增加安全网强度而有规则地穿在网体上的绳索。

2. 分类和标记

（1）分类：根据功能，产品分为以下三类：

①平网：安装平面不垂直水平面，用来防止人或物坠落的安全网。

②立网：安装平面垂直水平面，用来防止人或物坠落的安全网。

③密目式安全立网：网目密度不低于 800 目/100cm^2，垂直于水平面安装，用于防止人员坠落及坠物伤害的网，一般由网体开眼环扣、边绳和附加系绳等组成。

（2）产品标记：由名称、类别、规格和标准代号四部分组成，字母 P、L、ML 分别代表平网、立网及密目式安全立网。例如，宽 3m，长 6m 的锦纶平网标记为 P—3×6（GB 5725）；宽 1.8m，长 6m 密目式安全立网标记为 ML—1.8×6（GB 5725）。

3. 技术要求

（1）安全网可采用锦纶、维纶、涤纶或其他的耐候性不低于上述品种耐候性的材料制成。丙纶因为性能不稳定，应严禁使用。

（2）同一张安全网上的同种构件的材料、规格和制作方法须一致，外观应平整。

（3）平网宽度不得小于 3m，立网宽（高）度不得小于 1.2m，密目式安全立网宽（高）度不得小于 1.2m。产品规格偏差应在

±2%以下。每张安全网质量一般不宜超过 15kg。

（4）菱形或方形网目的安全网，其网目边长不大于 80mm。

（5）边绳与网体连接必须牢固，平网边绳断裂强力不得小于 7000N；立网边绳断裂强力不得小于 3000N。

（6）系绳沿网边均匀分布，相邻两系绳间距应符合平网 ≤0.75m；立网≤0.75m；密目式≤0.45m，且长度不小于 0.8m 的规定。当筋绳、系绳合一使用时，系绳部分必须加长，且与边绳系紧后，再折回边绳系紧，至少形成双根。

（7）筋绳分布应合理，平网上两根相邻筋绳的距离不小于 300mm，筋绳的断裂强力不小于 3000N。

（8）网体（网片或网绳线）断裂强力应符合相应的产品标准。

（9）安全网所有节点必须固定。

（10）应按规定的方法进行验收，平网和立网应满足外观、尺寸偏差、耐候性、抗冲击性能、绳的断裂强力、阻燃性能等要求；密目式安全立网应满足外观、尺寸偏差、耐贯穿性能、耐冲击性能等要求。

（11）阻燃安全网必须具有阻燃性，其续燃、阻燃时间均不得大于 4s。

4. 检验方法

（1）耐候性能试验按《机械工业产品用塑料、涂料、橡胶材料人工气候老化试验方法 荧光紫外灯》（GB/T 14522—2008）中的有关规定进行。

（2）外观检验采用目测。

（3）规格与网目边长采用钢卷尺测量（精度不低于 1mm），质量采用秤测定（精度不低于 0.05kg）。

（4）绳的断裂强力试验按《纤维绳索有关物理和机械性能的测定》（GB/T 8834—2016）中的规定进行。

（5）冲击试验按《安全网》（GB 5725—2009）中的规定进行。

（6）平网和立网的阻燃性试验按《塑料燃烧性能的测定水平法和垂直法》（GB/T 2408—2008）中的规定进行（试验绳直径不大于 7mm）。

5. 标志、包装、运输、储存

（1）产品标志。产品标志包括产品名称及分类标记；网目边长制造厂名、厂址；商标；制造日期（或编号）或生产批号；有效期限；其他按有关规定必须填写的内容如生产许可证编号等内容。

（2）产品包装。每张安全网宜用塑料薄膜、纸袋等独立包装，内附产品说明书、出厂检验合格证及其他按有关规定必须提供的文件（如安全鉴定证书等）。外包装用纸箱、丙纶薄膜袋等上面应有产品名称、商标；制造厂名、地址；数量、毛重、净重和体积；制造日期或生产批号；运输时应注意的事项等标记。

（3）运输及储存。安全网在运输、储存中，必须通风、避光、隔热，同时避免化学物品的侵袭，袋装安全网在搬运时，禁止使用钩子。储存期超过两年的，按 0.2% 抽样，不足 1000 张时抽样 2 张进行冲击试验，符合要求后方可销售或使用。

6. 安装时的注意事项

（1）安全网上的每根系绳都应与支架系结，四周边绳（边沿）应与支架贴紧，系结应符合打结方便、连接牢固、容易解开以及工作中受力后不会散脱的原则。有筋绳的安全网安装时还应把筋绳连接在支架上。

（2）平网网面不宜绷得过紧，当网面与作业面高度差大于 5m 时，其伸出长度应大于 4m，当网面与作业面高度差小于 5m 时，其伸出长度应大于 3m，平网与下方物体表面的最小距离应不小于 3m。两层平网间距离不得超过 10m。

（3）立网网面应与水平面垂直，并与作业面边沿最大间隙不超过 100mm。

（4）安装后的安全网应经专人检验后方可使用。

7. 使用

（1）使用时，不得随便拆除安全网的构件，人不得跳进或把物品投入安全网内，不得将大量焊接或其他火星落入安全网内。

（2）不得在安全网内或下方堆积物品；安全网周围不得有严重腐蚀性烟雾。

（3）对使用中的安全网，应进行定期或不定期的检查，并及时清理网上的污染物，当受到较大冲击后应及时更换。

（4）安全网使用3个月后，应对系绳进行强度检验。

（5）安全网应由专人保管发放，暂时不用的应存放在通风、避光、隔热、无化学品污染的仓库或专用场所。

第三节 施工现场安全的规定

（1）参加施工作业的工人要努力提高业务水平和操作技能，积极参加安全生产的各项活动，提出改进安全工作的意见，做到安全生产，不违章作业。

（2）遵守劳动纪律，服从领导和安全检查人员的监督，工作思想集中，坚守岗位，严禁酒后上班。

（3）严格执行操作规程（包括安全技术操作规程等），不得违章指挥和违章作业，对违章指挥的指令有权拒绝，并有责任制止他人违章作业。

（4）服从班组和现场施工员的安排。

（5）正确使用个人防护用品，进入施工现场必须戴好安全帽、扣好帽带，不得穿拖鞋、高跟鞋或赤脚上班，不得穿硬底和带钉易滑鞋高空作业。

（6）施工现场的各种安全设施、"四口"防护和临边防护、安全标志、警示牌、安全操作规程牌等，不得任意拆除或挪动，要移动或拆除必须经现场施工负责人同意。

（7）场内工作时要注意车辆来往及机械吊装。

（8）不得在工作地点或工作中开玩笑、打闹，以免发生事故。

（9）上班前应检查所有工具是否完好，高空作业所携带工具应放在工具袋内，随用随取。操作前应检查操作地点是否安全，道路是否畅通，防护措施是否完善。工作完成后应将所使用工具收回，以免掉落伤人。

（10）高处作业不准上下抛掷工具、材料等物，不准上下交叉作业，如确需上下交叉作业必须采取有效的防护隔离措施。

（11）在没有防护设施的高处，楼层临边、采光井等作业必须系挂好安全带，并做到高挂低用。

（12）遇有恶劣气候，风力在六级以上时，应停止高处作业。

（13）暴风雨过后，上岗前要检查自己操作地点的脚手架有无变形歪斜，如有变形及时通知班组长及施工员派人维修，确认安全后方可上架操作。

（14）凡是患有高血压病、心脏病、癫痫病以及其他不适合高处作业的，不得从事高处作业。

（15）不得站在砖墙上或其他不安全部位抹灰、刮缝等。

（16）现场材料堆放要整齐稳固、成堆成垛，楼层堆放材料必须距楼层边 1m。搬运材料、半成品、砌砖等应由上而下逐层搬取，不得由下而上或中间抽取，以免造成倒垛伤人毁物等事故。

（17）吊运零星短材料、散件材料等应用灰斗或吊笼，吊运砂浆应用料斗，并不得装得过满。

（18）用斗车运送材料，运行中两车距离应大于 2m，坡道上应大于 10m。在高空运送时不要装得过满，以防掉落伤人。

（19）清理安全网，如须进入安全网，事前必须先检查安全网的质量、支杆是否牢靠，确认安全后方可进入安全网清理，清理时应一手抓住网筋，一手清理杂物，禁止人站在安全网上，双手清理杂物或往下抛掷。

（20）在建工程每层清理的建筑垃圾余料应集中运至地面，禁止随意由高层往下抛，以免造成尘土飞扬和坠物伤人。

（21）不准在工地内使用电炉、煤油炉、液化气灶，不准使用大功率电器烧水、煮饭。

（22）在易燃、易爆场所工作，严禁使用明火、吸烟等。

（23）消防器材、用具，消防用水等不得挪作他用或移动。

（24）现场电源开关、电线线路和各种机械设备，非操作人员不得违章操作。禁止私拉乱接电线，使用手持电动工具应穿戴好个人防护用品，施工现场用电源线必须用绝缘电缆线。禁止使用双绞线。

（25）起重机械在工作中，任何人不得从起重臂下或吊物下通过。

（26）乘坐人货电梯，应待电梯停稳后按顺序先出后进，不得争先恐后，不得站在危险部位候梯。

（27）搅拌机在运转时，拌筒口的灰浆不准用砂铲、扫帚刮扫。

（28）搅拌机在运行中，任何人不得将工具伸入筒内清料，进料斗升起时，严禁任何人在料斗下方通过或停留。

（29）搅拌机停留时，升起的料斗应插上安全插销或挂上保险链，不使用时必须将料斗落在地上。

（30）夜间施工应有足够的灯光，照明灯具应架高使用，路线应架空，导线绝缘应良好，灯具不得挂或绑在金属架上。

（31）登高作业应从规定的斜道或扶梯上下，严禁登脚手架杆、井字架或利用绳索上下，也不得攀登起重臂或随同运料的吊篮上下。

（32）在高处或脚手架上行走。不要东张西望，休息时不要将身体倚靠在栏杆上，更不要坐在栏杆上休息。

（33）脚手架的防护栏杆、连墙件、剪刀撑以及其他防护设施，未经施工负责人同意，不得私自拆除移动。如因施工需要必须经施工负责人批准方可拆除或移动，并采取补救措施，施工完毕或停歇时要立即恢复原状。

（34）脚手架搭设必须牢固，铺设的竹跳板不得有探头板（架板一端伸出横杆长度大于 20cm 为探头板）。不使用木方作架板，架上只准堆放少量材料和单人操作。

（35）室内粉刷架不得用单杆斜靠墙上吊绳设架操作。

第四节　抹灰工程安全措施的制定与落实

一、使用施工机械应遵守的规定

（1）搅拌机操作手必须持证上岗，无证人员不得操作机械。

（2）搅拌机各部位的安全装置必须齐全有效，操作人员必须做到班前检查，班后保养。严格按操作规程操作，严禁机械带病作业。

（3）使用外用电梯、物料提升机等机械运送物料时，必须由持证专业人员进行操作，无证人员不得操作其机械设备。

（4）推料车人员在运料过程中，前、后车要保持一定的安全距离，进入运输吊笼内必须将车辆停放平稳，防止车翻料撒。

（5）每日机械使用完毕，必须进行检查、维修、保养，保证机械的正常运转。

二、安全、文明施工应遵守的规定

（1）施工现场所有的安全防护设施禁止随意拆除、改装，施工作业需要拆除时，由班组长向项目部提出申请，项目负责人同意拆除的部分由专业人员进行拆除，工作完毕后，立即恢复原状。

（2）施工现场必须保持清洁，作业面剩余的材料使用后必须进行清理、规整，必须达到活完场地清的标准。

三、生活区管理的规定

（1）宿舍内严禁躺卧吸烟，防止火灾事故。

（2）被褥要卫生整洁，叠放齐整，不准使用光板棉套。

（3）室内严禁存放、使用易燃、易爆、有毒等危险物品，不得使用电褥子、电热器、热得快等大功率电器。

（4）室内不准私拉乱接强电，照明灯具不准用易燃物品遮挡，防止火灾事故发生。

（5）宿舍走道内不得堆放杂物，保证走道畅通。

（6）不得留宿与本项目无关人员。每班作业前，要在施工员的监督下由班组长组织班前安全活动，检查班组成员是否戴好安全帽，高空作业、临边作业是否系好安全带，并向当班工人讲解本班作业现场环境和安全注意事项、施工的具体要求，然后才能开始工作。

四、入场安全教育

（1）凡进入施工现场的作业人员，必须按照规定提供本人身份证复印件，特种行业人员要提供有效的上岗证原件，遵守施工现场安全纪律和各种安全生产制度。

（2）每个进场工人都必须接受项目举办的职工三级安全教育，并进行三级安全教育人员登记。

（3）每个工人进入施工现场，必须戴好安全帽，在作业中必须遵守本工种的安全操作技术规程和施工现场安全要求，凡是临边作业必须拴挂好安全带，安全带要做到高挂低用，并按照施工员"安全技术交底"的要求认真操作，严禁违章操作和违章指挥，禁止在施工现场抛掷物件，禁止酒后作业。

（4）为了搞好文明施工，每班收工前要做好清洁工作，保持弃渣堆积成堆，机具、材料要堆码整齐，场地和道路保持畅通。建筑垃圾清理、弃渣转运、上下车要控制好，不要造成尘土污染。特别禁止高空抛物，以防伤人事故发生。

（5）每个工人都要自觉遵守国家和地方政府的法律、法规，遵守公司、项目部的规章制度，要求做到不违法、不违纪。禁止发生打架、斗殴、赌博等不法行为。

（6）要爱护公物和现场所有的安全标牌、标识、安全防护设施及消防设施，禁止随意拆除和毁损，因施工需要必须拆除时，要经施工负责人同意后方可进行。

（7）要讲文明、讲礼貌，宿舍内外要保持清洁干净，严禁乱倒污水、私拉乱接电线、使用大功率电器，施工现场不准使用明火，爱护消防设施，禁止在楼层内大小便。

（8）不准私自留人在施工现场住宿，施工现场不准带小孩居住，保管好自己的物品。每个人都要牢记：防火防盗人人有责。

第五节　装饰装修镶贴安全事故预防措施

一、预防物体打击措施

做好班前安全交底，要严格按照安全操作规程作业。

进入施工现场必须正确佩戴合格的安全帽，应当在规定的安全通道内出入及上下，不得在非规定通道位置行走，进入施工地点应当按照施工现场设置的禁止、警告以及提示等安全标志和路线行走。

作业过程中一般常用工具必须放在工具袋内，物料传递不准往下或者向上乱抛材料和工具等物件。所有物料不得放在邻边及洞口附近，应堆放平稳，并且不可妨碍通行。

拆除或者拆卸作业要在设置警戒区域、有人监护的条件下进行。

高处拆除作业时，要及时清理和运走拆卸下的物料、建筑垃圾，不得在走道上任意乱放或向下丢弃。

二、预防高空坠落措施

做好班前安全交底，要严格根据安全操作规程作业。

洞口要进行遮盖防护或者设定型化工具，电梯井口必须设隔栅、防护栏或门，电梯井内每隔两层并最多每隔 10m 设一道安全网。

临边作业要设防护栏，要挂安全密目网或者其他防坠落的防护设施。

三、预防触电伤害措施

电焊二次线侧设空载降压保护装置。

设置标准配电箱，加设专用漏电保护开关。

用电线路采取埋地、沿墙或者架空敷设，临时接电要由专业电工操作。

四、预防机械伤害措施

所有设备用电机具金属外壳做保护接零。

机械设备各传动部位必须设置防护罩。

做好所有机械设备进场检查验收，并加强重点检查。

五、预防火灾措施

进行电气焊作业时，氧气瓶、乙炔瓶与作业地点要各相距 10m。

进行电、火作业时，要佩戴好劳保防护用品。

避免氧气瓶、乙炔瓶在烈日下暴晒。

电、气焊高空作业时，作业场所下方的易燃、易爆物品要清理干净，并有专人看护。

第六节　工地施工现场急救知识

施工现场急救基本常识主要包括应急救援基本常识、触电急救知识、创伤救护知识、火灾急救知识、中毒及中暑急救知识以及传染病急救措施等，了解并掌握这些现场急救基本常识，是做好安全工作的一项重要内容。

一、应急救援基本常识

（1）施工企业应建立企业级重大事故应急救援体系，以及重大事故救援预案。

（2）施工项目应建立项目重大事故应急救援体系，以及重大事故救援预案；在实行施工总承包时，应以总承包单位事故预案为主，各分包队伍也应有各自的事故救援预案。

（3）重大事故的应急救援人员应经过专门的培训，事故的应急救援必须有组织、有计划地进行；严禁在未明情况下盲目救援，以免造成更大的伤害。

（4）事故应急救援的基本任务：

①立即组织营救受害人员，组织撤离或者采取其他措施保护危害区域内的其他人员。

②迅速控制事态，并对事故造成的危害进行检测、监测，测定事故的危害区域、危害性质及危害程度。

③消除危害后果，做好现场恢复。

④查清事故原因，评估危害程度。

二、触电急救知识

触电者的生命能否获救，在绝大多数情况下取决于能否迅速脱离电源和正确地实行人工呼吸和心肺复苏。拖延时间、动作迟缓或救护不当，都可能造成人员伤亡。

1. 脱离电源的方法

（1）发生触电事故时，附近有电源开关和插头的，可立即将电源开关断开或拔出插头；但普通开关（如拉线开关、单极按钮开关等）只能断一根线，有时不一定关断的是相线，所以不能认为是切断了电源。

（2）当有电的电线触及人体引起触电，不能采用其他方法脱离电源时，可用绝缘的物体（如干燥的木棒、竹竿、绝缘手套等）将电线移开，使人体脱离电源。

（3）必要时可用绝缘工具（如带绝缘柄的电工钳、木柄斧头等）切断电线，以切断电源。

（4）应防止人体脱离电源后造成的二次伤害，如高处坠落、摔伤等。

（5）对于高压触电，应立即通知有关部门停电。

（6）高压断电时，应戴上绝缘手套，穿上绝缘鞋，用相应电压等级的绝缘工具切断开关。

2. 紧急救护基本常识

根据触电者的情况，进行简单的诊断，并分别处理。

（1）病人神志清醒，但感到乏力、头昏、心悸、出冷汗，甚至有恶心或呕吐症状。此类病人应使其就地安静休息，减轻心脏负担，加快恢复；情况严重时，应立即小心送往医院检查治疗。

（2）病人呼吸、心跳尚存在，但神志昏迷。此时，应将病人仰卧，周围空气要流通，并注意保暖；除了要严密观察外，还要做好人工呼吸和心脏挤压的准备工作。

（3）如经检查发现，病人处于"假死"状态，则应立即针对不同类型的"假死"进行对症处理：如果呼吸停止，应用口对口的人工呼吸法来维持气体交换；如心脏停止跳动，应用体外人工心脏挤压法来维持血液循环。

①口对口人工呼吸法：病人仰卧、松开衣物→清理病人口腔阻塞物→病人鼻孔朝天、头后仰→捏住病人鼻子贴嘴吹气→放开

嘴鼻换气，如此反复进行，每分钟吹气12次，即每5s吹气1次。

②体外心脏挤压法：病人仰卧硬板上→抢救者用手掌对病人胸口凹腔→掌根用力向下压→慢慢向下→突然放开，连续操作，每分钟进行60次，即每秒1次。

③有时病人心跳、呼吸停止，而急救者只有一人时，必须同时进行口对口人工呼吸和体外心脏挤压，此时，可先吹两次气，立即进行挤压胸口15次，然后吹两次气，再挤压，反复交替进行。

三、创伤救护知识

创伤分为开放性创伤和闭合性创伤。开放性创伤是指皮肤或黏膜的破损，常见的有擦伤、切割伤、撕裂伤、刺伤、撕脱、烧伤；闭合性创伤是指人体内部组织损伤，而皮肤黏膜没有破损，常见的有挫伤、挤压伤。

1. 开放性创伤的处理

（1）对伤口进行清洗消毒可用生理盐水和酒精棉球，将伤口和周围皮肤上沾染的泥沙、污物等清理干净，并用干净的纱布吸收水分及渗血，再用酒精等药物进行初步消毒。在没有消毒条件的情况下，可用清洁水冲洗伤口，最好用流动的自来水冲洗然后用干净的布或敷料吸干伤口。

（2）止血。对于出血不止的伤口，能否做到及时有效地止血，对伤员的生命安危影响较大。在现场处理时，应根据出血类型和部位不同采用不同的止血方法：直接压迫——将手掌通过敷料直接加压在身体表面的开放性伤口的整个区域；抬高肢体——对于手、臂、腿部严重出血的开放性伤口都应抬高，使受伤肢体高于心脏水平线；压迫供血动脉——手臂和腿部伤口的严重出血，如果直接压迫和抬高肢体仍不能止血，就需要采用压迫点止血技术；包扎使用绷带、毛巾、布块等材料压迫止血，保护伤口，减轻疼痛。

（3）烧伤的急救。应先去除烧伤源，将伤员尽快转移到空气流通的地方，用较干净的衣服把伤面包裹起来，防止再次污染，在现场除了化学烧伤可用大量流动清水冲洗外，对创面一般不做处理，尽量不弄破水泡，保护表皮。

2. 闭合性创伤的处理

（1）较轻的闭合性创伤，如局部挫伤、皮下出血，可在受伤部位进行冷敷，以防止组织继续肿胀，减少皮下出血。

（2）如发现人员从高处坠落或摔伤等意外时，要仔细检查其头部、颈部、胸部、腹部、四肢、背部和脊椎，看看是否有肿胀、青紫、局部压疼、骨摩擦声等其他内部损伤。假如出现上述情况，不能对患者随意搬动，需按照正确的搬运方法进行搬运；否则，可能造成患者神经、血管损伤并加重病情。

现场常用的搬运方法：担架搬运法——用担架搬运时，要使伤员头部向后，以便后面抬担架的人可随时观察其变化；单人徒手搬运法——轻伤者可扶着走，重伤者可让其伏在施救者背上，双手绕颈交叉垂下，施救者用双手自伤员大腿下抱住伤员大腿。

（3）如怀疑有内伤，应尽早使伤员得到医疗处理；运送伤员时要采取卧位，小心搬运，注意保持呼吸道畅通，注意防止休克。

（4）运送过程中，如突然出现呼吸、心跳骤停时，应立即进行人工呼吸和体外心脏挤压法等急救措施。

四、火灾急救知识

一般地说，起火要有3个条件，即可燃物（木材、汽油等）、助燃物（氧气）和点火源（明火、烟火、电焊花等）。扑灭初起火灾的一切措施，都是为了破坏已经产生的燃烧条件。

1. 火灾急救的基本要点

施工现场应有经过训练的义务消防队，发生火灾时，应由义务消防队急救，其他人员应迅速撤离。

（1）及时报警，组织扑救。全体员工在任何时间、地点，一旦发现起火都要立即报警，并在确保安全前提下参与和组织群众扑灭火灾。

（2）集中力量（主要利用灭火器材）控制火势，集中灭火力量在火势蔓延的主要方向进行扑救，以控制火势蔓延。

（3）消灭飞火，组织人力监视火场周围的建筑物、露天物资堆放场所的未燃尽飞火，并及时扑灭。

（4）疏散物资，安排人力和设备，将受到火势威胁的物资转移到安全地带，阻止火势蔓延。

（5）积极抢救被困人员。人员集中的场所发生火灾，要有熟悉情况的人做向导，积极寻找和抢救被困的人员。

2. 火灾急救的基本方法

（1）先控制，后消灭。对于不可能立即扑灭的火灾，要先控制火势，具备灭火条件时再展开全面进攻，一举扑灭。

（2）救人重于救火。灭火的目的是为了打开救人通道，使被困的人员得到救援。

（3）先重点，后一般。重要物资与一般物资相比，先保护和抢救重要物资；火势蔓延猛烈方面与其他方面相比，控制火势蔓延的方面是重点。

（4）正确使用灭火器材。水是最常用的灭火剂，取用方便，资源丰富，但要注意水不能用于扑救带电设备的火灾。各种灭火器的用途和使用方法如下：

酸碱灭火器：倒过来稍加摇动或打开开关，药剂喷出。其适用于扑救油类火灾。

泡沫灭火器：把灭火器筒身倒过来，打开保险销，把喷管口对准火源，拉出拉环，即可喷出。其适合于扑救木材、棉花、纸张等火灾，不能扑救电气、油类火灾。

二氧化碳灭火器：一手拿好喇叭筒对准火源，另一手打开开关即可喷出。其适合于扑救贵重仪器和设备，不能扑救金属钾、钠、镁、铝等物质的火灾。

干粉灭火器：打开保险销，把喷管口对准火源，拉出拉环，即可喷出。其适用于扑救石油产品、油漆、有机溶剂和电气设备等火灾。

（5）人员撤离火场途中被浓烟围困时，应采取低姿势行走或匍匐前行穿过浓烟，有条件时可用湿毛巾等捂住嘴鼻，以便顺利撤出烟雾区；如无法逃生，可向建筑物外伸出衣物或抛出小物件，发出求救信号以引起注意。

（6）进行物资疏散时应将参加疏散的员工编成组，指定负责人首先疏散通道，其次疏散物资，疏散的物资应堆放在上风向的安全地带，不得堵塞通道，并要派人看护。

五、中毒及中暑急救知识

施工现场发生的中毒主要有食物中毒、燃气中毒及毒气中毒；中暑是指人员因处于高温高热的环境而引起的疾病。

1. 食物中毒的救护

（1）发现饭后有多人呕吐、腹泻等不正常症状时，尽量让患者大量饮水，刺激喉部使其呕吐。

（2）立即将患者送往就近医院或拨打120急救电话。

（3）及时报告工地负责人和当地卫生防疫部门，并保留剩余食品以备检验。

2. 燃气中毒的救护

（1）发现有人煤气中毒时，要迅速打开门窗，使空气流通。

（2）将中毒者转移到室外实行现场急救。

（3）立即拨打120急救电话或将中毒者送往就近医院。

（4）及时报告有关负责人。

3. 毒气中毒的救护

（1）在井（地）下施工中有人发生毒气中毒时，井（地）上人员绝对不要盲目下去救助；必须先向出事点送风，救助人员装备齐全安全的保护用具才能下去救人。

（2）立即报告工地负责人或有关部门，现场不具备急救条件时，应及时拨打110或120急救电话求救。

4. 中暑的救护

（1）迅速转移。将中暑者迅速转移至阴凉通风的地方，解开衣服，脱掉鞋子，让其平卧，头部不要垫高。

（2）降温。用凉水或50%酒精擦其全身，直到皮肤发红、血管扩张以促进散热。

（3）补充水分和无机盐类。能饮水的中暑者应鼓励其喝足量盐水或其他饮料，不能饮水者，应予静脉补液。

（4）及时处理呼吸、循环衰竭。呼吸衰竭时，可注射尼可刹米或山梗茶碱；循环衰竭时，可注射鲁明那钠等镇静药。

（5）医疗条件不完善时，应对患者严密观察，精心护理，送往附近医院进行抢救。

六、传染病急救知识

由于施工现场的人员较多，如果控制不当，容易造成集体感染传染病。因此，需要采取正确的措施加以处理，防止大面积人员感染传染病。

（1）如发现员工有集体发烧、咳嗽等不良症状，应立即报告现场负责人和有关主管部门，对患者进行隔离控制，同时启动应急救援方案。

（2）立即把患者送往医院进行诊治，陪同人员必须做好防护隔离措施。

（3）对可能出现病因的场所进行隔离、消毒，严格控制疾病的再次传播。

（4）加强现场员工的教育和管理，落实各级责任制，严格履行员工进出现场登记手续，做好传染病的监测工作。

第十二章　季节性施工与防护措施

第一节　雨期施工

在雨期施工中，砂浆和饰面板（砖）淋雨后，砂浆变稀，饰面板（砖）表面形成水膜，进行抹灰和饰面施工后，易产生粘结不牢和饰面板（砖）浮滑下坠等现象，因此必须合理安排施工计划，做好防雨措施和施工质量控制。

一、防雨措施

合理安排施工计划，精心组织抹灰工程的工序搭接，如晴天进行外部抹灰装饰，雨天进行室内施工等。

所有的材料应采取防潮、防雨措施。水泥库房应封严，不能渗水、漏水，注意随用随进料，运输中注意防水、防潮。砂浆运输注意防水，雨天拌和砂浆时砂浆的稠度要较晴天的稠度小一些。砂子堆放在地势较高处，以免大雨冲走造成浪费。

饰面板（砖）放在室内或搭棚内堆放，麻刀、纸筋等松散材料不可受潮，保持其干燥、膨松状态。

二、施工质量控制

雨期施工时，要把整个雨期的施工做一个统一计划，并制订相应的措施，做到在保证质量的前提下稳步生产。

在雨期施工时，基层的浇水湿润要适度，该浇水的要浇水，不该浇水的一定不能浇水，浇水量要依据具体情况而定。对局部被雨水淋透的地方要阴干后再在其上面涂抹砂浆，以免造成滑坠、鼓裂和脱皮等现象。

在室内抹灰时，要先把屋面防水层做完后，再进行室内抹灰；在室外抹灰时，要了解好当天或近几日气象信息，有计划地进行各部位的涂抹施工。

在局部涂抹后，如在未凝固前有降雨时，要进行遮盖防雨工作，以免被雨水冲刷而破坏抹灰层的平整度和强度。

根据施工需要，适当调整施工计划，尽量晴天进行外部抹灰装饰，雨天进行室内施工。在室外施工时，要采取防雨遮盖措施；当抹灰面积较小时，可搭设临时施工棚或用塑料布、苇席临时遮盖。

第二节　夏期施工

在高温、炎热、干燥、多风的夏季进行抹灰、饰面工程的施工，常常会出现抹灰砂浆脱水，抹灰与饰面镶贴的基层脱离的现象，使砂浆中水泥未能很好地进行水化反应就失去水分，砂浆无法产生强度，严重地影响抹灰和饰面镶贴的质量，其主要原因是由于砂浆中的水分在干热的气温下急剧地被蒸发或被基层吸收所致。为防止上述现象的发生，要调整抹灰砂浆配合比，提高砂浆的和易性，必须采取相应措施：

（1）拌制砂浆时，可根据需要适当掺入外加剂，而且砂浆要随拌随用，不得一次拌得太多，以免剩余砂浆过早干硬，造成浪费。

（2）控制好各层砂浆的抹灰间隔时间，若发现前一层过于干燥时，应提前洒水湿润，然后抹第二层灰。

（3）按操作工艺要点要求，将湿润阴干好的饰面板或砖及时进行镶贴或安装。

（4）对于提前浇水湿润的基层，因气候炎热而又过于干燥时，必须再适当浇水湿润，并及时进行抹灰和饰面作业。

（5）进行室外抹灰及饰面作业时，应采取措施遮阳，防止暴晒，同时还要加强养护工作，以保证工程质量。

第三节　冬期施工

我国地域宽广，幅员辽阔，四季温差较大，在北方的某些地域，全年的最高温差为 70℃以上，负温度时间延续近 5 个月之久。规范规定：当预计连续 5d 平均气温稳定低于 5℃或当日气温低于－3℃时，抹灰工程就要按冬期施工措施进行。抹灰工程的冬期施工依据气温的高低和工程项目的具体情况，可采用冷作法和热作法两种施工方法。

一、冬期的规定

在建筑工程中，关于冬期的规定有以下两种情况：

（1）当连续 5d 内的平均气温低于 5℃时，应采取冬期施工技术措施。当某地出现此种情况时，则表明该地区已正式进入冬期。当地的气温高低可根据当地气象预报或历年气象资料估计。

（2）在冬期施工期限以外，当日最低气温降低到 0℃或 0℃以下时，也应按冬期施工的有关规定执行。对于室内、外装饰工程，在高级抹灰工程中，饰面工程施工时的环境温度不宜低于 5℃；在中级和普通级抹灰工程中，施工时的环境温度不宜低于 0℃。

一般抹灰工程应尽量在冬期之前完工，如必须在冬期施工，则应尽量设法利用建筑物的正式采暖设备。凡不影响工程交工使用的室外抹灰工程应推迟至初春化冻后施工。如室内抹灰必须在冬期施工，应尽量利用正式热源。

二、冬期施工的准备

1. 热源的准备

（1）热源准备应根据工程量的大小、施工方法及现场条件确定。一般室内抹灰应采用热作法，有条件的可使用正式工程的采暖设施，条件不具备时，可设带烟囱的火炉。

（2）抹灰量较大的工程可用立式锅炉烧蒸汽或热水，用蒸汽加热砂子，用热水搅拌砂浆。抹灰量较小的工程可砌筑临时炉灶烧热水，砌筑火炕加热砂子或用铁板炒砂子。

（3）砂浆搅拌机和纸筋灰搅拌机应设在采暖保温的棚内。

2. 材料及工具的准备

（1）根据抹灰工作量准备好冷作法用的氯化钠、氯化钙及其他抗冻剂。每个搅拌机前应准备好溶化配制和盛放化学药剂的大桶，每种抗冻剂都应准备溶化、稀释、存放的大桶各 1 个。

（2）将最高最低温度计悬挂在室外测温箱内和每个楼层北面房间地面以上 50cm 处，并要准备好测量浓化学药剂溶液容度用的容度计。

（3）准备好运砂浆的保温车和盛装砂浆的保温槽。砂浆保温车可用运砂浆手推车用草帘子等保温材料围裹改装，保温槽用普通槽围裹两层草帘子改装。

（4）室外装饰工程施工前还应随外架搭设，在西、北面应加设挡风措施。

3. 保温方法

（1）在进行室内抹灰前，应将门口和窗口封好，门口和窗口的边沿及外墙脚手眼或孔洞等也应堵好，施工洞口、运料口及楼梯间等处应封闭保温，北面房间距地面以上 50cm 处最低温度应不低于 5℃。

（2）进入室内的过道门口，垂直运输门式架、井架等上料洞口要挂上用草帘或麻袋等制成的厚实的防风门窗，并应设置风挡。

（3）现场供水管应埋设在冰冻线以下，立管露出地面的要采取防冻保温措施。

（4）淋石灰池、纸筋灰池要搭设暖棚，向阳面留出入口但要挂保温门帘。砂子要尽量堆高并加以覆盖。

4. 砂浆拌制和运输

（1）为了在冬期施工中使用热砂浆，应将水和砂加热。掺有水泥的抹灰砂浆用水水温不得超过 80℃，砂子的温度不得超过 40℃。如果水温超过了规定温度，应将水与砂子先进行搅拌，然后加入水泥搅拌，以防止水泥出现假凝现象。

（2）砂子可用蒸汽排管或用火炕加热，也可将蒸汽管插入砂子堆内直接送汽或用铁板加火炒砂子，在直接通汽时需要注意砂子含水率的变化。炒砂子时要勤翻，要控制好温度，防止砂子爆裂。当采用蒸汽排管或火炕加热时，可在砂上浇一些温水（加水量不超过 5%），以防冷热不匀，且可以加快加热速度。

水的加热方法：有供汽条件的可将蒸汽管直接通入水箱内，无条件的也可用铁桶、铁锅烧水。

（3）水和砂子的温度应经常检查，每小时不少于 1 次。温度计停留在砂子内的时间不少于 3min，停留在水内的时间不少于 1min。

（4）冬期施工搅拌砂浆的时间应适当延长，一般自投料完算起，应搅拌 2～3min。

（5）要尽可能地采取相应措施，以减少砂浆在搅拌、运输、储放过程中的温度损失。其方法：砂浆搅拌应在搅拌棚中集中进行，并应在运输中保温，环境温度应不低 5℃。砂浆要随用随拌，不可储存和二次倒运，以防砂浆冻结。

三、抹灰工程热作法施工

1. **热作法施工原理**

低气温对抹灰工程的影响主要是砂浆在其获得要求强度以前遭受冻结。冬期施工中砂浆在硬化以前受昼夜温差变化的影响较大，负温时，砂浆内部的水分固结成冰，致使体积膨胀，当膨胀力大于砂浆本身的粘结力时，抹灰层开始遭到破坏。白天气温回升，冻结的砂浆又融化，变成疏松状态，如此冻融循环的结果是使砂浆逐渐丧失粘结力，最终产生抹灰层脱落现象。另外，操作时如砂浆已遭冻结必将失去塑性，而无法进行施工。

抹灰工程冬期施工主要是解决砂浆在获得要求强度之前遭受冻结的问题。所以，提高操作时的环境温度，即热作法施工，是一种主要的施工方法。通常用于室内抹灰或饰面安装及有特殊要求的室外抹灰。

热作法施工是指使用热砂浆抹灰后，利用房屋的永久热源或临时热源来提高和保持操作环境温度，使抹灰砂浆硬化和固结的一种操作方法。

2. **热作法施工的具体操作方法**

热作法施工的具体操作方法与常温施工基本相同，但当采用带烟囱的火炉进行施工时，必须注意防止墙面烤裂或变色，而且要求室内温度不宜过高，一般可控制在 10℃ 左右。当采用热空气采暖时，应设通风设备排除室内湿气，但无论采取何种保温措施，都应防止干湿不均匀和过度烘热。

3. 热作法施工的注意事项

（1）用冻结法砌筑的墙，室外抹灰应待其完全解冻后施工；室内抹灰应待抹灰的一面解冻深度不小于墙厚的 1/2 时施工。不得采用热水冲刷冻结的墙面或用热水消除墙面的冰霜。

（2）用掺盐砂浆法砌筑的砌体也应提前采暖预热，使墙面温度保持在 5℃ 以上，以便湿润墙面时不致结冰，使砂浆与墙面粘结牢固。

（3）应设专人测温，室内的环境温度以地面以上 50cm 处为准。

（4）冬期室内装饰施工可采用建筑物正式热源、临时性管道或火炉、电气取暖。若采用火炉取暖，应采取预防煤气中毒的措施，防止烟气污染，并应在火炉上方吊挂铁板，使煤火热度分散。

（5）室内抹灰的养护温度应不低于 5℃。水泥砂浆层应在潮湿的条件下养护，并应通风换气，室内贴壁纸，施工地点温度应不低于 5℃。

（6）室内抹灰工程结束后，在 7d 以内应保持室内温度不低于 5℃。

四、抹灰工程冷作法施工

1. 冷作法施工原理。冷作法施工是指在抹灰用的水泥砂浆或水泥混合砂浆中掺入化学外加剂（如氯化钠、氯化钙、亚硝酸钠、漂白粉等），以降低抹灰砂浆冰点的一种施工方法。

砂浆中的砂子和干燥的水泥不受温度影响，而水对温度的反应是敏感的，但只要有液态水存在，砂浆中水泥的水化反应就可以正常进行。各种抗冻剂均有其最大共熔点温度，如氯化钠的最大浓度为 23.1% 时，冰点温度则为 -21.1℃；当浓度为 9.6% 时，冰点则为 -6.4℃。当砂浆虽处于溶液冰点以下，其中部分毛细管水结冰，但还有部分毛细管水仍处于液态，所以尽管抗冻外加剂掺量不大，但砂浆仍可以在较低的温度下继续进行水化反应，并能获得一定强度。

冷作法抹灰，只要保证在抹灰操作时不冻，抹完以后即使受冻，砂浆强度有所降低，也不会影响最终强度的增长，不至于影响抹灰砂浆与基层的粘结。但由于掺氯盐在气温回升时会出现析盐现象，从而增加了砂浆的导电性，破坏涂料与抹灰层的粘结性能，所以冷作法主要用于不刷涂料或色浆的房屋外部抹灰工程以及室内不刷涂料的水泥砂浆抹灰等，在发电厂、变电站及一些高级建筑中不能采用。

2. 冷作法的施工方法。冷作法施工时，应采用水泥砂浆或水泥混合砂浆。砂浆强度等级应不低于 M2.5，并在拌制砂浆时掺入化学外加剂。施工用砂浆配合比和化学外加剂的掺量应按设计的要求，通过试验确定。

(1) 砂浆中掺氯化钠（食盐）应根据当天的室外气温来确定，掺量应符合表 12-1 中的规定。氯化钠的掺入量是按砂浆的总含水量百分数计算的，其中包括石灰膏和砂的含水量，搅拌砂浆时的加水量应从配合比中减去石灰膏和砂的含水量，相应地要把加入水中氯化钠的浓度提高。其中石灰膏的含水率应按其稠度进行测量，见表 12-2。

表 12-1　砂浆内氯化钠掺量（占用水质量的百分数）

项　目	室外气温（℃）	
	0～－5	－5～－10
挑檐、阳台、雨罩、墙面等抹水泥砂浆	4	4～8
墙面为水刷石、干粘石水泥砂浆	5	5～10

表 12-2　石灰膏稠度与含水率的关系

石灰膏稠度（cm）	含水率（%）
1	32
2	34
3	36
4	38
5	40

石灰膏稠度（cm）	含水率（%）
6	42
7	44
8	46
9	48
10	50
11	52
12	54
13	56

工地应设专人提前 2d 用冷水配制氯化钠溶液，方法是先在大桶中配制 20% 浓度的氯化钠溶液，在另外的大桶中放入清水，搅拌砂浆前，在盛有清水的桶中加入适量浓溶液，稀释成所需浓度，测定浓度可用密度计先测定出溶液的密度，再依密度与浓度的关系和所需浓度兑出所需密度值的溶液。密度与浓度的关系见表 12-3。

表 12-3　密度与浓度的关系

浓度（%）	密度（g/cm³）
1	1.005
2	1.013
3	1.020
4	1.027
5	1.034
6	1.041
7	1.049
8	1.056
9	1.063
10	1.071
11	1.078
12	1.086
25	1.189

施工中应注意：氯化钠水溶液可掺入硅酸盐水泥、普通硅酸盐水泥、矿渣硅酸盐水泥中，但不得掺入高铝水泥中。

（2）氯化砂浆可用于气温在－10～25℃的急需工程，调制氯化砂浆水温不得超过 35℃，漂白粉按比例掺入水内，随即搅拌溶化，加盖沉淀 1～2h 后使用。漂白粉掺入量与温度的关系见表 12-4。当室外的温度低于－26℃时不得施工，氯化砂浆的使用温度与室外温度关系见表 12-5。

表 12-4　漂白粉掺入量与温度的关系

室外温度（℃）	每 100kg 水中加漂白粉（kg）	氯化水溶液密度（g/cm³）
－10～－12	9	1.05
－13～－15	12	1.06
－16～－18	15	1.07
－19～－21	18	1.08
－22～－25	21	1.09

表 12-5　氯化砂浆使用温度与室外温度的关系

室外气温（℃）	搅拌后的氯化砂浆温度（℃）	
	无风天气	有风天气
0～－10	＋10	＋15
－11～－20	＋15～＋20	＋25
－21～－25	＋20～＋25	＋30
－26 以下	不得施工	不得施工

施工中应注意：氯化砂浆搅拌时是先将水和溶液拌和。如用混合砂浆时，石灰用量不得超过水泥质量的 1/2。氯化砂浆应随拌随用，不可停放。

（3）砂浆掺亚硝酸钠。亚硝酸钠有一定的抗冻阻锈作用，析盐现象也很轻微。在水泥砂浆、混合砂浆中亚硝酸钠掺入量与室外温度的关系见表 12-6。

表 12-6　亚硝酸钠掺入量与室外温度的关系

室外气温（℃）	掺量（占水泥质量的百分数）
0～−3	1
−4～−9	3
−10～−15	5
−16～−20	8

施工时如基层表面有霜、雪、冰，要用热氯化钠溶液进行刷洗，待基层溶化后方可施工，用于室外抹水泥砂浆、干粘石、水刷石等。

3. 冷作法施工的注意事项。

（1）冷作法施工时，抹灰基层表面如有冰、霜、雪时，可采用与抹灰砂浆同浓度的防冻剂溶液冲刷，并应清除表面的尘土。

（2）当施工要求分层抹灰时，底层灰不得受冻。抹灰砂浆在硬化初期应采取防止受冻的保温措施。

（3）防冻剂应由专人配制和使用，配制时可先配制 20％浓度的标准溶液，然后根据气温再配制成使用浓度的溶液。

（4）含氯盐的防冻剂不得用于高压电源部位和有油漆墙面的水泥砂浆基层内。

五、饰面工程冬期施工要点

1. 冬期室内饰面工程施工可采用热空气或带烟囱的火炉取暖，并应设有通风、排湿装置。室外饰面工程宜采用暖棚法施工，棚内温度应不低于 5℃，并按常温施工方法操作。

2. 饰面板就位固定后，用 1∶2.5 水泥砂浆灌浆，保温养护时间不少于 7d。

3. 冬期施工外墙饰面石材应根据当地气温条件及吸水率要求选材。安装前可根据块材大小在结构施工时预埋设一定数量的锚固件。采用螺栓固定的干作业法施工，锚固螺栓应做防水、防锈处理。

4. 釉面砖及外墙面砖在冬期施工时宜在 2％盐水中浸泡 2h，并晾干后方可使用。

第十三章 抹灰工程常见的问题与案例分析

第一节 一般抹灰工程质量验收及通病防治

一、一般抹灰工程质量验收

1. 质量验收

（1）主控项目。

①抹灰前基层表面的尘土、污垢、油渍等应清除干净，并应洒水润湿。

检验方法：检查施工记录。

②一般抹灰所用材料的品种和性能应符合设计要求。水泥的凝结时间和安定性复验应合格。砂浆的配合比应符合设计要求。

检验方法：检查产品合格证书、进场验收记录、复验报告和施工记录。

③抹灰工程应分层进行。当抹灰总厚度大于或等于 35mm 时，应采取加强措施。不同材料基层交接处表面的抹灰应采取防止开裂的加强措施，当采用加强网时，加强网与各基层的搭接宽度应不小于 100mm。

检验方法：检查隐蔽工程验收记录和施工记录。

④抹灰层与基层之间及各抹灰层之间应粘结牢固，抹灰层应无脱层、空鼓，面层应无爆灰和裂缝。

检验方法：观察、用小锤轻击检查、检查施工记录。

（2）一般项目：

①一般抹灰工程的表面质量应符合下列规定：

普通抹灰表面应光滑、洁净、接槎平整，分格缝应清晰。

高级抹灰表面应光滑、洁净，颜色均匀，无抹纹，分格缝和灰线应清晰美观。

检验方法：观察、手摸检查。

②护角、孔洞、槽、盒周围的抹灰表面应整齐、光滑，管道后面的抹灰表面应平整。

检验方法：观察。

③抹灰层的总厚度应符合设计要求，水泥砂浆不得抹在石灰砂浆层上，罩面石膏灰不得抹在水泥砂浆层上。

检验方法：检查施工记录。

④抹灰分格缝的设置应符合设计要求，宽度和深度应均匀，表面应光滑，棱角应整齐。

检验方法：观察、尺量检查。

⑤有排水要求的部位应做滴水线（槽）。滴水线（槽）应整齐顺直，滴水线应内高外低，滴水槽宽度和深度均应不小于10mm。

检验方法：观察、尺量检查。

⑥一般抹灰工程质量的允许偏差和检验方法应符合表13-1中的规定。

表 13-1 一般抹灰工程的允许偏差和检验方法

项次	项目	允许偏差（mm）		检验方法
		普通抹灰	高级抹灰	
1	立面垂直度	4	3	用2m垂直检测尺检查
2	表面平整度	4	3	用2m靠尺和塞尺检查
3	阴阳角方正	4	3	用直角检测尺检查
4	分格条（缝）直线度	4	3	拉5m线，不足5m拉通线，用钢直尺检查
5	墙裙，勒脚上口直线度	4	3	拉5m线，不足5m拉通线，用钢直尺检查

注：1. 普通抹灰，本表第3项阴角方正可不检查。

2. 顶棚抹灰，本表第2项表面平整度可不检查，但应平整。

二、一般抹灰工程质量通病及防治

一般抹灰工程质量通病及其防治见表 13-2。

表 13-2　一般抹灰工程质量通病及其防治

现象	原因分析	预防措施
墙面基层抹灰处出现空鼓和裂缝	①墙与门窗框交接处塞缝不严； ②踢脚板与上面石灰砂浆抹灰处出现裂缝； ③基层处理不当，造成抹灰层与基层粘结不牢 	①墙与门窗框交接处可用水泥石灰加麻刀的砂浆塞严再抹灰的方法防治裂缝问题； ②在踢脚板上口宜先做踢脚板，后抹墙面，特别注意不能把水泥砂浆抹在石灰砂浆上面； ③抹灰前应将基层表面的尘土、污垢、油渍等清除干净，并应洒水湿润。一般应浇两遍水
抹灰面层气泡，有抹纹、开花	①抹完罩面灰后，压光工序跟得太紧，灰浆没有收水，故产生气泡； ②底层灰太干燥、没有浇水，压光容易起抹纹； ③石灰膏陈伏期太短，过火灰颗粒没熟化，抹后体积膨胀，出现爆裂、开花现象 	①用水泥砂浆和水泥混合砂浆抹灰时，应待前一抹灰层凝结后方可抹后一层，用石灰砂浆抹灰时，应待前一抹灰层七八成干后方可抹后一层； ②底层灰抹完后，要在干燥后洒水湿润再抹面层； ③罩面石灰膏熟化期应不小于 30d，使过火灰颗粒充分熟化

现象	原因分析	预防措施
抹灰面层不平,阴阳角不垂直,踢脚板上口与墙厚不一致	①抹灰前找规矩,抹灰并不严格、不认真; ②踢脚板与墙面冲筋不交圈; ③阴阳角处冲筋位置不对,没拉线找直找方	①抹灰前挂线、做灰饼、冲筋要认真严格按操作工艺要求做; ②踢脚板与墙面一起拉线,找直找方; ③在阴角、阳角处要用方尺和托线板找方、找平直,要使砂浆稠度小一些,阴阳角器上下拉动直到平直为止
地面起砂,起粉	①水泥砂浆拌合物的水灰比过大; ②不了解或错过了水泥的初凝时间,致使压光时间过早或过迟; ③养护措施不当,养护开始时间过早或养护天数不够; ④地面尚未达到规定的强度,过早上人; ⑤原材料不合要求,水泥品种或强度等级不够或受潮失效等,还有砂子粒径过细,含泥量超标; ⑥冬期施工没有采取防冻措施,使水泥砂浆早期受冻	①严格控制水灰比; ②掌握水泥的初(终)凝时间,把握压光时机; ③遵守洒水养护的措施和养护时间; ④建立制度,安排好施工流向,避免地面过早上人; ⑤严格进场材料检查,并对水泥的凝结时间和安定性进行复验。强调砂子应为中砂,含泥量不大于3%; ⑥冬期采取技术措施,要使砂浆在正温下达到临界强度

续表

现象	原因分析	预防措施
地面空鼓、裂缝	①基层清理不干净，仍有浮灰、浆膜或其他污物；②结合层涂刷过早，早已风干硬结；③基层不平，造成局部砂浆厚薄不均，收缩不一；④基层浇水不足，过于干燥 	①基层处理经过严格检查方可开始下一道工序；②结合层水泥浆强调随涂随铺砂浆；③保证垫层平整度和抹砂浆的厚度均匀；④应对基层浇水湿润，使基层表面清洁干净，充分湿润且局部不积水
踏步宽度和高度不一	①结构施工阶段踏步的高、宽尺寸偏差较大；②抹面层灰时，又未认真弹线纠正，而是随高就低地进行抹面；③虽然弹了斜坡标准线，但没有注意将踏步高和宽等分一致，所以尽管所有踏步的阳角都落在所弹的踏步斜坡标准线上，但踏级的宽度和高度仍然不一致	①加强楼梯踏步结构施工的复尺检查工作。使踏步的高度和宽度尽可能一致，偏差控制在±10mm以内；②抹踏步面层灰前，应根据平台标高和楼面标高先在侧面墙上弹一道踏步斜坡标准线，然后根据踏级步数将斜线等分，这样斜线上的等分点即为踏级的阳角位置，也可根据斜线上各点的位置在抹灰前对踏步进行恰当修正；③对于不靠墙的独立楼梯，如无法弹线，可在抹面前在两边上下拉线进行抹面操作，必要时做出样板，以确保踏步高、宽尺寸一致

现象	原因分析	预防措施
踏步阳角处裂缝，脱落	①踏步抹面时，基层较干燥，使砂浆失水过快，影响了砂浆的强度增长，造成日后的质量隐患；②基层处理不干净，表面污垢、油渍等杂物起到隔离作用，降低了粘结力；③抹面砂浆过稀，抹在踢面上的砂浆产生自坠现象，特别是当砂浆过厚时，削弱了与基层的粘结效果，成为裂缝、空鼓和脱落的潜在隐患；④抹面操作顺序不当，先抹踏面，后抹踢面。平、立面的结合不易紧密牢固，往往存在一条垂直的施工缝隙，经频繁走动就容易造成阳角裂缝、脱落等质量缺陷；⑤踏步抹面养护不够也易造成裂缝掉角、脱落等	①抹面层前，应将基层处理干净，并应提前 1d 洒水湿润；②洒水抹面前应先刷一道素水泥浆，水灰比在 0.4～0.5，并应随刷随抹；③控制砂浆稠度在 35cm 左右；④过厚砂浆应分层涂抹，控制每一遍厚度在 10mm 之内，并且应待前一抹灰层凝结后方可抹后一层；⑤严格按操作规范先抹踢面，后抹踏面，并将接槎揉压紧密；⑥加强抹面养护，不得少于养护时间，并在养护期间严禁上人。凝结前应防止快干、水冲、撞击、振动和受冻，凝结后防止成品损坏
细部抹灰空鼓，裂缝	①基层清理不干净；②墙面基层浇水不足，影响基层粘结力；③砂浆原材料质量不好，计量不准确；④养护时间不足	①抹灰前，将基层残渣、污垢、油渍清除干净。光滑基层（混凝土）采取凿毛或"毛化"方法；②墙体基层凹凸面应提前剔除、抹平，并浇水养护；③严格控制砂浆原料计量，严格配合比。对水泥凝结时间和安定性进行复验。中层砂浆强度等级不能高于基层，以免凝结过程中产生过强的收缩应力，造成抹灰层空鼓、裂缝及脱落

第二节 装饰抹灰工程质量验收及通病防治

一、质量验收

1. 主控项目

（1）抹灰前基层表面的尘土、污垢、油渍等应清除干净，并应洒水润湿。

检验方法：检查施工记录。

（2）装饰抹灰工程所用材料的品种和性能应符合设计要求。水泥的凝结时间和安定性复验应合格。砂浆的配合比应符合设计要求。

检验方法：检查产品合格证书、进场验收记录、复验报告和施工记录。

（3）抹灰工程应分层进行。当抹灰总厚度大于或等于35mm时，应采取加强措施。不同材料基层交接处表面的抹灰，应采取防止开裂的加强措施，当采用加强网时，加强网与各基层的搭接宽度应不小于100mm。

检验方法：检查隐蔽工程验收记录和施工记录。

（4）各抹灰层之间及抹灰层与基层之间应粘结牢固，抹灰层应无脱层、空鼓和裂缝。

检验方法：观察、用小锤轻击检查、检查施工记录。

2. 一般项目

（1）装饰抹灰工程的表面质量应符合下列规定：

①水刷石表面应石粒清晰、分布均匀、紧密平整、色泽一致，应无掉粒和接槎痕迹。

②斩假石表面剁纹应均匀顺直、深浅一致，应无漏剁处，阳角处应横剁并留出宽窄一致的不剁边条，棱角应无损坏。

③干粘石表面应色泽一致、不露浆、不漏粘，石粒应粘结牢固、分布均匀，阳角处应无明显黑边。

④假面砖表面应平整、沟纹清晰、留缝整齐、色泽一致，应无掉角、脱皮、起砂等缺陷。

检验方法：观察，手摸检查。

（2）装饰抹灰分格条（缝）的设置应符合设计要求，宽度和深度应均匀，表面应平整光滑，棱角应整齐。

检验方法：观察。

（3）有排水要求的部位应做滴水线（槽）。滴水线（槽）应整齐顺直，滴水线应内高外低，滴水槽的宽度和深度均应不小于 10mm。

检验方法：观察，尺量检查。

（4）装饰抹灰工程质量的允许偏差和检验方法应符合表 13-3 中的规定。

表 13-3　装饰抹灰工程质量的允许偏差和检验方法

项次	项目	允许偏差				检验方法
		水刷石	斩假石	干粘石	假面砖	
1	立面垂直度	5	4	5	5	用 2m 靠尺和塞尺检查
2	表面平整度	3	3	5	4	用 2m 靠尺和塞尺检查
3	阳角方正	3	3	4	4	用直角检测尺检查
4	分格条（缝）直线度	3	3	3	3	用 5m 线，不足 5m 拉通线，用钢直尺检查
5	墙裙，勒脚上口直线度	3	3	—	—	用 5m 线，不足 5m 拉通线，用钢直尺检查

二、质量通病及防治

装饰抹灰工程质量通病及其防治见表 13-4。

表 13-4 装饰抹灰工程质量通病及其防治

现象	原因分析	预防措施
水刷石石子不均匀或脱落,饰面浑浊不清晰	①石渣使用前没有洗净过筛; ②分格条粘贴操作不当; ③底子灰的干湿程度掌握不好; ④水刷石喷刷操作不当	①石渣使用前应先过筛,清水冲洗后晾干,堆放时用苫布遮盖好,防止二次污染; ②分格条使用前在水中浸透,以增加其韧性便于粘贴,保证起条时灰缝整齐和不掉石渣; ③罩面抹灰时,掌握好底子灰的干湿程度; ④掌握好水刷石的喷洗时间; ⑤接槎处喷洗前,应先把已经完成的水刷石墙面喷湿 30cm 左右,然后由上往下喷洗,否则浆水容易溅污已完成的墙面
干粘石抹灰空鼓	①砖墙基层灰浆、泥浆等杂物未清理干净; ②混凝土表面基层残留的隔离剂、酥皮等未处理干净; ③加气混凝土基层表面粉尘(细灰)清理不干净或表面抹灰砂浆强度过高; ④施工前基层浇水不透	①钢模生产的混凝土制品宜用 10% 的火碱水溶液将隔离剂清洗干净,混凝土表面的空鼓、酥皮应敲掉刷毛; ②施工前,把各基层表面的粉尘、油渍、污垢等杂物清理干净; ③基层表面凹凸不平超出偏差时凹处分层抹平,凸处剔平处理; ④面层铺设施工前一天,应对基层进行浇水湿润,使基层表面清洁干净,充分湿润且局部不积水
干粘石抹灰面层滑坠	①底层灰抹得不平,凹凸相差大于 5mm 以上时,灰层厚的地方易滑坠; ②拍打过度,产生翻浆或灰层收缩产生裂缝形成滑坠; ③雨期施工时,雨水过多,容易滑坠	①底灰一定抹平直,凹凸误差应小于 5mm; ②根据施工季节,严格掌握好对基层的浇水量

续表

现象	原因分析	预防措施
干粘石接槎、抹痕明显	①面层抹灰和干粘石操作衔接不及时使石渣粘结不良； ②分格较大，不能连续粘完一格，接槎处灰干粘不上石渣； ③接槎处难以抹平或新灰在接槎处粘不上，或将接槎处石渣碰掉，都会造成明显的接槎； ④由于干粘石灰浆太稀，粘上石渣以后用抹子溜抹，边溜边接，形成鱼鳞抹痕	①施工前，检查分格情况、制订减少接槎的措施； ②脚手架高度调配好，避免不必要接槎； ③掌握好灰浆的水灰比和稠度，按照干湿程度随粘石渣随拍平
斩假石抹灰层空鼓和裂缝	①基层处理不当，形成抹灰层与基层粘结不好； ②抹灰层过厚，易产生空鼓和裂缝； ③砂浆受冻，失去强度	①控制抹灰层总厚度，超过 35mm 时，采取加强措施； ②重视基层处理工作，严格检查并加强养护工作； ③斩假石抹灰宜安排在正温时，不宜冬期施工
斩假石抹面有坑，剁纹不匀	①开剁时间不对，面层强度低造成坑面； ②剁纹不规矩，操作时用力不匀或斧刃不快	①掌握好开剁时间，以试剁不掉石渣为准； ②对上岗的新工人进行培训，并做样板指导操作； ③加强养护工作，保证养护时间
防水层表面起砂、起粉	①水泥强度等级偏低，砂含泥量大、颗粒级配过细降低了防水层强度； ②养护时间过短，防水层硬化过程中过早脱水	①材料质量应符合设计要求，水泥的品种和强度应符合规范规定； ②防水层压光交活要在水泥终凝前完成，压光要 3 遍以上； ③加强养护措施，防止防水层早期脱水

续表

现象	原因分析	预防措施
保温隔热层的功能不良	①使用不合格的膨胀珍珠岩，使保温层容重偏高； ②保温层含水量加大，保温效果下降； ④保温层厚度不够，铺灰不准确； ④未经过热工计算，随意套用	①保温材料符合质量标准； ②使用人工拌和，加强含水率测试； ③控制铺灰厚度，确保保温层厚度； ④严格设计程序
耐酸砂浆硬化过快或过慢，致使砂浆强度不够、性能较差	①硬化慢，因为氟硅酸钠受潮变质或纯度低； ②硬化快，因为氟硅酸钠过量； ③强度低、性能差，往往因为水玻璃模数低于 2.5，氧化硅和硅酸钠含量少，影响强度、抗渗和耐蚀性	①严格选用材料，把住质量关； ②严格施工配合比，不得随意改变； ③原材料现场低于 10℃ 采取加温措施； ④保证足够的养护时间
瓷砖空鼓	①基层清理不干净，浇水不透； ②基体表面偏差过大，每层抹灰跟得紧，各层之间粘结强度过低； ③砂浆配合比不准确，稠度掌握不好，产生不同的干缩率 	①严格按工艺规范要求操作； ②用水泥砂浆和水泥混合砂浆抹灰时，应待前一抹灰层凝结后抹后一层，底层的抹灰层强度不得低于面层的抹灰层强度； ③抹灰应分层进行，每遍厚度宜为 5～7mm，当抹灰总厚度超出 35mm 时应采取加强措施

续表

现象	原因分析	预防措施
瓷砖粘贴墙面不平	①结构墙体墙面偏差大; ②基层处理不认真检查 	掌握好吊垂直、套方找规矩的要求,加强对底层灰的检查
瓷砖拼缝不直、不匀和墙面污染	①没有分格弹线,排砖不仔细; ②原材料偏差过大,操作不仔细 	①按施工图要求,针对结构层具体情况认真进行分格弹线、瓷砖拼缝; ②把好进料关,不合格材料不能上墙; ③擦完缝及时清扫,对某些污染采用20%的盐酸水溶液刷净后,再用清水冲干净
外墙面砖空鼓或脱落	①外墙饰面自重大,底子灰与基层产生较大的剪应力; ②砂浆配合比不准、水泥安定性不好和砂子含泥量大; ③大气温度热胀冷缩的影响在饰面产生应力作用 	①外墙基体力争做到平整垂直,防止偏差带来的不利情形; ②面砖使用前应提前浸泡,提高砂浆与面层的粘结力; ③砂浆初凝后,不再动面砖,并应实行二次勾缝,勾缝勾进墙内 3mm 为宜

续表

现象	原因分析	预防措施
面砖分格缝不匀或墙面不平整	①没有按大样图进行排砖分格；②面砖质量不好，规格偏差较大；③操作方法不当，操作技术不熟练 	①核对结构偏差尺寸，确定面砖粘贴厚度和排砖模数，并弹出排砖控制线；②考虑碹脸、窗台、阳角的要求，确定缝子再做分格条或划出皮数杆；③要求阴阳角要双面挂直，弹垂直线，作为粘贴面砖时的控制标志；④面砖粘贴前，应进行选砖，粘贴面砖时，应保持面砖上口平直
饰面板安装接缝不平、板面纹理不通、色泽不匀	①基层没处理好，平整度没达标准；②板材质量没把关，试排不认真；③操作没按规范去做 	①应先检查基层的垂直平整情况，对偏差较大的要进行剔凿或修补，使基层到饰面板的距离不少于5cm；②施工要有施工大样图，弹线找规矩，并要弹出中心线、水平线；③对饰面板进行套方检查，规格尺寸如有偏差应进行修整；④饰面板安装前应进行试排，使板与板之间上下纹理通顺、颜色协调，缝平直均匀；⑤安装时应根据中心线、水平通线和墙面线试拼编号，并应在最下一行用垫木材料找平垫实，拉上横线，再从中间或一端开始安装

续表

现象	原因分析	预防措施
饰面板开裂	①受到结构沉降压缩变形外力后，由于应力集中导致板材薄弱处开裂； ②安装粗糙，灌浆不严，预埋件锈蚀，产生膨胀，造成推力使板面开裂； ③安装缝隙过小，热胀冷缩产生的拉力使板面产生裂缝	①安装饰面板时，应待结构主体沉稳后进行，顶部和底部留有一定的空隙，以防结构沉降压缩； ②安装饰面板接缝应符合要求，嵌缝严密，防止侵蚀气体进入锈蚀预埋件； ③采用环氧树脂钢螺栓锚固法修补饰面，防止隐患进一步扩大
饰面板墙面破损、污染	①板材搬运、保管不妥当； ②操作中不及时清洗，造成污染； ③成品保护措施不妥	①尺寸较大的板材不宜平运，防止因自重产生弯矩而破裂； ②大理石板易被染色，所以浅色板材不宜用草绳、草帘捆扎，不宜用带色的纸张做保护，以免污染； ③板材安装完成后做好成品保护工作。易碰撞部位要用木板保护，塑料布覆盖
块材地面铺贴空鼓	①基层清理不干净； ②结合层水泥浆不均匀； ③找平层所用干硬性水泥砂浆太稀或铺得太厚； ④板材背后浮灰没有擦净，事先没有湿润	①基层面必须清理干净； ②撒水泥面应均匀并洒水调和，或用水泥浆涂刷均匀； ③干硬性水泥砂浆应控制用水量，摊铺厚度不宜超过 30mm； ④板材在铺贴前都应清理背面，并应浸泡，阴干后使用

续表

现象	原因分析	预防措施
块材地面板材接缝不平、不匀	①板材本身厚薄不匀; ②相通房间的地面标高不一致,在门口处或楼道相接处接缝不平; ③地面铺设后,在养护期内上人过早 	①板材粘贴前应挑选; ②相通房间地面标高应测定准确。在相接处先铺好标准板; ③地面在养护期间不准上人或堆物; ④第一行板块必须对准基准线,以后各行应拉准线铺设
花饰安装不牢固	①花饰与预埋在结构中的锚固件未连接牢固; ②基层预埋件或预留孔洞位置不正确; ③基层清理不好,在抹灰面上安装花饰时抹灰层未硬化,花饰件与基层锚固连接不良	①花饰应与预埋在结构中的锚固件连接牢固; ②基层预埋件或预留孔洞位置应正确; ③基层应清洁平整、符合要求; ④在抹灰面上安装花饰,必须待抹灰层硬化后进行; ⑤拼砌的花格饰件四周应用锚固件与墙、柱或梁连接牢固,花格饰件相互之间应用钢筋销子系牢固
花饰安装位置不正确	①基层预埋件或预留孔洞位置不正确; ②安装前没认真按设计在基层上弹出花饰安装位置的中心线; ③复杂分块花饰未预先试拼、编号,安装时花饰图案吻合不精确 	①基层预埋件或预留孔洞位置应正确; ②安装前未按设计在基层上弹出花饰位置的中心线; ③复杂分块花饰的安装必须预先试拼、编号,安装时花饰图案应精确吻合

附 表

附表一 职业技能抹灰工职业要求

项次	分类	五级职业要求 专业知识	四级职业要求 专业知识	三级职业要求 专业知识	二级职业要求 专业知识	一级职业要求 专业知识
1	安全生产知识	(1) 掌握工器具的安全使用方法 (2) 熟悉劳动防护用品的功用和施工现场须注意的安全事项 (3) 了解安全生产基本法律法规	(1) 掌握本工种安全生产操作规程 (2) 熟悉安全生产及安全生产防护设施的功用 (3) 了解安全生产基本法律法规	(1) 掌握本工种安全生产操作规程及安全施工措施 (2) 熟悉安全生产基本常识及安全生产防护设施的功用 (3) 了解安全生产基本法律法规	(1) 掌握本工种安全生产操作规程及事故预防措施 (2) 熟悉安全生产基本常识及安全生产防护设施的功用 (3) 了解安全生产基本法律法规	(1) 掌握本工种安全生产操作规程及一般安全事故的处理程序 (2) 熟悉安全生产基本常识及安全生产防护设施的功用 (3) 了解安全生产基本法律法规

项次	分类	五级职业要求 专业知识	四级职业要求 专业知识	三级职业要求 专业知识	二级职业要求 专业知识	一级职业要求 专业知识
2	理论知识	(4) 掌握建筑室内外墙、地面各部位抹灰的操作工艺要求及养护知识	(4) 掌握建筑制图的一般知识，看懂分部分项施工图、节点图	(4) 掌握木工种施工图、装饰节点详图及房屋建筑的构造及主要组成	(4) 掌握按施工图进行工料分析、确定用工、用料的方法	(4) 掌握编制木工种新材料的施工工艺方案的知识
		(5) 熟悉常用工具、量具名称，了解其功能和用途	(5) 掌握常用装饰材料的特点及使用方法	(5) 掌握常用装饰材料的特点及使用方法	(5) 掌握制定一般装饰修复施工方案的知识和古建筑的构造及砖瓦工艺	(5) 掌握各种堆塑制品的原料组成和工艺（绑制骨架、刮粗坯、堆细坯、溜光）
		(6) 熟悉施工图中抹灰部位和使用砂浆的表述	(6) 掌握抹一般水刷石方柱、圆柱、门头及地面及楼梯的方法	(6) 掌握素描知识	(6) 掌握木工种常见的质量通病并能制定相应的预防措施	(6) 掌握木工种作业过程中存在的质量疑难问题并制定相应改进措施
		(7) 熟悉常用抹灰材料的种类、规格及保管	(7) 掌握用复杂模型抹制顶棚较复杂线角方法及干硬性水泥砂浆地面、挂底丝顶棚的操作方法	(7) 掌握不同季节施工的有关规定	(7) 熟悉工种新材料的物理、化学基本性能及使用知识	(7) 掌握有关安全法规及突发安全事故的处理程序

续表

项次	分类	五级职业要求 专业知识	四级职业要求 专业知识	三级职业要求 专业知识	二级职业要求 专业知识	一级职业要求 专业知识
2	理论知识	(8) 熟悉常用抹灰砂浆的配合比，使用部位，配制方法和干粉砂浆的种类等级	(8) 掌握防水、防腐、耐热、保温、重晶石等特种砂浆的配制、操作及养护方法	(8) 掌握各种饰面板材干挂、镶贴的质量通病及防治方法	(8) 熟悉基本的建筑绘画知识并了解设计图案原理	(8) 熟悉建筑装饰设计的基本概念
		(9) 熟悉用简单模型抹削简单线角方法	(9) 掌握各种饰面板（砖）在各部位（包括墙面、地面、方柱、柱帽、柱墩）的镶贴方法	(9) 掌握预防、处理安全事故方法及措施	(9) 熟悉指导本等级以下技工提高理论知识的要求和方法	(9) 熟悉大型内外装饰工程施工组织设计原理
		(10) 熟悉镶贴瓷砖、面砖、缸砖的一般常识	(10) 熟悉一般颜料的配色、石膏的特性和配制方法、界面剂的性能、用途及使用方法	(10) 熟悉一般古建筑常识		(10) 熟悉制定复杂古建筑装饰修复施工方案的知识
		(11) 熟悉水刷石、干粘石、斩假石和普通水磨石的一般常识	(11) 熟悉不同气候对抹灰工程的影响	(11) 熟悉制作阴阳木的施工工艺和堆塑饰件安装工艺		(11) 熟悉制定本工种单体工程进度计划表和绘制网络图知识

项次	分类	五级职业要求 专业知识	四级职业要求 专业知识	三级职业要求 专业知识	二级职业要求 专业知识	一级职业要求 专业知识
2	理论知识	（12）熟悉抹灰施工质量验收规范	（12）熟悉抹灰工程的常见质量通病及防治方法			
		（13）能够进行常用工具、量具的使用	（13）熟练掌握抹灰工程常见的质量通病及防治方法	（12）能够安全生产规程指导作业	（10）熟练掌握抹灰工程施工质量验收要求和验收程序	（12）能够按施工图翻制各种模具并制作修理各种花饰
3	操作技能	（14）会做内外墙面抹灰的灰饼、挂线、冲筋等	（14）能够按施工图绘制一般面板（砖）的排列图并进行铺贴	（13）会绘制装饰节点图	（11）能够对作业中存在的质量问题提出相应的改进措施	（13）能够对复杂古建筑装饰进行修复
		（15）会抹内墙石灰砂浆和混合砂浆（包括草罩面）、水泥砂浆、踢脚线、墙裙、内窗台、梁、柱及混凝土顶棚（包括钢丝网板条基层）	（15）会抹石膏和水刷罩面（包括挂板顶棚）	（14）会按图用模型抹制室外复杂装饰线角并擦角（水刷石）	（12）会修复一般复杂建筑装饰	（14）会制作砖雕各种花式图案、阳文、草体等字体

续表

项次	分类	五级职业要求 专业知识	四级职业要求 专业知识	三级职业要求 专业知识	二级职业要求 专业知识	一级职业要求 专业知识
3	操作技能	(16) 会抹外墙混合砂浆（包括机械喷灰、分隔画线）、水泥浆水刷檐口、腰线、明沟、勒脚、散水坡及一般水刷石、干粘石、斩假石（大面）和普通水磨石 (17) 会抹水泥砂浆和细石混凝土地面（包括分隔画线） (18) 会用简单模型或不用模型简单线角抹制简单线角	(16) 会抹水泥砂浆的方圆柱、窗台、楼梯（包括栏杆、扶手、出檐、踏步）并弹线分步 (17) 会抹水刷石、斩假石、干粘石墙面和镶贴各种饰面砖板 (18) 会抹防水、防护、耐热、保温、重晶石等特种砂浆（包括配料及养护）	(15) 会参照图样堆塑各种线角和复杂装饰（包括修补制作模型） (16) 会识别和鉴定常用天然大理石、花岗石的性能并干挂、镶贴大理石、花岗石墙面，并针对作业中的质量通病采取预防方法 (17) 会进行陶瓷锦砖和水磨石的拼花施工	(13) 会做砖雕各种花纹、图案 (14) 会抹大型水刷石的圆柱、柱帽、柱墩（如陶立克柱、科林斯柱） (15) 会培训和指导本等级以下技工提高操作技能	(15) 会平雕、浮雕、透雕和立体雕 (16) 会对操作技能进行培训和指导 (17) 会绘制各种木工施工图、大样复杂施工图（包括计算机绘制）

续表

项次	分类	五级职业要求 专业知识	四级职业要求 专业知识	三级职业要求 专业知识	二级职业要求 专业知识	一级职业要求 专业知识
3	操作技能	（19）会镶贴内外墙面一般饰面砖（大面） （20）会按本工种验收规范对产品进行自检和互检	（19）会抹带有一般线角的水刷石门头、方圆柱、柱墩、柱帽、普通水磨石地面和有挑口的美术水磨石楼梯踏步 （20）会用较复杂模型扎制顶棚较复杂线角并攒角 （21）会参照图样堆塑一般平面花饰（包括线角）	（18）会学习应用有关新技术、新工艺、新材料和新设备 （19）会按图计算工料	（16）会按图自行制作本工种较复杂的模具和工具 （17）会独立指挥一般大型建筑装饰工程的施工 （18）会根据饰面工程中较复杂结构进行排版并计算工料 （19）会绘制本工种各种复杂施工图（包括计算机绘制） （20）会根据安全生产环境，并提出安全生产建议，并处理一般安全事故	（18）会解决本工种作业过程中质量事故的疑难问题 （19）会独立指挥大型建筑装饰施工 （20）会编制突发安全事故处理的预案，并熟练进行现场处置

附表二　职业技能抹灰工技能要求

项次	分类	五级职业要求		四级职业要求		三级职业要求		二级职业要求		一级职业要求	
		专业知识	内容	专业知识	内容	专业知识	内容	专业知识	内容	专业知识	内容
安全生产知识	安全基础知识	法规与安全常识	(1) 安全生产基本法规及安全常识	法规与安全常识	(1) 安全生产基本法规及安全常识	法规与安全常识	(1) 安全生产的基本法规	法规与安全常识	(1) 安全生产的基本法规	法规与安全常识	(1) 安全生产的基本法规
	施工现场安全操作知识	安全生产	(2) 劳动防护用品、工器具的正确使用	安全操作	(2) 安全生产操作规程	安全常识	(2) 安全生产一般规定	安全常识	(2) 安全生产一般规定	安全常识	(2) 安全生产一般规定
		操作流程	(3) 安全生产操作常规	文明施工	(3) 工完料清、文明施工	安全操作	(3) 安全生产操作规程	安全操作	(3) 安全生产操作规程	安全操作	(3) 安全生产操作规程
						安全措施	(4) 安全施工环境措施的制定与落实	事故预防	(4) 安全事故的预防		(4) 文明安全组织施工
										安全事故处理	(5) 一般安全事故的应急处理

续表

项次	分类	五级职业要求 专业知识	五级职业要求 内容	四级职业要求 专业知识	四级职业要求 内容	三级职业要求 专业知识	三级职业要求 内容	二级职业要求 专业知识	二级职业要求 内容	一级职业要求 专业知识	一级职业要求 内容
理论知识	基础知识	识图	(4) 施工图中抹灰的文字说明 (5) 施工图中轴线、标高、尺寸标注 (6) 施工图中有关图例符号	识图	(4) 施工图中的装饰说明 (5) 施工图的种类及看图步骤 (6) 一般饰面板的排列图 (7) 一般制图的基本知识 (8) 绘制一般饰面砖的排列图	制图、识图	(5) 本工种施工图、装饰节点详图 (6) 审核抹灰和饰面施工图 (7) 绘制抹灰节点(平面图、立面图、剖面图)	制图	(5) 绘制本工种各种复杂施工图及一般古建筑装饰修复的原理 (6) 用计算机绘制上述施工图 (7) 整理施工图审核记录	制图	(6) 绘制本工种各种复杂施工图(包括古建筑装饰修复) (7) 用计算机绘制上述施工图

续表

项次	分类	五级职业要求 专业知识	五级职业要求 内容	四级职业要求 专业知识	四级职业要求 内容	三级职业要求 专业知识	三级职业要求 内容	二级职业要求 专业知识	二级职业要求 内容	一级职业要求 专业知识	一级职业要求 内容
理论知识	基础知识	抹灰材料	(7) 水泥的种类、用途和保管方法	建筑材料	(9) 石膏的特点、性能、用途、要求和保管	建筑材料	(8) 常用装饰材料的物理和化学性能	建筑材料	(8) 新材料的物理、化学性能及使用知识	确认	(8) 对主要的材料样板进行确认
			(8) 砂的种类、规格、用途		(10) 颜料的性能、用途及质量要求和保管		(9) 新材料的物理和化学性能		(9) 对饰面板(砖)工程所用材料性能指标进行复验		(9) 对主要的样板间(件)进行确认
			(9) 石灰的用途和保管方法		(11) 饰面板(砖)的品种和规格						(10) 对建筑装饰效果图进行确认
			(10) 色渣的种类、规格、用途		(12) 界面剂的性能、用途及使用方法						
			(11) 麻刀、纸筋、稻草的作用和掺加比例								
			(12) 干粉砂浆的等级及种类								

项次	分类	五级职业要求 专业知识	五级职业要求 内容	四级职业要求 专业知识	四级职业要求 内容	三级职业要求 专业知识	三级职业要求 内容	二级职业要求 专业知识	二级职业要求 内容	一级职业要求 专业知识	一级职业要求 内容
理论知识	理论知识	抹灰砂浆	(13) 常用抹灰砂浆的使用部位 (14) 常用抹灰砂浆的配合比	房屋构造	(13) 民用建筑构造基本知识 (14) 承重墙和非承重墙的区别 (15) 影响建筑物使用的因素	房屋构造	(10) 房屋建筑构造的组成 (11) 装饰装修在房屋构造的作用	建筑学	(10) 具有一定的建筑绘画知识 (11) 能了解设计图原理	建筑学	(11) 建筑装饰设计的基本概念
						不同季节的施工	(12) 雨期施工的有关规定及预防措施 (13) 夏期施工的有关规定及预防措施 (14) 冬期施工的有关规定及预防措施				

395

续表

项次	分类	五级职业要求 专业知识	五级职业要求 内容	四级职业要求 专业知识	四级职业要求 内容	三级职业要求 专业知识	三级职业要求 内容	二级职业要求 专业知识	二级职业要求 内容	一级职业要求 专业知识	一级职业要求 内容
理论知识	专业知识	基本操作	(15) 配制抹灰砂浆的基本要求	水泥砂浆抹灰	(16) 方柱、圆柱、柱帽、柱基水泥砂浆抹灰、踏步楼梯的操作方法	阴阳模制作	(15) 阴阳模制作所用的材料				
			(16) 对不同基层的处理方法和要求		(17) 用模型抹制有线角的柱		(16) 阴阳模制作施工工艺				
			(17) 内外墙面做灰饼、挂线、冲筋的操作方法	水刷石抹灰	(18) 抹带有线角的方柱、圆柱的操作方法	用模型抹制复杂柱身	(17) 用模型抹制复杂柱身				
			(18) 抹护角线的要点		(19) 水泥石子浆的配合比及使用部位	水刷石	(18) 用模型柱帽、柱基并撇角				

项次	分类	五级职业要求 专业知识	五级职业要求 内容	四级职业要求 专业知识	四级职业要求 内容	三级职业要求 专业知识	三级职业要求 内容	二级职业要求 专业知识	二级职业要求 内容	一级职业要求 专业知识	一级职业要求 内容
理论知识	专业知识	抹灰砂浆	(19) 混合砂浆内外墙面、顶棚抹灰的操作方法	干粘石、斩假石	(20) 干粘石，斩假石的操作方法	古建筑抹灰	(19) 古建筑抹灰所用材料	古建筑	(12) 古建筑装饰修复知识	古建筑	(12) 古建筑装饰装修的内容
			(20) 石灰砂浆墙面、顶棚抹灰的操作方法（包括纸筋灰罩面）		(21) 干粘石，斩假石的配合比及使用部位		(20) 古建筑抹灰	古建筑	(13) 古建筑构造和砖瓦工艺		
			(21) 水泥砂浆墙裙、踢脚台、内窗台、檐口、明沟、勒脚、散水坡的操作方法	麻丝平顶	(22) 挂麻丝平顶的操作方法			工料分析	(14) 能按施工图进行工料分析、确定用工用料		
		抹简单线角	(22) 用模型抹制简单角线的方法		(23) 石膏罩面的操作方法			工艺组织	(15) 审核古建筑装饰修复的工艺组织	新工艺	(13) 编制本工种新材料的施工工艺方案
			(23) 不用模型抹制简单角线角的方法						(16) 国外装饰新材料、新工艺组织	施工组织	(14) 大型内外装饰施工组织设计原理

续表

项次	分类	五级职业要求 专业知识	五级职业要求 内容	四级职业要求 专业知识	四级职业要求 内容	三级职业要求 专业知识	三级职业要求 内容	二级职业要求 专业知识	二级职业要求 内容	一级职业要求 专业知识	一级职业要求 内容
理论知识	专业知识	镶贴	(24) 各类镶贴的一般常识（顺序）; (25) 各类镶贴的基本操作方法	镶贴	(24) 各类饰面（砖）的镶贴方法; (25) 按set计算方柱、圆柱、柱帽、柱基的用量	饰面板（块）排列镶贴	(21) 陶瓷锦砖施工工艺; (22) 花饰水磨石地面拼花; (23) 拼花陶瓷锦砖施工工艺; (24) 花岗石干挂工艺（柱身、柱帽、柱基）	施工交底; 传段指导; 工艺改进	(17) 对本工种的施工进行技术交底（复杂）; (18) 对本等级以下进行理论知识辅导的能力; (19) 能按照用户要求，选用合适的装饰装修工程的施工材料	施工交底	(15) 对本工种的施工进行技术交底; (16) 解决本工种各种疑难问题
		装饰抹灰	(26) 装饰抹灰的种类; (27) 装饰抹灰的基本操作	用模型抹制顶棚; 棚较复杂线脚	(26) 抹顶棚线角的分层材料; (27) 抹顶棚线角的操作方法						
		地面抹灰	(28) 水泥砂浆地面的操作方法及注意事项; (29) 细石混凝土地面的操作方法及注意事项	干硬性水泥砂浆地面	(28) 干硬性水泥砂面特点; (29) 干硬性水泥砂面操作方法						

附表

项次	分类	五级职业要求 专业知识	五级职业要求 内容	四级职业要求 专业知识	四级职业要求 内容	三级职业要求 专业知识	三级职业要求 内容	二级职业要求 专业知识	二级职业要求 内容	一级职业要求 专业知识	一级职业要求 内容
理论知识	专业知识			特种砂浆	(30) 特种砂浆的配合比和配制方法						(17) 各种堆塑制品的原理组成
					(31) 特种砂浆的操作方法					堆塑	(18) 堆塑工艺（绑扎骨架、堆粗坯、刮细坯、溜光）
				堆塑	(32) 按图纸堆塑平面花饰的原理	堆塑	(25) 堆塑施工工艺				(19) 平雕、浮雕、透雕和立体雕的原理
							(26) 花饰安装工艺				
		质量标准	(30) 抹灰工程施工质量验收规范	质量标准	(33) 抹灰工程的常见质量通病及防治方法	质量标准	(27) 各种饰面板材镶贴、干挂质量通病及防治方法	质量标准	(20) 对本工种常见质量通病能提出相应的改进措施的保证作业质量	质量标准	(20) 对本工种作业过程中存在的质量疑难问题制定相应改进措施

续表

项次	分类	五级职业要求 专业知识	五级职业要求 内容	四级职业要求 专业知识	四级职业要求 内容	三级职业要求 专业知识	三级职业要求 内容	二级职业要求 专业知识	二级职业要求 内容	一级职业要求 专业知识	一级职业要求 内容
理论知识		班组管理	(31) 班组管理的基本知识	班组管理	(34) 班组管理的基本知识						
				施工方案	(35) 本工种施工方案编制的一般知识	施工方案	(28) 施工方案要求	施工方案	(21) 一般古建筑装饰修复的施工方案要求	施工方案	(21) 复杂古建筑装饰修复的施工方案要求
					(36) 本工种施工方案内容		(29) 落实施工方案组织和管理		(22) 对本工种设计文件施工可操作性进行审核并提出一般建议		(22) 对本工种设计文件施工可操作性进行审核并提出建议
							(30) 参加本职业的质量验收				
	相关知识			不同气候的影响	(37) 雨期施工对抹灰工程的影响	素描知识	(31) 具有一定的素描知识	素描	(23) 扎实的素描知识		
					(38) 夏期施工对抹灰工程的影响		(32) 调色原理				
					(39) 冬期施工对抹灰工程的影响		(33) 色彩三要素及色彩属性				

续表

项次	分类	五级职业要求		四级职业要求		三级职业要求		二级职业要求		一级职业要求	
		专业知识	内容	专业知识	内容	专业知识	内容	专业知识	内容	专业知识	内容
理论知识	相关知识							协调与保护工作	(24) 在施工中处理好与相邻工种的关系 (25) 对半成品、成品的保护做好预案，防止污染和损坏	协调与保护工作	(23) 具有相邻工种的协调能力 (24) 对整个装饰工程能提出完整的产品保护措施
操作技能	基本操作技能	基本操作	(32) 做灰饼、挂线、冲筋 (33) 护角线 (34) 地面分格面线 (35) 不同基层的处理								

项次	分类	五级职业要求 专业知识	五级职业要求 内容	四级职业要求 专业知识	四级职业要求 内容	三级职业要求 专业知识	三级职业要求 内容	二级职业要求 专业知识	二级职业要求 内容	一级职业要求 专业知识	一级职业要求 内容
操作技能	基本操作技能	石灰砂浆	(36) 各种基层的墙面	水泥抹灰	(40) 方柱、圆柱、窗台	水刷石	(34) 抽筋圆柱	水刷石	(26) 大型复杂水刷石圆柱、柱脚、柱帽的操作方法(陶立克柱、科林斯柱)	翻制模具	(25) 翻制本工种所有模具
			(37) 各种基层的顶棚		(41) 楼梯(包括有扶手栏杆)		(35) 复杂扭脚				(26) 修复本工种所有模具
			(38) 纸筋灰罩面压光		(42) 用模型抹有线角的柱		(36) 复杂柱基				(27) 修复本工种各种花饰
		混合砂浆	(39) 室内墙面混合砂浆(包括顶棚)		(43) 干硬性水泥地面	拼花图案施工	(37) 陶瓷锦砖壁画	花饰	(27) 复杂花饰的阴阳模的浇制		
			(40) 室外墙面混合砂浆(搓毛)	特种砂浆	(44) 特种砂浆的配制		(38) 釉面砖壁画		(28) 复杂花饰安装的要求		
		水泥砂浆	(41) 室内墙裙、墙面、踢脚线、明沟、脚台、窗台		(45) 特种砂浆的施工		(39) 拼花美术水磨石地面	雕刻各种花纹图案	(29) 工艺顺序	雕塑	(28) 做平雕、浮雕、透雕和立体雕
			(42) 室外墙面、腰线、勒脚、散水坡等		(46) 特种砂浆的养护		(40) 美术地砖图案地面	砖雕	(30) 操作要求	砖雕	(29) 各种花式图案、阳文、草体等字体

续表

项次	分类	五级职业要求 专业知识	五级职业要求 内容	四级职业要求 专业知识	四级职业要求 内容	三级职业要求 专业知识	三级职业要求 内容	二级职业要求 专业知识	二级职业要求 内容	一级职业要求 专业知识	一级职业要求 内容
操作技能	基本操作技能	镶贴	(43) 饰面板(砖)的选择和准备工作	镶贴	(47) 陶瓷饰面地面、墙面、柱	大理石、花岗石干挂镶贴	(41) 大规格有造型的方柱、圆柱(包括柱帽、柱基)	雕刻各种花纹图案	(31) 质量标难		
			(44) 一般镶贴的铺贴顺序和方法		(48) 玻璃陶瓷砖墙面、柱		(42) 识别和鉴定大理石、花岗石的性能				
					(49) 一般陶瓷锦砖拼花施工		(43) 识别和鉴定大理石、花岗石的性能				
					(50) 外墙面砖铺贴			解决操作技术的疑难问题	(32) 能发现本工种作业中存在问题并提出修改意见，同时能独立处理和解决技术或工艺难题	网络图	(30) 编制本工种单体工程计划网络图
					(51) 内墙瓷砖铺贴						
					(52) 大理石、花岗石镶贴(湿作业)			传授技能	(33) 进行示范操作、传授技能	传授技能	(31) 技术操作难点及传授

续表

项次	分类	五级职业要求 专业知识	内容	四级职业要求 专业知识	内容	三级职业要求 专业知识	内容	二级职业要求 专业知识	内容	一级职业要求 专业知识	内容
操作技能	基本操作技能	装饰抹灰	（45）水刷石、干粘石、斩假石基本操作方法	装饰抹灰	（53）水刷石线角（包括分格、画线）			传授技能	（34）能解决本等级以下实际操作中存在的问题	传授技能	（32）组织技术攻关
			（46）水磨石地面的操作顺序和基本操作方法		（54）干粘石墙面（包括分格、画线）			组织管理	（35）有独立指挥一般大型建筑工程的能力	组织管理	（33）独立组织大型建筑装饰施工
					（55）新假石墙面（包括分格、画线）						（34）组织对本工种作业
					（56）普通水磨石地面和有挑口的美术楼梯踏步						
		简单线角	（47）不用模型制简单线角	堆塑和放样	（57）参照图样堆塑平面花饰	堆塑	（44）参照照片堆样或塑各种线角和花饰				
			（48）用简单模型抹制简单线角		（58）按详图或实物放样、翻新实样		（45）参照照片或修样各种线角和花饰				

续表

项次	分类	五级职业要求 专业知识	五级职业要求 内容	四级职业要求 专业知识	四级职业要求 内容	三级职业要求 专业知识	三级职业要求 内容	二级职业要求 专业知识	二级职业要求 内容	一级职业要求 专业知识	一级职业要求 内容
操作技能	地面抹灰		（49）抹水泥砂浆地面	计算工料	（59）按图计算工料	古建筑	（46）测绘	修复古建筑	（36）修复一般古建筑装饰	修复古建筑	（35）修复复杂古建筑装饰
			（50）抹细石混凝土地面				（47）修补				
							（48）装饰				
	基本操作技能	质量标准	（51）按抹灰工程施工质量验收规范对产品进行自检和互检	质量标准	（60）常见质量通病的防治方法	质量标准	（49）饰面块材的质量通病及防治方法	质量标准	（37）能参加本工种范围内的工作	质量标准	（36）解决本工种中存在的质量疑难问题

续表

项次	分类	五级职业要求 专业知识	五级职业要求 内容	四级职业要求 专业知识	四级职业要求 内容	三级职业要求 专业知识	三级职业要求 内容	二级职业要求 专业知识	二级职业要求 内容	一级职业要求 专业知识	一级职业要求 内容
操作技能	工具设备的使用与维护	基本工具	(52) 一般抹灰工具使用方法和维护	基本操作工具	(61) 一般抹灰工具的制作和维护	操作工具	(50) 制作弹线工具	操作工具	(38) 能按图制作各种花饰灰线工具	检查工具	(37) 对本工种使用的所有工具能制作和维护
			(53) 镶贴工具的使用方法和维护		(62) 一般镶贴工具的制作和维护		(51) 制作雕塑工具		(39) 制作古建筑装饰修复使用的工具		
					(63) 一般线角工具的制作和维护		(52) 制作镶贴工具				
							(53) 自制灰线工具				
		检测工具	(54) 托线板、线锤的使用	检测工具	(64) 自动托线板的使用和维护	检测工具	(54) 水准仪的使用	检测工具	(40) 经纬仪的使用		(38) 对本工种所用的电动工具及故障能及时排除
			(55) 水平尺、水皮管的应用		(65) 检测工具的维护				(41) 定位仪的使用		
			(56) 靠尺、量尺的应用								

项次	分类	五级职业要求 专业知识	五级职业要求 内容	四级职业要求 专业知识	四级职业要求 内容	三级职业要求 专业知识	三级职业要求 内容	二级职业要求 专业知识	二级职业要求 内容	一级职业要求 专业知识	一级职业要求 内容
操作技能	工具设备的使用与维护	机械设备	（57）砂浆搅拌机的使用	机械设备	（66）砂浆搅拌机常见故障排除和保养	机械设备	（55）锯割类机械	新工具	（42）掌握新工具的使用方法并推广	新工具	（39）及时了解国外新工具在施工中的应用
			（58）镶贴电动工具的使用		（67）镶贴电动工具的维护		（56）磨光工具		（43）掌握国外新工具的动态		（40）对国外新工具的修复
		创新和指导			（68）防止触电的常识		（57）打孔洞类机械	创新	（44）及时应用推广新工艺、新技术	创新	（41）对本工种新工艺施工中存在的质量问题能提出独特的见解
						推广和运用新技术	（58）按新材料、新工艺特点编制施工方案	指导	（45）技术操作难点及技艺示范	指导	（42）对新工艺、新技术、新材料在实际操作中能提出新的看法
									（46）组织技术攻关		（43）组织分析处理技术难题

附表三　职业技能抹灰工评价范围、课时、权重

项次	项目	五级职业要求 评价范围	课时	权重	四级职业要求 评价范围	课时	权重	三级职业要求 评价范围	课时	权重	二级职业要求 评价范围	课时	权重	一级职业要求 评价范围	课时	权重
模块一 100% 安全生产 (10课时)	安全基础知识	法规与安全常识	2	20%	法规与安全常识	2	20%	法规与安全常识	2	20%	法规与安全常识	2	20%	法规与安全常识	2	20%
	安全生产知识	安全生产	4	40%	安全操作	4	40%	安全操作	4	40%	安全操作	4	40%	安全操作	4	40%
	操作知识 (操作流程)	操作流程	4	40%	文明施工	4	40%	安全措施	4	40%	事故预防	4	40%	安全事故处理	4	40%
模块二 100% 理论学习 基础知识 (30课时)		识图	3	10%	识图	1.5	5%	制图、识图	2	5%	制图	2.5	5%	制图	3	5%
		抹灰材料	3	10%	建筑材料	3	10%	房屋构造	2	5%	建筑材料	2.5	5%	建筑材料确认	3	5%
		抹灰砂浆	3	10%	房屋构造	1.5	5%	建筑材料	4	10%	建筑学	2.5	5%	建筑学	3	5%
								不同季节施工	2	5%						

项次	项目	五级职业要求			四级职业要求			三级职业要求			二级职业要求			一级职业要求		
		评价范围	课时	权重	评价范围	课时	权重	评价范围	课时	权重	评价范围	课时	权重	评价范围	课时	权重
模块二 100%	专业知识理论学习（30课时）	基本操作	4.5	15%	水泥砂浆抹灰	3	10%	堆塑	4	10%	古建筑	5	10%	古建筑	6	10%
		抹灰砂浆	4.5	15%	水刷石抹灰	3	10%	阴阳模制作	4	10%	工料分析	10	20%	新工艺	9	15%
		抹简单线角	1.5	5%	干粘石、斩假石	1.5	5%	用模型抹复杂柱身水刷石	4	10%	工艺组织	5	10%	施工交底	6	10%
		镶贴	1.5	5%	镶贴	1.5	5%	饰面板（块）排列镶贴	8	20%	施工交流	5	10%	施工组织	6	10%
		装饰抹灰	1.5	5%	麻丝平顶	1.5	5%	古建筑抹灰	2	5%	传授指导	2.5	5%	堆塑	6	10%
		地面抹灰	1.5	5%	用模型抹制顶棚较复杂线脚	1.5	5%	质量标准	4	10%	工艺改进	2.5	5%	质量标准	6	10%

续表

项次	项目		五级职业要求			四级职业要求			三级职业要求			二级职业要求			一级职业要求		
			评价范围	课时	权重	评价范围	课时	权重	评价范围	课时	权重	评价范围	课时	权重	评价范围	课时	权重
模块二 100% 理论学习(30课时)	专业知识		质量标准	3	10%	干硬性水泥砂浆地面	1.5	5%				质量标准	5	10%			
						特种砂浆	1.5	5%									
						堆塑	1.5	5%									
						质量标准	3	10%									
	相关知识		班组管理	3	10%	班组管理	1.5	5%	素描知识	2	5%	素描	2.5	5%	协调与保护工作	6	10%
						施工方案	1.5	5%	施工方案	2	5%	协调与保护工作	2.5	5%	施工方案	6	10%
						不同气候影响	1.5	5%				职工方案	2.5	5%			

项次	项目	五级职业要求			四级职业要求			三级职业要求			二级职业要求			一级职业要求		
		评价范围	课时	权重	评价范围	课时	权重	评价范围	课时	权重	评价范围	课时	权重	评价范围	课时	权重
模块三 实训操作（100课时）100%	基本操作技能（100课时）	基本操作	5	5%	水泥砂浆抹灰	10	10%	水刷石模	15	15%	水刷石	10	10%	翻制模具	10	10%
		石灰砂浆	10	10%	装饰抹灰	20	20%	拼花图案施工	15	15%	花饰	5	5%	雕塑	5	5%
		混合砂浆	10	10%	镶贴	15	15%	堆塑	10	10%	解决操作技术的疑难问题	5	5%	砖雕	5	5%
		水泥砂浆	10	10%	特种砂浆	5	5%	大理石、花岗石干挂镶贴	15	15%	砖雕各种花纹图案	10	10%	网络图	5	5%
		镶贴	10	10%	石膏抹灰	5	5%	古建筑	5	5%	修复古建筑	10	10%	修复古建筑	5	5%
		装饰抹灰	10	10%	堆塑和放样	5	5%	质量标准	10	10%	传授技能	10	10%	传授技能	10	10%
		简单线角	5	5%	计算工料	5	5%				组织管理	10	10%	组织管理	10	10%
		地面抹灰	5	5%	质量标准	10	10%				质量标准	10	10%	质量标准	10	10%
		质量标准	10	10%												

续表

项次	项目	五级职业要求			四级职业要求			三级职业要求			二级职业要求			一级职业要求		
		评价范围	课时	权重	评价范围	课时	权重	评价范围	课时	权重	评价范围	课时	权重	评价范围	课时	权重
模块三 100% 实训操作（100 课时）	工具设备的使用与维护	基本工具	10	10%	基本操作工具	10	10%	操作工具	5	5%	操作工具	5	5%	检查工具	10	10%
		检测工具	10	10%	检测工具	10	10%	检测工具	5	5%	检测工具	5	5%	新工具	10	10%
		机械设备	5	5%	机械设备	5	5%	机械设备	10	10%	新工具	10	10%			
	创新和指导							推广和运用新技术	10	10%	创新	5	5%	创新	10	10%
											指导	5	5%	指导	10	10%
合计		五级	140	300%	四级	140	300%	三级	150	300%	二级	160	300%	一级	170	300%

参考文献

［1］中华人民共和国住房和城乡建设部．建筑工程施工职业技能标准：JGJ/T 314—2016［S］．北京：中国建筑工业出版社，2016.

［2］中华人民共和国住房和城乡建设部．建筑装饰装修职业技能标准：JGJ/T 315—2016［S］．北京：中国建筑工业出版社，2016.

［3］中华人民共和国住房和城乡建设部．建筑工程安装职业技能标准：JGJ/T 306—2016［S］．北京：中国建筑工业出版社，2016.

［4］建筑工人职业技能培训教材编委会．抹灰工［M］．2版．北京：中国建筑工业出版社，2015.

［5］那然．建筑施工特种作业安全基础知识［M］．北京：中国建材工业出版社，2019.

［6］本书编审委员会．抹灰工［M］．北京：中国建筑工业出版社，2018.

［7］李林，李月娟，刘仲文．抹灰工（高级工　技师）［M］．北京：中国环境科学出版社，2015.

［8］王志云．图说装饰装修抹灰工技能［M］．北京：机械工业出版社，2017.

［9］徐鑫．抹灰工［M］．北京：中国计划出版社，2017.

［10］薛俊高．抹灰工［M］．北京：化学工业出版社，2014.

［11］王晓华．中国古建筑构造技术［M］．2版．北京：化学工业出版社，2018.